BIM 技术应用系列规划教材

U0269574

工程 BIM 概论

任青阳　陈　悦　金双双　主　编

人民交通出版社股份有限公司
China Communications Press Co.,Ltd.

内 容 提 要

本书为高等院校土木工程类专业教材,具有较强的交通土建特色,主要讲述了 BIM 技术在建筑、桥梁、道路、隧道等各类工程设计、施工、运营维护等阶段的应用。

本书共分为 8 章,包括 BIM 基础知识,BIM 应用的相关软硬件及技术,建筑设计阶段的 BIM 应用,桥梁设计阶段的 BIM 应用,道路设计阶段的 BIM 应用,隧道设计阶段的 BIM 应用,项目施工阶段的 BIM 应用,项目其他阶段的 BIM 应用。

本书可供土木工程专业及其他相关专业教学使用,也可供土木工程施工技术人员和 BIM 初学者参考使用。

图书在版编目(CIP)数据

工程 BIM 概论 / 任青阳,陈悦,金双双主编. —— 北京 : 人民交通出版社股份有限公司,2018.8

ISBN 978-7-114-14804-0

Ⅰ. ①工… Ⅱ. ①任… ②陈… ③金… Ⅲ. ①建筑设计—计算机辅助设计—应用软件—高等学校—教材 Ⅳ. ①TU201.4

中国版本图书馆 CIP 数据核字(2018)第 189635 号

BIM 技术应用系列规划教材

书　　名:	**工程 BIM 概论**
著 作 者:	任青阳　陈　悦　金双双
责任编辑:	卢俊丽
责任校对:	刘　芹
责任印制:	张　凯
出版发行:	人民交通出版社股份有限公司
地　　址:	(100011)北京市朝阳区安定门外外馆斜街 3 号
网　　址:	http://www.ccpress.com.cn
销售电话:	(010)59757973
总 经 销:	人民交通出版社股份有限公司发行部
经　　销:	各地新华书店
印　　刷:	北京印匠彩色印刷有限公司
开　　本:	787×1092　1/16
印　　张:	13.25
字　　数:	321 千
版　　次:	2018 年 8 月　第 1 版
印　　次:	2018 年 8 月　第 1 版　第 1 次印刷
书　　号:	ISBN 978-7-114-14804-0
定　　价:	39.00 元

(有印刷、装订质量问题的图书,由本公司负责调换)

前言

  BIM 即建筑信息模型(Building Information Modeling),其本质是一个按照建筑直观物理形态构建的数据库,其中记录了各阶段的所有数据信息,贯穿项目的整个寿命期,对项目的建造及后期的运营管理持续发挥作用。BIM 也被称为建筑行业的第二次革命,近年来备受推崇,在全世界建筑行业,BIM 技术逐渐得到越来越多的应用。

  根据国家《2016—2020 年建筑业信息化发展纲要》《工程勘察设计行业发展"十三五"规划》及国家大数据战略、"互联网+"行动等相关要求,推动信息化与建筑业的深度融合发展,实现工程建设项目全生命周期数据共享和信息化管理已是大势所趋。

  为了适应科技进步、行业发展、产业转型的新需要,按照"新工科"建设要求——打破学科专业壁垒,推动学科交叉融合和跨界整合,工程 BIM 概论正好是土木工程、交通运输工程、信息工程、管理工程等多专业交叉融合的一门重要专业课程。

  本书以 BIM 在建筑、桥梁、道路、隧道等各类工程中的应用为主线,突出交通特色,紧紧围绕交通基础设施建设的需要,构建 BIM 在工程设计、施工、运营维护等各个阶段的知识体系。全书共分为 8 章,包括 BIM 基础知识,BIM 应用的相关软硬件及技术,建筑设计阶段的 BIM 应用,桥梁设计阶段的 BIM 应用,道路设计阶段的 BIM 应用,隧道设计阶段的 BIM 应用,项目施工阶段的 BIM 应用,项目其他阶段的 BIM 应用。

本书主要由任青阳、陈悦、金双双等共同编写完成。在本书的编写过程中引用了同行专家论著中的成果,在此表示感谢。参与本书编写的还有张一帆,任林春,张黄梅,王云潇,胡熙阳,陈艳,林小枫,谢国武。

由于编者水平有限,本书难免存在不妥之处,欢迎广大读者予以批评、指正。

编者

2018 年 5 月

目录

第1章

BIM 基础知识

1.1 BIM 概 述

1.1.1 BIM 的由来

BIM 的概念源于一个叫"建筑描述系统(Building Description System)"的工作原型,是由时任美国卡耐基梅隆大学的 Chuck Eastman 教授于 1975 年提出的,它是以三维数字技术为基础,集成建筑工程项目各种相关信息的工程基础数据模型,是对工程项目相关信息详尽的数字化表达。随着这项技术的商业化运作,20 世纪 70 年代末至 80 年代初,该项技术的研究在美国、英国、芬兰等地相继开展起来。1986 年,"Building Modeling"一词在当时任职于 RUCAPS(Really Universal Computer Aided Production System)软件系统开发 GMW 计算机公司的 Robert Aish 发表的一篇论文中第一次被使用。2002 年 12 月,具有"BIM 教父"之称的 Jerry Laiserin 认为,Building 涵盖了设计、施工和运营全过程,Information 避免了仅仅是几何三维信息的误解,Modeling 体现了建筑信息管理的动态流程以及对建筑物性能和行为的模拟功能,因此正式引用 Autodesk 公司的名词"Building Information Modeling"(简称 BIM)至今。

1.1.2 BIM 的概念

目前,关于 BIM 的定义从不同角度出发有很多种阐述,但其实 BIM 的定义和特点与其应

1

用技术一样也是一个循序渐进的发展过程。

2005年,Autodesk公司BIM提出者在为《信息化建筑设计》一书写的序言中提到,"BIM是对建筑设计和施工的创新,为设计和施工中建设项目建立和使用互相协调的、内部一致的、可运算的信息。"这一定义中仅涉及BIM的应用过程,认识还较为粗浅。

2007年年底,美国国家建筑科学研究院(National Institute of Building Sciences,简称NIBS)正式颁布的美国国家BIM标准第一版(National Building Information Modeling Standard,简称NBIMS-US V1.0)对Building Information Model和Building Information Modeling分别给出了定义:

(1)Building Information Model:是设施物理和功能特性的一种数字化表达。因此,它是设施在生命周期内进行决策的共享知识资源和信息基础。

(2)Building Information Modeling:是为可视化、工程分析、冲突分析、规范标准检查、工程造价、竣工交付、预算编制等其他用途而创建设施数字模型的行为。

NBIMS-US V1.0这两类定义简明、准确,得到了建筑业界的广泛认同。同时,将BIM扩展到了过程与成果的范畴,并进行了明确的区分和解释。

关于"什么是BIM"的讨论,bSI组织(buildingSMART International)给出了这样的论述:BIM是三个相互关联功能的缩写,即:

(1)Building Information Model:是设施物理和功能特性的数字化表达。

(2)Building Information Modeling:是一个在建筑物全生命周期内利用设计、建造和运营中产生数据的业务过程。

(3)Building Information Management:是在资产生命周期内,利用共享的数字化信息对业务流程进行组织和控制。

可见,在bSI组织给出的框架体系下,BIM的定义和内涵都已经有了很大程度的拓展和外延,并初步奠定和揭示了BIM的内在逻辑和本质。

2015年,李建成、王广斌等在《BIM应用导论》中综合NBIMS-US V1.0和bSI组织的相关描述,认为BIM的含义包含如下三个方面:

(1)BIM是设施所有信息的数字化表达,是一个可以作为设施虚拟替代物的信息化电子模型,是共享信息的资源,即Building Information Model,称为BIM模型。

(2)BIM是在开放标准和互用性基础之上建立、完善和利用设施的信息化电子模型的行为过程,设施有关的各方可以根据各自职责对模型插入、提取、更新和修改信息,以支持设施的各种需要,即Building Information Modeling,称为BIM建模。

(3)BIM是一个透明的、可重复的、可核查的、可持续的协同工作环境,在这个环境中,各参与方在设施全生命周期中都可以及时联络,共享项目信息,并通过分析信息,做出决策和改善设施的交付过程,使项目得到有效的管理,即Building Information Management,称为建筑信息管理。

这类定义以信息为核心,通过"模型—应用—管理"将全生命周期中的信息进行集成和整合,逐步深入、层层递进,最终形成统一的有机整体。

综上,模型承载着信息共享的知识资源,是应用和管理的基础,并在建筑物的全生命周期中提供决策依据。根据NBIMS-US对BIM的构想,即:一种用标准化机器可读取的信息模型,用以改进规划、设计、建设、运营和维护的流程,不论是新建设施还是既有建筑设施,其所产生或整合的适当信息,都会以全生命周期可使用的格式纳入到此信息模型中。

1.1.3 BIM 常用术语

1. BIM/BIM 模型/BIM 建模软件

名词1：BIM——Building Information Modeling——建筑信息模型

美国国家 BIM 标准对 BIM 的含义进行了如下四个层面的解释：

(1)一个设施(建设项目)物理和功能特性的数字表达。

(2)一个共享的知识资源。

(3)一个分享有关这个设施的信息，为该设施从概念开始的全生命周期的所有决策提供可靠依据的过程。

(4)在项目不同阶段，不同利益相关方通过在 BIM 中插入、提取、更新和修改信息以支持和反映其各自职责的协同作业。

名词2：BIM Model——Building Information Model——BIM 模型

BIM 模型是 BIM 这个过程的工作成果，或者说是上一节 BIM 定义中那个为建设项目全生命周期设计、施工、运营服务的"数字模型"。

目前在实际工作中，一个建设项目的 BIM 模型通常不是一个，而是多个在不同程度上互相关联的用于不同目的的数字模型，虽然在逻辑上，我们可以把跟这个设施有关的所有信息都放在一个模型里面。一个项目常用的 BIM 模型有以下几个类型：

(1)设计和施工图模型。

(2)设计协调模型。

(3)特定系统的分析模型。

(4)成本和计划模型。

(5)施工协调模型。

(6)特定系统的加工详图和预制模型。

(7)竣工模型。

名词3：BIM Authoring Software——BIM 建模软件

通常业界同行说的 BIM 软件大多数情况下是指"BIM 建模软件"，而真正意义的 BIM 软件所包含的范围应该更广一些，包括 BIM 模型检查软件和 BIM 数据转换软件等。为防止可能出现的混淆，在把 BIM 定义为利用数字模型服务于建设项目全生命周期各项工作的过程的前提下，还是使用 BIM 建模软件比较稳妥一些。

下面是目前具备一定市场影响力的几个主要用于工业与民用建筑类项目的 BIM 建模软件：

(1)Autodesk 公司的 Revit 系列。

(2)Bentley 公司的 Bentley Architecture 系列。

(3)Gehry Technologies 公司的 Digital Project。

(4)Graphisoft 公司的 ArchiCAD。

(5)Nemetschek 公司的 AⅡPLAN(Vectorworks)。

2. NIBS/bSa

名词4：NIBS——National Institute of Building Sciences——美国建筑科学研究院

美国建筑科学研究院（NIBS）是美国国家 BIM 标准（NBIMS）的研究和发布机构，大量的 BIM 及其关联概念、技术、方法、流程、资料都跟这个机构有关。

NIBS 是根据 1974 年的住房和社区发展法案（The Housing and Community Development Act of 1974）由美国国会批准成立的非营利、非政府组织，作为建筑科学技术领域沟通政府和私营机构之间的桥梁。

NIBS 的使命是通过支持建筑科学技术的进步改善建成环境（Built Environment，与自然环境 Natural Environment 对应）来为国家和公众利益服务。NIBS 集合政府、专家、行业、劳工和消费者的利益，专注于发现和解决影响居住设施、商业设施和工业设施建设的问题和潜在问题。NIBIS 同时为私营和公众机构就建筑科学技术的应用提供权威性的建议。

NIBS 奉命每年为美国总统提供一份建筑科学技术方面的年度报告。美国建筑科学研究院包括下列专业委员会和专项计划：

（1）咨询委员会（Consulatative Council）

（2）安全和灾害预防（Secuity and Disaster Preparedness）

①建筑抗震安全委员会（Building Seicmic Safety Council）；

②多重灾害减缓委员会（Multihazard Mitigation Council）；

③多重灾害风险评估（Multihazard Risk Assessment）。

（3）设施性能和可持续（Facility Performance and Sustainability）

①建筑围护技术和环境委员会（Building Enclosure Technology and Environment Council）；

②高性能建筑委员会（High Performance Building Council）；

③国家设备绝缘保温委员会（National Mechanical Insulation Committee）。

（4）信息资源和技术（Information Resources and Technologies）

①buildingSMART 联盟（buildingSMART Alliance）；

②整体建筑设计指南和施工准则基础（Whole Building Design Guide and Construction Criteria Base）；

③在线项目设计、招标、施工协同管理系统（ProjNet）；

④设施维护和运营委员会（Facility Maintenance and Operation Committee）。

（5）整体建筑试运行（Total Building Commissioning）

国家教育设施信息情报交换所（National Clearinghouse for Educational Facilities）。

名词 5：bSa——buildingSMART Alliance——buildingSMART 联盟

基于上述对 NIBS 的介绍可以了解到，buildingSMART 联盟是美国建筑科学研究院信息资源和技术领域的一个专业委员会。buildingSMART 联盟成立于 2007 年，是在原有的国际数据互用联盟（IAI——International Alliance of Interoperability）的基础上建立起来的。2008 年年底，原有的美国 CAD（计算机辅助设计）标准和美国 BIM 标准成员正式成为 buildingSMART 联盟的成员。

据统计，建筑业设计、施工的无用功和浪费高达 57%，而制造业只有 26%，buildingSMART 联盟认为，通过改善提交、使用和维护建筑信息的流程，建筑行业完全有可能在 2020 年消除高出制造业的那部分浪费（31%），按照美国 2008 年大约 1.2 万亿美元的设计施工投入计算，这个数字就是每年将近 4 000 亿美元。buildingSMART 联盟的目标就是建立一种方法抓住这个每年 4 000 亿美元的机会，以及应用这种方法通往一个更可持续的生活标准和更具生产力及环境友好的工作场所。

buildingSMART联盟目前的主要产品包括:IFC标准(Industry Foundation Classes,IFC2x4 beta 3 Version),美国国家BIM标准第1版第一部分(National Building Informational Modeling Standard Version1 Part 1),美国国家CAD标准第4版(United States National CAD Standard Version 4.0),BIM杂志(JBIM-Journal of Building Information Modeling)。

3. NBIMS/NCS

名词6:NBIMS——United States National Building Information Modeling Standard——美国国家BIM标准(简称美国BIM标准)

美国BIM标准(NBIMS)和美国CAD标准(NCS)是buildingSMART联盟负责的两项主要工作。

美国BIM标准现在的主要内容包括美国BIM标准导论、序言、信息交换概念、信息交换内容和美国BIM标准开发过程等。

美国BIM标准将由为使用BIM过程和工具的各方定义相互之间数据交换要求的明细和编码组成,计划中将完成的工作包括:

(1)出版交换明细用于建设项目生命周期整体框架内的各个专门业务场合。

(2)出版全球范围接受的公开标准下使用的交换明细编码作为参考标准。

(3)促进软件厂商在软件中实施上述编码。

(4)促进最终用户使用经过认证的软件来创建和使用可以互通的BIM模型交换。

名词7:NCS——United States National CAD Standard——美国国家CAD标准(简称美国CAD标准)

NCS也是同行在研究实施BIM时经常会碰到的一个名词,这就是美国CAD标准的简写。美国CAD标准是唯一一个在设计、施工和设施管理行业使用的全面完整的CAD标准,其目的是实现建筑业设计、施工、运营领域对CAD标准的广泛使用,从而建立起一套服务于设计和制图过程的共同语言。美国CAD标准的使用将帮助各类机构去除目前正在承担的多余费用,包括维护企业标准、培训新员工、协调团队成员之间的实施等。同时,二维标准将在朝BIM软件系统和基于对象的三维标准的转换中承担关键角色。

目前的美国CAD标准是第4版,主要内容包括导论、图形文件组织、图形概念、图层分配和标准符号等。

4. IFC/STEP/EXPRESS

名词8:IFC——Industry Foundational Classes——工业基础类(IFC标准)

谈BIM必谈数据共享和交换,谈数据共享和交换就不得不谈谈数据标准。数据标准的建立是解决信息交换与共享问题的关键。在众多相关数据标准中,最被行业广泛接受的数据标准是bSI发布的Industry Foundation Classes(IFC),中文译名为"工业基础类",但业界更习惯于称之为"IFC标准"。

IFC标准的目标:IFC标准的目标是为建筑行业提供一个不依赖于任何具体系统的,适合于描述贯穿整个建筑项目生命周期内产品数据的中间数据标准(Neutral and Open Specification),应用于建筑物生命周期中各个阶段内以及各阶段之间的信息交换和共享。

IFC标准的定义和内容:IFC标准是一个计算机可以处理的建筑数据表示和交换标准(传

统的 CAD 图纸上所表达的信息只有人可以看懂,计算机无法识别一张图纸所表达的信息)。IFC 大纲(IFC Schema)是 IFC 标准的主要内容。IFC 大纲提供了建筑工程实施过程所处理的各种信息描述和定义的规范,这里的信息既可以描述一个真实的物体,如建筑物的构件;也可以表示一个抽象的概念,如空间、组织、关系和过程等。

名词9:STEP——Standard for the Exchange of Product Model Data——产品数据交换标准(STEP 标准)

国际标准化组织(ISO)工业自动化与集成技术委员会(TCl84)下属的第四分委会(SC4)开发的 Standard for the Exchange of Product Model Data(STEP),中文译为"产品数据交换标准",也称"STEP 标准"。STEP 标准是一个计算机可读的关于产品数据的描述和交换标准。它提供了一种独立于任何一个 CAX 系统的中性机制来描述经历整个产品生命周期的产品数据。STEP 标准已成为 ISO 国际标准(ISO 10303)。

名词10:EXPRESS/EXPRESS. G-EXPRESS 语言/EXPRESS-G 语言

EXPRESS 是一种表达产品数据的标准化数据建模语言(Data Modeling Language),定义在 ISO10303 – 11 中。EXPRESS-G 是 EXPRESS 语言的图形表达形式。EXPRESS 和 EXPRESS-G 是 IFC 大纲使用的数据建模语言。

1.2　BIM 的发展历史与应用现状

1.2.1　BIM 的发展沿革

早在 1974 年,由查理斯·伊斯曼教授等撰写的《建筑描述系统概述》中表达了当时一些 BIM 技术理念,这是 BIM 技术的雏形。1980 年,在一次 BIM 技术研究活动中,Graphisoft 公司提出的虚拟建筑模型(Virtual Building Model,简称 VBM)理念和推出的 ArchiCAD 软件,很好地促进了 BIM 技术的应用研究。直到 2002 年,菲利普·伯恩斯坦首次在世界上提出 BIM 术语,才真正开始引起了国内外广泛的关注。

在国外,美国是最早兴起 BIM 技术的国家,随后英国、德国、挪威、新加坡、日本和韩国等国家都开始认识和应用 BIM 技术,并陆续制定一系列相关政策与文件,鼓励 BIM 技术的推广,目前已具备相当高的技术水平,广泛地应用在各个领域和项目的不同阶段。由美国发表的《BIM 项目实施计划指南》,指出了 BIM 技术在建筑项目规划、设计、施工和运维阶段中的 25 种应用,其应用程度深,技术水平高。

BIM 在我国的发展经历了概念导入、初步应用和快速发展三个阶段。

1. 概念导入阶段(1998—2005 年)

我国 BIM 研究是从 IFC 标准研究与应用开始的。早在 1998 年,国内已有部分专业人员就开始以研究 IFC 标准为课题,IAI 选择于 2000 年开始与我国政府有关部门、科研组织(中国建筑科学研究院)进行接触,使我国全面了解了该机构的运作目标、组织规程和 IFC 标准应用等方面的内容,借此我国在国家层面上初步开展了 BIM 研究工作。2002 年 11 月,中国建筑科学研究院承办了"IFC 标准技术研讨会"。2000—2001 年,国家 863 计划项目提出"数字社区信息表达与交换标准",实际上就是基于上述的标准制定了一个基于计算机可识别基础的社区数据表达与交换的标准,提供社区信息的表达以及可使社区信息进行交换的必要机制和定义。在国家"十五"期间的科技攻关项目"建筑业信息化关键技术研究与示范(2004—2005年)"中,设立了"基于国际标准IFC的建筑设计及施工管理系统研究"研究课题。在这个阶段,IFC标准被引入并且基于IFC标准进行了一些理论研究工作。

2. 初步应用阶段(2006—2010年)

在国家"十一五"科技支持项目"建筑业信息化关键技术研究与应用(2006—2010年)"中,设立了"基于BIM技术的下一代建筑工程应用软件研究"研究课题,由清华大学等单位开发了基于BIM技术的建筑工程成本预算软件、节能设计软件等7个软件,并应用于示范工程中。2007年11月,中国勘察设计协会在北京主办了全国性的建筑信息化论坛——"全国勘察设计行业信息化发展技术交流论坛",该论坛开创性地讨论了在建筑设计及相关行业中,BIM技术如何革新以适应当下环境的应用需求。中国建筑学会也顺应信息化潮流,在2008年10月举办了以建筑信息模型为主题的研讨会,分析了在国内建筑工程行业推广运用BIM技术的可能性。2010年,中国勘察设计协会举办了BIM应用设计大赛。2010年建筑信息模型技术成为建筑工程行业各大研讨会的主题。1月,清华大学举办"BIM对中国建筑业未来影响及中国BIM标准的研究制定专家研讨会",以BIM在中国的制度化为主要议题,内容涵盖了相关行业联合推广BIM技术、BIM标准制定等方面。7月,中国工程图学会也确立BIM技术地位,并在北京主办了由设计、施工、房产企业共同参与的推进BIM在工作中协同运用的国际技术交流会。11月17日,清华大学举办了"实施BIM给产业链带来的本质变化——清华高端研讨会",与会成员分析了由BIM实施所引发的行业产业链的更新,对新的企业资产、岗位设置以及企业管理流程等方面展开了较为深入的讨论,一方面着眼于BIM在海峡两岸和香港的实际实施情况,讨论BIM在不同区域间发展的现状以及局限性;另一方面分别从具体职能部门,如建筑设计单位、工程单位或行业管理部门的角度讨论BIM进一步推广的可能性、困难及应对策略。同年,清华大学与Autodesk公司联合进行了"中国BIM标准框架研究",提出了中国建筑信息模型标准框架(China Building Information Model Standards,CBIMS)。

该阶段除了在理论上对BIM技术进行研究,还在一些高端复杂的示范工程上开始试点应用,例如2006年的奥运场馆项目(图1-1和图1-2)、上海世博会项目、上海外滩SOHO等,但是该阶段的BIM应用大多数聚焦在设计阶段,所使用的软件也以Autodesk Revit之类的国外设计软件为主,国内软件依旧处于研究和探索阶段。

图1-1 奥运馆国家体育场图

图1-2 奥运馆国家游泳中心图

3.快速发展阶段(2011—2017年)

(1)2011年:《2011—2015年建筑业信息化发展纲要》由住建部于当年5月颁发,其行业发展的总体目标的主要内容在于,加快BIM技术在实际工程项目中的运用,推动信息化标准建设。在推进BIM技术应用于建筑领域方面提出了详细的要求。

(2)2012年:住建部于1月印发了《关于2012年工程建设行业标准规范制定修订计划的通知》,正式启动了中国建筑信息模型标准制定工作。同年,住建部工程质量安全监管司委托中国建筑业协会工程建设质量管理分会完成了课题——"勘察设计和施工BIM技术发展对策研究"。

(3)2013年:住建部工程质量安全监管司组织编写了《关于推进BIM技术在建筑领域内应用的指导意见》。

(4)2014年:住建部发布了《关于推进建筑业发展和改革的若干意见》,再一次明确了以BIM为主体的建筑信息技术在建筑工程领域,如设计、施工和运行维护等全过程的应用。

(5)2015年:住建部工程质量安全监管司发布了《关于印发推进建筑信息模型应用指导意见的通知》,从BIM的五大方面内容——应用意义、指导思想及基本原则、发展目标、工作重点和保障措施——明确了BIM在建筑工程领域进一步发展的基本原则和可能途径。

BIM政策也受到国内前沿城市地方政府的重视。在上海、广东等地,建筑行业的主管部门相继出台了关于推进BIM技术在各自管辖区域内推广、应用的方针与准则。辽宁、陕西、山东和北京等地区都明确提出应扩大BIM技术在建筑行业中的推广。此外,对BIM的发展做出贡献的还包括各个行业协会,这些协会通过协作将不同方面的内容整合至BIM的大框架中。

该阶段BIM技术在我国得到了快速发展,不仅国家政策层面上开始明确支持BIM,各级政府管理部门也积极协同推进BIM应用。对于BIM的理论研究也在不断深入,在国家级BIM标准不断推进的同时,各地方也出台了相关的BIM标准,同时BIM技术开始在大量工程中应用,中国的BIM软件,例如PKPM、探索者、广联达等也应运而生。据《中国建筑施工行业信息化发展报告(2015):BIM深度应用与发展》调查显示,积极推进建筑信息模型技术应用的企业已达到采样总数的63.1%,其中开始概念普及的企业占了22.5%,正在进行项目试点的企业占30.6%,剩余10%的企业已经进入扩大技术应用范围、深化技术应用的进程,如图1-3所示。相比之下,《中国BIM应用价值研究报告》的调查结果则不甚乐观,约46%的设计企业仅在相当少的项目中(比率低于项目总数的15%)应用BIM技术进行建筑设计,施工企业比例则更低,不足总数的1/3,如图1-4所示。由于BIM对于施工行业的优势较明朗,因此约半数的该类型企业将会引进或扩大运用BIM技术,预测届时技术在项目中的应用率能够达到30%以上,但设计企业可能仍将比例维持在30%左右。BIM应用进入了一个新的阶段,逐步从1.0时代向2.0时代过渡。在BIM应用1.0时代,BIM应用主要还集中在设计阶段,而在BIM应用2.0时代,BIM应用将逐步以设计为导向延伸到以预制加工和施工为导向。

(6)2016年:住建部发布《2016—2020年建筑业信息化发展纲要》,确定BIM是"十三五"建筑业信息技术发展的重要内容。重点为加快BIM普及应用,实现勘察设计技术升级。推广基于BIM的协同设计,开展多专业间的数据共享和协同,优化设计流程,提高设计质量和效率。研究开发基于 BIM 的集成设计系统及协同工作系统,实现建筑、结构等专业的信息集成与共享。

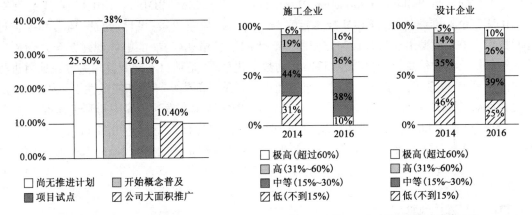

图1-3　被调查对象所在企业应用 BIM 技术现状　　　　图1-4　当前 BIM 在中国的利用率及其预测

2016 年 12 月,住建部发布《建筑信息模型应用统一标准》(GB/T 51212—2016)。这是我国第一部建筑信息模型应用的工程建设标准,提出了建筑信息模型应用的基本要求,是建筑信息模型应用的基础标准,可作为我国建筑信息模型应用及相关标准研究和编制的依据。国务院也已印发《"十三五"国家信息化规划》,《建筑信念模型应用统一标准》的实施将为国家建筑业信息化能力提升奠定基础。

上海、湖南、广西、黑龙江、辽宁各省、区、市对关于进一步加强建筑信息模型技术推广应用都推出了相应政策。

(7)2017 年:国务院办公厅印发《关于促进建筑业持续健康发展的意见》指出要加强技术研发应用,加快先进建造设备、智能设备的研发、制造和推广应用,提升各类施工机具的性能和效率,提高机械化施工程度。限制和淘汰落后、危险工艺工法,保障生产施工安全。积极支持建筑业科研工作,大幅提高技术创新对产业发展的贡献率。加快推进建筑信息模型(BIM)技术在规划、勘察、设计、施工和运营维护全过程的集成应用,实现工程建设项目全生命周期数据共享和信息化管理,为项目方案优化和科学决策提供依据,促进建筑业提质增效。

住建部正式批准《建筑信息模型施工应用标准》为国家标准,编号为 GB/T 51235—2017,自 2018 年 1 月 1 日起实施,本标准由住建部标准定额研究所组织编写,中国建筑工业出版社出版发行。该标准是我国第一部建筑工程施工领域的 BIM 应用标准,填补了我国 BIM 技术应用标准的空白。

1.2.2　BIM 在国外的发展状况

1. 北美地区

BIM 技术的应用最先从美国开始,在 BIM 概念提出之后,美国政府十分支持 BIM 技术在美国的推广。2003 年,美国总务管理局(General Services Administration,简称 GSA)推出了国家 3D-4D-BIM 计划,并陆续发布了系列 BIM 指南。2006 年,美国联邦机构美国陆军工程兵团(United States Army Corps of Engineers,简称 USACE)也发布了一份 15 年(2006—2020 年)BIM 实施路线图。

随着 BIM 技术的推广,美国建筑科学研究院等机构组建国家 BIM 标准项目委员会,专门负责美国国家 BIM 标准的编制与应用研究工作。2007 年,美国建筑科学研究院发布美国国家 BIM 标准(National Building Information Model Standards,简称 NBIMS)。NBIMS 是基于 IFC、IFD、IDM 三个标准编制的,将 BIM 技术定义为一种改进建筑决策、设计、建造、运营和维护过程的技术。BIM 模型由项目各参与方使用标准化的信息格式建立,能够体现建筑全生命周期的建筑部件及设备信息,是对建设项目整体的数字化呈现,是项目不同利益相关方在项目进程中的协作平台,体现了各参与方协同工作的理念。这是一部集指导性和实践性于一体的标准,极大地推动了 BIM 技术在全球的应用。在此之后,BIM 技术在发达国家中得到迅速推广。

2009 年,美国 buildingSMART 联盟发布《BIM 项目实施计划指南》(BIM Project Execution Planning Guide)。该指南针对目前美国 AECM(建筑业 + 建筑物运营)领域的 BIM 使用情况总结了 25 种 BIM 最佳实践应用,为 BIM 项目的创建和实施提供了程序化格式,规范 BIM 项目的实施流程,使 BIM 项目的操作有据可循,确保 BM 实施计划顺利开展,极大地降低了 BIM 技术大规模应用与推广的难度。

美国对建筑信息化研究较为深入的一些大学也相继出台了一系列 BIM 实施指导。2008 年,普林斯顿大学发布了 BIM 使用说明书,提出应该控制二维图纸与三维模型的优先等级。

2009 年,印第安纳大学制定 BIM 指南和标准,并建议超过 500 万美元的建设工程项目需采用 BIM 技术,最终达到建设工程领域项目 BIM 的推广。2012 年,麻省理工学院发布 CAD 与 BIM 指南,确定了模型范围、模型用途和项目团队之间协作方式。这些规范几乎都包含 BIM 目标、要求、实施流程以及成果交付要求等几部分,并根据各自参与项目实际情况进行改进。为了方便实际应用,大部分规范都建立 BIM 实施计划(BIM Execution Plan,简称 BEP)的模板文件,具有较为丰富的实践意义。

2012 年,McGraw Hill 发布北美 BIM 使用价值调研报告,从多个角度对北美 BIM 应用情况进行统计。报告显示,2007 年北美建设工程企业中应用过 BIM 技术的比例为 28%,2009 年这一数据上升为 49%,2012 年增加至 71%。由此可见,BIM 技术近年来在北美得到了迅速的推广。2014 年,McGraw Hill 在对全球 BIM 应用情况的调查报告中,补充了一些北美地区 BIM 应用水平的数据。数据显示,截至 2013 年,使用 BIM 技术的从业人员有 36% 已经使用该技术超过 6 年,50% 使用年限为 3 ~ 5 年,反映了北美地区 BIM 应用水平较高,但仍需进一步提高。

北美作为 BIM 技术应用最为先进的地区之一,BIM 技术已经在工程项目中得到非常广泛的应用,且应用范围仍在逐步扩大。

2. 英国

在英国伦敦,坐落着许多全球领先设计公司的总部,如 Foster and Partners、ZahaHadid Architects、BDP 和 Arup Sports 等,同时伦敦也是很多先进设计公司的欧洲总部,如 HOK、SOM 和 Gender。这些大型设计公司推动着建筑行业向高效率的方向发展,因此英国在 BIM 技术应用方面的发展速度也比其他地方快速很多。

英国政府十分支持 BIM 技术在英国的推广,英国内阁办公室在 2011 年发布政府建设战略(Government Construction Strategy,简称 GCS)。同年 6 月,政府再次要求,2016 年前所有政府项目都必须采用 3D-BIM 技术,并要求全部文件进行信息化管理,英国因此也成为世界上首个政府强制使用 BIM 技术的国家。为实现这一目标,政府文件规定,到 2012 年,相关研究机构为政府设计一套强制性的 BIM 标准,分阶段对所有政府项目推进 BIM 计划,运用 3D-BIM 技术来协同集成项目交付(Integrated Project Delivery,简称IPD)。英国作为IPD交付模式的发源地国家,在BIM计划的推进上走在世界前列,未来也将引领世界BIM研究与推广。

由于缺少兼容性的系统、标准和协议等,英国BIM技术得不到广泛应用,因此英国AEC(UK)BIM标准项目委员会致力于制定有较强实践的标准指南。早在2009年,该标准委员会发布英国建筑业BIM标准[AEC(UK)BIM Standard],分为项目执行标准、协同工作标准、模型标准、二维出图标准和参考,以确保BIM项目文件在结构上的统一性,利于项目各参与方在项目各阶段之间进行信息互换。该标准希望实现建设工程项目的协同工作,各参与方通过BIM平台高效完成设计,是一部指导意义较强的标准,为后续制定的基于软件的实施标准、应用指南提供了指导。

随后,标准委员会继续展开针对相关设计软件的BIM标准制定,于2011年发布了适用于软件Autodesk Revit的BIM标准[AEC(UK) BIM Standard for Autodesk Revit]和适用于Bentley的BIM标准[AEC(UK)BIM Standard for Bentley Product],其中详细介绍了建模方法、数据交换规范、文件命名规范等,并在特定BIM软件应用中解释和扩展通用标准中的一些概念,为软件操作提供指引。由于该标准委员会由设计企业和施工企业组成,所以该标准不只是停留在理论的层面,它的实践性很强,对各设计企业和施工企业都有很强的适用性。但是,这些标准中主要涉及设计阶段的BIM应用,BIM在其他阶段的应用有待于进一步推广。

2013年,英国国家建筑规范化组织(National Building Specification,简称NBS)发表近年来英国BIM应用水平调查报告:2010年,57%的人听说过BIM,使用人数只有13%;2011年,78%的人听说过BIM,使用人数只有31%;2012年,96%的人听说过BIM,使用人数上升至39%,超过90%的人表示会在未来的3年内考虑使用BIM。由此可见,BIM在英国的推广趋势十分明显。

BIM技术在英国有着很好的推广模式,75%的人相信BIM是建筑业的未来,政府大型设计企业、科研机构都对BIM技术进行大量研究与推广,这使得英国成为引领全球BIM技术研究与推广的一个重要国家。

3.芬兰

芬兰是北欧国家,北欧地区是较早开展BIM技术的研究与推广的地区之一,该地区也是大量BIM软件开发商的所在地,如Tekla、Solibri等。由于该地区气候寒冷,预制化生产十分重要,大量建筑信息需要交换,BIM技术的应用需求很高,这使得建筑行业内企业自发进行BIM技术应用实施计划研究。因此,企业是芬兰等北欧国家推进BIM技术的主要动力。

Senate Properties公司是一家芬兰国有企业,也是芬兰最大的物业资产管理公司,负责管理芬兰的国家财产,该公司在BIM概念提出后便展开了BIM技术在芬兰的应用研究。2007年,该公司发布了一份建筑设计BIM要求《BIM Requirements,2007》,该标准共分为9卷:总则、建模环境、建筑、水电暖设计、结构设计、质量保证和模型合并、造价、可视化、水电暖分析,作为企业标准在芬兰得到了广泛的应用。目前,该标准已更新至2012版本《Common BIM Requirements》,在原有9卷基础上新增能量分析、BIM项目管理、设备管理、建造、监管。同时,该标准提出建筑全生命周期中各参与方协同建模标准,将建模过程分为空间组建筑信息建模(Spatial Group BIM)、空间建筑信息建模(Spatial BIM)、初步建筑要素建筑信息建模(Preliminary Building Element BIM)和建筑要素建筑信息建模(Building Element BIM)4个阶段,是一个从局部到整体,从简单到详细的建模过程,各阶段建模工作都有具体的要求,BIM各专业技术人员可以参照标准,在项目全生命周期内应用 BIM 技术管理项目。

芬兰等北欧国家是全球最早应用 BIM 理念设计的国家,在多年的研究中,BIM 技术实施有一套相对独立的完整体系,并对 BIM 应用很多细节做出明确规定。因此,这部《Common BIM Requirements》企业标准在芬兰迅速得到推广,并促使 BIM 技术在芬兰已有很广泛应用,未来更多全生命周期的 BIM 项目将得到开展。

4. 澳大利亚

BIM 概念提出后,澳大利亚政府是十分支持相关研究机构在本国内开展 BIM 技术推广的。在各方支持下,澳洲工程创新合作研究中心(CRC Construction Innovation)于 2009 年发布国家数字建模指南《National Guidelines for Digital modelling》,旨在促使建设工程项目各参与方在建筑全生命周期内应用 BIM 技术,提高建筑行业的效率。该指南由三大部分构成:BIM 概况、关键区域模型创建方法和虚拟仿真步骤,总结了澳大利亚建筑项目实施 BIM 的经验,为后续工程人员实施 BIM 计划提供了很多借鉴。

澳大利亚建筑师学会(Australian Institute of Architects)、澳大利亚咨询协会(Consult Australia)和 Autodesk 公司于 2010 年 12 月联合发布了一份名为"BIM in Australia"的报告,调查显示:BIM 软件的价格高昂和功能专用性是 BIM 应用的一个障碍,认为采用 IFC 标准可以解决各类软件之间的信息传递问题。

澳大利亚政府为了更好地推进 BIM 政策,委托澳大利亚 buildingSMART 组织制定相关行动方案。2012 年,澳大利亚 buildingSMART 组织发布《国家 BIM 行动方案》(National Building Information Modelling Initiative),该方案为政府设计了一系列的政策蓝图,希望到 2016 年可以得到实现,使 BIM 能在澳大利亚得到广泛的应用。

5. 韩国

韩国是亚洲最早推广使用 BIM 技术的国家。IT 产业、信息技术产业是韩国的传统强项,BIM 技术在美国得到推广后,韩国国内大量展开对 BIM 技术的推广与研究,成立了很多 BIM 组织,如韩国 buildingSMART 协会、韩国 BIM 协会(Korean Institute of BIM,简称 KIBIM)等,韩国政府也积极推动 BIM 技术在韩国的应用。

2010 年,韩国国土海洋部发布《国家建筑领域 BIM 应用指南》(National ArchitecturalBIMGuideline of Korea),表示公共部门对于 BIM 技术的肯定。该指南涉及建筑、结构、设备、消防等多个专业,是面向建设工程领域全生命周期涉及各参与方的一份指南,也是亚洲最早的一份 BIM 应用指南。该指南内容详尽,给出相应应用方案,为各参与方提供各专业 BIM 的应用框架,可供其他组织根据该指南方便地制定适合自己的应用指南,极大地提高了韩国 BIM 的推广速度。

同年,韩国调达厅,即公共采购服务中心(Public Procurement Service,简称 PPS)发布了推广 BIM 技术的计划《BIM 路线图》(PPS BIM Roadmap),其内容包括:2010 年,在 1~2 个大型工程项目应用 BIM;2011 年,在 3~4 个大型工程项目应用 BIM;2012~2015 年,超过 50 亿韩元大型工程项都采用附加成本管理的 4D-BIM 技术;2016 年前,全部公共工程应用 BIM 技术。随后,调达厅根据《BIM 路线图》的计划发布了《建筑 BIM 指南(第 1 版)》(PPS BIM Guide VI.0),并于 2014 年更新该指南至第 2 版(PPS BIM Guide V2.0),使得韩国建筑行业 BIM 技术的应用更加方便。

2010 年,韩国 buildingSMART 协会和建筑师协会针对 BIM 应用情况进行市场调查,并发布《韩国 BIM 应用现状调研报告》。通过调查发现,2008 年设计单位使用 BIM 技术应用比较单一,主要应用点为碰撞检查;到 2010 年,BIM 被广泛应用到概预算统计、模型出图、碰撞检查、结构设计等多方面,且使用 BIM 技术的项目为 2008 年的两倍以上。可见,BIM 技术在韩国推广情况良好。

此外,韩国建设技术研究院在 2010 年发布《建筑环境整体 BIM 指南》(National BIM Guide for Overall Built Environment),并于 2012 年发布《BIM 设施管理信息建模指南》(BIM Guide for Modeling FM Information)对 BIM 应用的细节作了描述,规范了 BIM 技术在韩国的使用。土地房屋社在 2012 年发布《BIM 设计指南》(BIM Design Guide),为建筑行业企业基于 BIM 的设计提供了实施方案。韩国国防部也于 2014 年发布《国防部 BIM 指导方针》(MND BIM Guide-line),可见 BIM 在韩国的推广计划推广速度很快,发展至今,韩国成为亚洲 BIM 技术最领先的国家之一。

6. 新加坡

新加坡在 BIM 研究方面,走在亚洲的前列。新加坡建筑管理署(Building and Construction Authority,简称 BCA)很早就注意到信息技术对建筑业的重要作用。

2000—2004 年,新加坡建筑管理署开展 CORENET(Construction and Real Estate NETwork,简称 CORENET)项目,用于电子规划的自动审批和在线提交,是世界首创的自动化审批系统。在新加坡建筑信息技术比较发达的背景下,随着 BIM 理念的引入,BIM 技术在新加坡得到了迅速的推广,并应用 BIM 技术节约建设项目投资。

为推进 BIM 技术应用,2011 年,新加坡建筑管理署发布新加坡 BIM 发展路线规划(BCA's Building Information Modeling Roadmap),规划中明确提出整个建筑业在 2015 年前广泛使用 BIM 技术,并确定每一阶段的目标:2013 年起强制要求提交建筑 BIM 模型;2014 年起强制要求提交结构与机电 BIM 模型;2015 年之后,所有建筑面积大于 5 000m 的项目需提交 BIM 模型。同时,为方便新加坡设计施工企业应用 BIM,BCA 制定了一系列 BIM 交付模板,如建筑和结构模板、M&E 模板、项目协作指南等,减少从 CAD 到 BIM,从 2D 设计到 3D、4D 设计的转化难度。

在规划路线制定后,新加坡建筑管理署加紧新加坡 BIM 指南制定与研究。2012 年,该部门发布《Singapore BIM Guide》,新加坡因此也成为亚洲继韩国之后第二个正式发布 BIM 标准的国家。该 BIM 指南包括:BIM 简介、BIM 说明书、BIM 建模及协作流程和附录,是在已有标准和指南基础上主要侧重 BIM 操作指南和应用层面,是一部以实践为主的指南,可指导各企业 BIM 计划的具体实施,满足了新加坡 BIM 技术推进的需求。2013 年,指南更新至第 2 版,对 BIM 应用细节作了进一步完善。

7. 日本

施工技术、信息技术是日本的传统强项,在建模方面日本更是世界最为先进的国家之一。在 BIM 进入日本之前,日本国内施工、管理、信息技术已经比较成熟,所以 BIM 技术引入日本后推广速度很快。《建筑与都市》杂志认为 2009 年为日本的 BIM 元年,在此之后,日本的 BIM 应用开始迅速发展起来。同时,日本软件业较为发达,在建筑信息技术方面开发了较多的国产软件,如 FUKU COMPUTER 的 BIM 平台软件 Gloohe,这些软件参考了 BIM 技术与日本原有设计建模软件,在 IPC 标准基础上做本地化扩展。这使得 BIM 在日本本土化程度较高,BIM 技术与原有建筑行业设计施工衔接较好,日本建筑业从 2D 设计向 3D、4D 设计的过渡因此变得十分容易。

在 BIM 技术引入日本之后,为了利用 BIM 技术扩大设计业务、减少成本、缩短工期和提高效率,日本国建筑学会(Japanese Institute of Architects,简称 JIA)结合日本 BIM 技术推广实际情况,于 2012 年发布 BIM 指南《JIA BIM Guideline》,从 BIM 团队建设、BIM 数据处理、BIM 设计流程、应用 BIM 进行预算和模拟等方面为日本的设计院和施工企业应用 BIM 提供指导,使日本 BIM 项目在很短的时间内得到了迅速的实施,并标志着日本成为世界上 BIM 应用比较广泛的国家之一。

1.2.3　BIM 在国内的发展状况

我国从 2003 年开始引进 BIM 技术,起初主要是在学术领域进行研究。同济大学、清华大学、上海交通大学、哈尔滨业大学等高校在 BIM 概念提出后相继成立相关的课题组,展开对 BIM 的研究。同时,建筑设计院最早从接触 Revit 设计软件开始推广 BIM 技术。

近年来,国家也大力推进 BIM 技术在建设工程领域的应用。2011 年,住建部发布《2011—2015 年建筑业信息化发展纲要》,提出要在"十二五"期间,基本实现建筑企业信息系统的普及应用,加快建筑信息模型(BIM)、基于网络的协同工作等新技术在工程中的应用。2014 年住建部发布《关于推进建筑业发展和改革的若干意见》,提出要推广 BIM 技术在工程项目设计、施工、运维等全生命周期应用。2015 年住建部印发《关于推进建筑信息模型应用的指导意见》,旨在指导和推动建筑信息模型应用,提出推进建筑信息模型应用的指导思想与基本原则,明确推进 BIM 应用的发展目标,为建设、勘察、设计、施工等单位提出指导意见。在中央政府大力支持下,各地方政府也积极地推广 BIM 的应用,2014 年以后,辽宁省、山东省、广东省、陕西省、湖南省、浙江省、上海市、深圳市等地方政府相继发布有关于推广 BIM 技术的政策,这些政策进一步促进了 BIM 技术在国内的推广与应用。

随着 BIM 技术在国内的应用与推广,中国 BIM 规范与指南的制定逐渐提上日程。在国内,清华大学较早展开 BIM 标准相关研究,2011 年,清华大学 BIM 课题组于 2011 年分析国际现有 BIM 标准,结合中国实际提出中国建筑信息模型标准(Chinese Building Information Modeling Standard,简称 CBIMS)框架。该标准框架中包括 BIM 技术标准和 BIM 实施指南两大部分,从框架的结构可以看出中国 CBIMS 与美国 NBIMS 类似,是一部集规范性和指导性为一体的 BIM 标准。

2012 年 1 月,住建部发布《关于印发 2012 年工程建设标准规范制订修订的通知》,宣告中国 BIM 标准编制工作正式开启。在住建部组织下,中国 BIM 国家标准委员会成立,并计划制定《建设工程信息模型应用统一标准》《建设工程信息模型存储标准》《建设工程设计信息模型分类和编码标准》《建设工程设计信息模型交付标准》《建筑工程施工信息模型应用标准》《制造工业工程设计信息模型应用标准》及《建筑工程设计信息模型制图标准》。2014 年 11 月 21 日,《建设工程信息模型应用统一标准(送审稿)》审查会议在北京召开,审查会委员一致同意送审稿通过审查,标志着中国 BIM 标准发布指日可待。与此同时,部分地区相继出台了一些地方 BIM 标准或指南,例如,2014 年,北京市发布《民用建筑信息模型设计标准》;2015 年,上海市发布《上海市建筑信息模型技术应用指南(2015 版)》;深圳市工务署于 2015 年 4 月发布

《深圳市建筑工务署政府公共工程 BIM 应用实施纲要》和《深圳市建筑工务署 BIM 实施管理标准》；广东省于 2015 年 4 月启动地方标准《广东省建筑信息模型应用统一标准》编制工作；四川省成都市于 2016 年 9 月 5 日发布《成都市民用建筑信息模型设计技术规定》；浙江省住建厅于 2016 年 4 月 27 日发布《浙江省建筑信息模型(BIM)技术应用导则》；天津市城乡建设委员会于 2016 年 5 月 31 日发布《天津市民用建筑信息模型(BIM)设计技术导则》；广西壮族自治区于 2017 年 2 月正式发布工程建设地方标准《建筑工程建筑信息模型施工应用标准》；湖南省于 2017 年 8 月发布了湖南省工程建设地方标准《湖南省民用建筑信息模型设计基础标准》，其后，又在 9 月先后发布了《湖南省建筑工程信息模型设计应用指南》和《湖南省建筑工程信息模型施工应用指南》。

国房地产业协会商业地产专业委员会对全国建筑行业 BIM 应用情况进行调研，并分别于 2010 年和 2011 年发布了《中国商业地产 BIM 应用研究报告》和《中国工程建设 BIM 应用研究报告》，两份调查结果显示了 BIM 在建筑行业的推广情况以及人们对 BIM 的期望：设计阶段虚拟技术模拟施工与运维；招投标阶段提供预留孔洞图，以改变现有招投标文件的错漏；施工阶段利用 BIM 技术检查碰撞和辅助出图；运维阶段借助 BIM 技术在项目初期介入，及早提出运维需求。2014 年，上海市建筑施工行业协会发布《2014 年度施工企业 BIM 技术应用现状研究报告》，有效样本 642 份，能够充分准确地反映施工企业 BIM 应用现状：BIM 技术的认知度较高，说明 BIM 在我国正处在全面推广的关键时期，越来越多的人意识到 BIM 是建筑行业未来的趋势。通过多项调查可以发现，中国与国外的发展情况类似，推广最初使用最频繁的应用点为碰撞检查。此外，BIM 在国内项目的投标阶段、工程量计算、促进项目内协调沟通上也有较广泛的应用。同时，大部分 BIM 应用者认为，BIM 推进过程中存在一定的障碍和阻力，需要建立健全 BIM 技术标准、应用标准以及相关法律法规。

中国香港和台湾地区对于 BIM 技术的研究和应用开展得更早。中国香港的 BIM 发展主要依靠企业的推动，2009 年香港房屋署发布了《BIM 应用标准》。中国台湾地区高校对 BIM 研究较早，2007 年台湾大学与 Autodesk 签订了产学合作协议，研究建筑信息模型设计。2009 年，台湾大学土木工程系成立了"工程信息仿真与管理研究中心(Research Center for Building & Infrastructure Information Modeling and Management)"。

综上可见，虽然我国 BIM 发展与其他国家相比较晚，但已展现出良好的发展势头。在政府、企业、科研机构等多股力量推动下，近几年 BIM 技术在建设工程领域得到了有效的推广，应用深度逐步深入，正在迎头赶上国际先进水平。

1.3 BIM 的 特 点

1.3.1 可视化

可视化是 BIM 技术最显而易见的特点。BIM 技术的一切操作都是在可视化的环境下完成的，在可视化环境下进行建筑设计、碰撞检测、施工模拟、避灾路线分析等一系列的操作。

而传统的 CAD 技术，只能提交 2D 的图纸。为了使不懂得看建筑专业图纸的业主和用户看得明白，就需要委托效果图公司出一些 3D 的效果图，达到较为容易理解的可视化方式。如果一两张效果图难以表达得清楚,就需要委托模型公司做一些实体的建筑模型。虽然效果图和实体的建筑模型提供了可视化的视觉效果,但这种可视化手段仅限于展示设计的效果,却不能进行节能模拟,不能进行碰撞检测,不能进行施工仿真,这种只能用于展示的可视化手段不能帮助项目团队进行工程分析以提高整个工程的质量,对整个工程并没有什么太大用处。究其原因,是这些传统方法缺乏信息的支持。

现在建筑物的规模越来越大,空间划分越来越复杂,人们对建筑物功能的要求也越来越高。面对这些问题,如果没有可视化手段,光是靠设计师的脑袋来记忆、分析是不可能的,许多问题在项目团队中也不一定能够清晰地交流,就更不要说深入分析以寻求合理的解决方案了。BIM技术的出现为实现可视化操作开辟了广阔的前景,其附带的构件信息(几何信息、关联信息、技术信息等)为可视化操作提供了有力的支持,不但使一些比较抽象的信息(如应力、温度、热舒适性)可以用可视化方式表达出来,还可以将设施建设过程及各种相互关系动态地表现出来。可视化操作为项目团队进行的一系列分析提供了方便,有利于提高生产效率、降低生产成本和提高工程质量。

1.3.2 一体化

基于BIM技术可进行从设计到施工再到运营贯穿工程项目全生命周期的一体化管理。BIM的技术核心是一个由计算机三维模型所形成的数据库,不仅包含了建筑的设计信息,而且可以容纳从设计到建成使用,甚至是使用周期终结的全过程信息。

1.3.3 参数化

参数化模型是BIM的核心,参数化模型将设计模型(几何形状数据)与行为模型(变更管理)有效集成为一个整体,而整个项目文件是一个集成的数据库,所有的内容都是参数化和互相关联的。和传统的基于图形的CAD系统相比,BIM产生的是"协调的、内部一致的、可运算的建筑信息"。BIM从实现层上采用了参数化模型工具,而参数化模型具有的双向联系性、修改的即时性及可全面传递变更的特性,从而带来了高质量、协调一致、可靠的模型成果。另外,参数化模型与尺寸标注是双向关联的,对各个对象间关系所做的任何修改都会立刻通过参数化修改引擎在整个设计中反映出来,从而大大地提高设计的质量和效率,最大程度地减少图纸出错的可能性。

1.3.4 仿真性

采用3D视图设计与多维数据相结合的方式进行模型的建立。BIM技术通过将模型与数据相结合,使模型不止具有3D效果展示的作用,更丰富了模型的内在信息,是模型更具"现实化"。BIM可以在建筑项目建设的多个阶段进行模拟,如在设计阶段对设计上需要进行模拟的要素(如荷载、光照等)进行试验模拟,在招投标和施工阶段进行4D模拟施工等。

1.3.5 协调性

协调性体现在两个方面,一是在数据之间创建实时的、一致性的关联,对数据库中数据的任何更改,都马上可以在其他关联的地方反映出来;二是在各构件实体之间实现关联显示和智能互动。

对设计师来说,设计建立起的信息化建筑模型就是设计的成果,各种平面图、立面图、剖面图等 2D 图纸以及门窗表等图表都可以根据模型随时生成。这些源于同一数字化模型的所有图纸、图表均相互关联,避免了用 2D 绘图软件画图时会出现的不一致现象。在任何视图(平面图、立面图、剖视图)上对模型的任何修改,都视同为对数据库的修改,会马上在其他视图或图表上关联的地方反映出来,而且这种关联变化是实时的。这样就保持了 BIM 模型的完整性和协调性,在实际生产中就大大提高了项目的工作效率,消除了不同视图之间的不一致现象,保证项目的工程质量。

这种关联变化还表现在各构件实体之间可以实现关联显示和智能互动。例如,模型中的屋顶是和墙相连的,如果要把屋顶升高,墙的高度就会随即跟着变高。又如门窗都是开在墙上的,如果把模型中的墙平移,墙上的门窗也会同时平移;如果把模型中的墙删除,墙上的门窗马上也被删除,而不会出现墙被删除了而窗还悬在半空的不协调现象。这种关联显示和智能互动表明了 BIM 技术能够支持对模型的信息进行计算和分析,并生成相应的图形及文档。信息的协调性使得 BIM 模型中各个构件之间具有良好的协调性。

这种协调性为建设工程带来了便利,例如,在设计阶段,不同专业的设计人员可以通过应用 BIM 技术发现彼此不协调甚至引起冲突的地方,及早修正设计,避免造成返工与浪费。在施工阶段,可以通过应用 BIM 技术合理地安排施工计划,保证整个施工阶段衔接紧密、合理,使施工能够高效地进行。

1.3.6 优化性

BIM 模型可以为我们全面提供各种工程建设所需要的信息,如建筑物的几何信息、物理信息、结构信息等,且这些信息还可以实时动态呈现。如需调整,只需要修改 BIM 模型或模型的相关信息参数,就能提供建筑物变化以后的新模型,BIM 技术的应用提供了对复杂项目进行全方位优化的可能。

1.3.7 可出图性

BIM 并不是为了出大家日常多见的建筑设计院所出的建筑设计图纸,及一些构件加工的图纸,而是通过对建筑物进行可视化展示、协调、模拟、优化之后,帮助业主出如下图纸:

(1)综合管线图(经过碰撞检查和设计修改,消除了相应错误以后)。

(2)综合结构留洞图(预埋套管图)。

(3)碰撞检查侦错报告和建议改进方案。

由上述内容,我们可以大体了解 BIM 的相关内容。BIM 在世界很多国家已经有比较成熟的 BIM 标准或者制度。BIM 在中国建筑市场内要顺利发展,必须将 BIM 和国内的建筑市场特色相结合,才能够满足国内建筑市场的特色需求。

1.3.8 信息完备性

BIM 是设施的物理和功能特性的数字化表达,包含设施的所有信息,从 BIM 的这个定义就体现了信息的完备性。BIM 模型包含了设施的全面信息,除了对设施进行 3D 几何信息和拓扑关系的描述,还包括完整的工程信息的描述。如:对象名称、结构类型、建筑材料、工程性能等设计信息;施工工序、进度、成本、质量以及人力、机械、材料资源等施工信息;工程安全性能、材料耐久性能等维护信息;对象之间的工程逻辑关系等。

信息的完备性还体现在 Building Information Modeling 这一创建建筑信息模型行为的过程,在这个过程中,设施的前期策划、设计、施工、运营维护各个阶段都连接了起来,把各阶段产生的信息都存储进 BIM 模型中,使得 BIM 模型的信息来自单一的工程数据源,包含设施的所有信息。BIM 模型内的所有信息均以数字化形式保存在数据库中,以便更新和共享。

信息的完备性使 BIM 模型具有良好的基础条件,支持可视化操作、优化分析、模拟仿真等功能,为在可视化条件下进行各种优化分析(体量分析、空间分析、采光分析、能耗分析、成本分析等)和模拟仿真(碰撞检测、虚拟施工、紧急疏散模拟等)提供了方便的条件。

1.4　BIM 在项目全生命周期的作用与价值

1.4.1　BIM 全专业共享平台

BIM 目标是项目实施 BIM 的核心。本节实例项目中 BIM 目标是实现建筑、结构和机电之间的协同设计(图1-5),优化设计方案,是完成特定合同或协议的 BIM 要求,关注于技术的实现和突破。

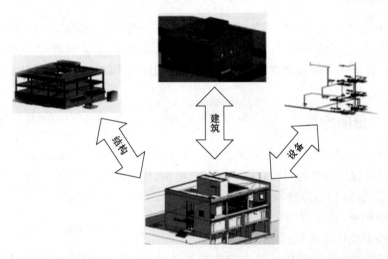

图 1-5　BIM 目标

BIM 应用是实现 BIM 目标的方法,BIM 项目实施计划指南将 BIM 应用分为 25 种。在设计阶段常用有:设计方案论证、设计建模、能量分析和 3D 协调。本节实例项目中 BIM 应用属于项目型 BIM 设计建模和 3D 协调应用。

1. 定义 BIM 设计流程

BIM 设计流程分为总体流程和详细流程,前者包括所有的 BIM 应用,后者是对每个 BIM 应用的详细流程图。本节实例中总体设计流程(图1-6)分为概念设计、初步设计、施工图设计、综合协调及审查存档几个阶段,之后对每个阶段流程制定 BIM 详细流程图(图1-7)。

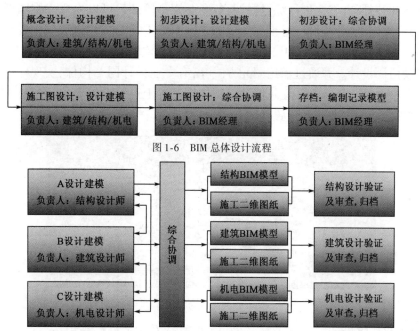

图1-6 BIM总体设计流程

图1-7 施工图阶段详细流程

2. 协同设计准备阶段

此阶段是协同设计的基础,需要确定BIM设计实施的支撑条件和信息交换平台。首先根据项目信息和合同等项目参考信息组织人员,确定BIM设计模型拆分原则、模型详细程度、模型质量控制程序和BIM设计交付标准,然后确定完成所需BIM应用的软硬件,最后创建项目样板、共享坐标和共享文件夹等。

专业间BIM协同设计可以采用信息化平台或共享文件夹的方式实现。信息交换是协同设计的核心,因此所有设计资料必须定时保存到共享文件夹或更新到信息平台,以便其他专业的人员根据自己需要调取最新模型信息。

本节实例中选择Revit 2013及Navisworks Manage 2013软件,软件之间信息交互传递格式为RVT。模型根据专业分为建筑、结构和机电,每专业根据构件类别分为多个工作集,使用工作集作为信息交换平台,本节实例中项目工作集如图1-8所示。因为各专业模型在同一个模型中创建,所以没有考虑共享坐标。

3. 协同设计方法

协同设计过程包括视觉协同和综合协调两部分,前者是设计初期设计师在其他专业模型基础上的设计,后者是在设计后期不同专业间的碰撞。专业间的协同设计流程是:概念设计阶段,建筑专业预先设计建模,验证审批后提供给结构专业和机电专业人员;初步设计阶段所有专业人员进行设计建模,如图1-7所示,此时模型信息没有进行验证及审批,不能作为参考信息,结构专业和机电专业人员基于概念设计阶段建筑设计模型进行视

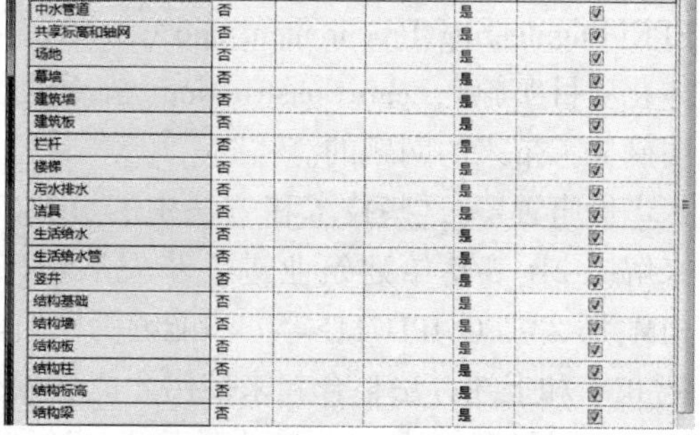

图1-8 本节实例中项目工作集

觉协同设计,定时对所有专业进行综合协调,各专业模型验证后可以生成二维图纸;施工图设计阶段,结合二维图纸制图规范,对模型生成的二维图纸进行细节修改和深化设计,并进行节点详图设计。本节实例项目中采用 Revit 2013 软件工作集方法建立的共享中心文件作为信息化平台来实现协同设计。并通过借用图元方式,所有专业设计同一构件,实现建筑、结构和机电在同一模型中设计。排水管在建筑墙和结构柱的基础上进行设计布置,并在三维视图中实时更新,通过视觉协同专业间的位置,如图 1-9 所示。

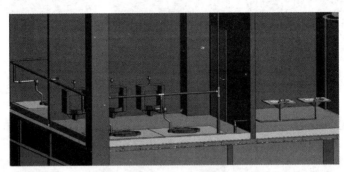

图 1-9 专业间视觉协同

通过 RVT 格式将设计模型导入 Navisworks 中对全专业进行综合检查。可以快速地检查出管路之间的碰撞。

各专业设计模型的楼层平面视图中按照二维出图标准调整标注、字体、线样式和比例等,然后导出 DWG 格式图纸,对不符合标准的地方修改后,审查验证存档。

1.4.2 BIM 技术给工程建设带来的变化

1. BIM 技术带来的第一层变化——回归 3D

曾有人说过,"建筑是 3D 的,也是 2D 的,但归根结底是 3D 的。"

在最初,人类创造了用 2D 的方式来表达 3D 的建筑物,实现了建筑业设计与施工两个领域的明确分工,带来了近一百多年建筑业的空前繁荣和发展。

随着建设项目复杂性的不断加大(包括规模的增大以及建筑系统数量和复杂性的增加等),以及由于竞争需要导致的业主对缩短工期和控制造价的压力,建筑业实现了从未有过的发展和繁荣,同时也切身地感受到了从未有过的挑战。

然而,2D 表达以及设计与施工的明确分工恰恰被证明是出现上述挑战的主要原因。

工程建设行业的专家们开始研究并实践突破上述挑战的技术和方法,这些技术和方法包括 EPC(Engineering,Procurement and Construction,工程总承包)、IPD(Integrated Project Delivery,一体化项目实施)、Lean Construction(精益建造)等,这些方法的主要目的是用来解决设计与施工明确分工带来的问题的。

毋庸置疑,这些技术和方法中的 BIM(Building Information Modeling,建筑信息模型)是用来解决 2D 表达给建筑业进一步发展带来的挑战的,但是有一点需要特别说明,如果没有 BIM,那么 EPC、IPD、LC 等方法能够为建筑业带来的价值将大大地受到限制,换句话说,只有把 BIM 和上述方法整合起来使用才能更加有效地解决目前的挑战。

原因很简单,所有对建设项目不同阶段的有效方案和措施都以项目参与人员对项目本身的全面、快速、准确理解为基础,而2D表达恰恰在这件事情上是一个越来越严重的障碍。讨论2D图纸问题的文章很多,其中业界公认的BIM教父Chuck Eastman的归纳非常精炼到位:

(1)需要用多个2D视图来表达一个3D的实际物体指导施工,有冗余,又容易产生错误。

(2)以线条、圆弧、文字等形式存储,只能依靠人来解释,电脑无法自动识别。

BIM的目的当然是解决2D表达的上述问题,让建设项目的设计施工运营全过程回归到建筑物的本来面目——3D上来。

2. BIM技术带来的第二层变化——协调综合

这里有两个专有名词,一个叫"错漏碰缺",另外一个叫"设计变更"。其中错漏碰缺是因,设计变更是果。有了错漏碰缺,就需要做设计变更,这就是所谓的因果。那么设计变更对建设项目的所有相关方和项目本身又意味着什么样的果呢?

(1)对设计师来说,意味着工作量。

(2)对承包商来说,意味着待工、窝工、返工。

(3)对发展商来说,意味着工期可能延误,造价可能提高,质量可能降低。

(4)对社会来说,意味着人力材料浪费,更多的二氧化碳排放,更大的绿色挑战。

协调综合的工作主要分两个步骤:首先是发现问题,然后是解决问题。使用2D图纸进行协调综合的时候,经常出现以下的问题:

(1)花费大量的时间去解读及发现问题。

(2)由于时间及手段的限制,往往只能发现部分表面的问题。

统计资料证明,BIM的第二层应用——协调综合可以使设计变更大大减少。同时,如果使用有效BIM协调流程进行协调综合,那么协调综合过程中的不合理变更方案或问题变更方案也就不会出现了。

3. BIM技术带来的第三层变化——4D/5D

4D/5D等3D以上的多维应用是BIM为建筑业带来的新信息和新手段,建筑不仅仅是3D的,也是4D的。

事实上,项目在施工过程中,围绕施工的所有活动都是和时间相关的,也就是说是4D的。例如建筑机械的行进路线和操作空间、土建工程的施工顺序、设备管线的安装顺序、材料的运输堆放安排等,都需要随着项目进展做出相应变化。因此,所有的动线分析、碰撞检查、方案设计也都必须和时间有关。

BIM的4D应用主要有以下两个层面:

(1)宏观4D层面(工序安排模拟):把BIM模型和进度计划软件(如MS Project,P3等)的数据集成,让业主及团队能利用三维的直观优势,可以按月、按周、按天看到项目的施工进度并根据现场情况进行实时调整,分析不同施工方案的优劣,从而得到最佳施工方案。换言之,4D就是甘特图的三维提升版。

(2)微观4D层面(可建性模拟):把BIM模型和施工方案利用虚拟环境作数据集成,我们便可以在虚拟环境中作施工仿真,对项目的重点或难点部分进行全面的可建性(Constructibility可施工性)模拟以及安全、施工空间、对环境影响等分析,优化施工安装方案。

另外一个众所周知的事实是,建设项目的投入不是一次性到位的,是根据项目建设的计划和进度逐步到位的,制造业的"零库存"生产管理方式由来已久,BIM的5D应用结合BIM模型、施工计划和工程量造价于一体,可以实现建筑业的"零库存"(限额领料)施工,最大程度发挥业主资金的效益。

由于 BIM 模型存储了建设项目的所有几何、物理、性能、管理信息,事实上成为实际项目的克隆或 DNA,在此基础上的 4D/5D 及更多维度的应用为业主提供了传统 CAD、效果图或手工绘图无法实现的价值。

1.4.3 BIM 在勘察设计阶段的作用与价值

工程勘察信息管理是建筑设计的基础环节,现有的工程勘察设计中的地质信息管理大部分还是基于传统 CAD 二维模型的构建,传统二维勘察绘图中存在的问题主要有:二维地形图中地形线表现形式比较单一,表现地形起伏的状况主要靠专业勘察人员的讲解和分析;对于地形图中不同建筑构件的表现形式不够形象立体,通常非专业人员需要另配图示来查看图中所表示的不同建筑构件;对于没有统一建筑构件标示的图件,需要特殊标记,然而不同专业之间进行协调变更时容易产生误解,造成偏差;对于地形图中需要标注的特殊构筑物,比如管道、桥梁、道路等,无法形象地表现其高程,有可能导致后期施工过程中与现建道路、桥梁、管道等造成碰撞,而到施工过程中再回头做勘察设计变更就需要做解决方案、签证,从而导致工地停工、工期延长,增加施工成本。

二维图纸数据传递能力较差,信息共享较困难。传统的二维绘图模式,所有的信息通常通过电子文档来传递,而不同专业间获得的信息是由不同软件勘测得来的,又通过不同的软件进行转换,最后表现在同一张图纸上,这期间就不可避免地造成了一些数据的流失,而在转换过程中也浪费了人力、物力。通常情况下就出现了设计是一张美好蓝图,勘察过程中呈现出了另一种图纸,通过勘察进行调整过的设计蓝图来指导施工,最后成了驴唇不对马嘴的效果。传统二维图纸制约了上游和下游信息的传递,也制约了信息化的发展。

而 BIM 技术提供一个存储、处理数据信息的平台,可以将土工试验以及现场勘察的数据输入到 BIM 软件,并进行数据处理分析及可视化,为勘察设计提供一定的依据。

工程勘察 BIM 实践表明,利用 BIM 软件将工程勘察成果可视化,实现上部建筑与其地下空间工程地质信息的三维融合具有可操作性。目前,国内外已经出现了 GOCAD、AutoCAD、Civil 3D、GeoMo 3D 和理正地质 GIS 等三维地质建模软件,但针对岩土工程勘察领域而建立的地质三维模拟软件并不多,对地质建模与可视化分析针对性不强,难以满足专业功能需求。国内有单位自主开发三维岩土工程勘察信息系统,但无法实现与建筑结构等专业数据互通共享,难以进行各专业协同工作。

基于 BIM 技术的管线综合,能够整合各专业的信息,建立建筑、结构和机电专业协调沟通的统一平台,以三维模型为基础,实现可视化的管线综合优化。特别是在大型、复杂建筑工程中,基于 BIM 技术的管线综合充分发挥了计算机对庞大数据的处理能力,是目前国内工程BIM 软件应用的最主要功能之一。现阶段,国外将 BIM 技术应用到管线综合领域已经达到相当规模和深度,国内基于 BIM 的管线综合还主要用于施工图深化设计阶段,为实现提高施工质量、缩短工期、节约成本的目的而进行优化设计。国内外可用于管线综合分析的 BIM 软件有很多,比较著名的有 Autodesk Revit MEP、MagiCAD、Navisworks 等,国产软件中有鲁班系列软件等。

在建筑环境领域中采用基于 BIM 技术的性能分析可以为绿色建筑增大节能成效,目前用于节能评估、可再生能源以及可持续建筑的软件工具众多,较多采用的是"BIM软件平台—数据格式—专业分析软件"的基本模型,可以有效地解决数据一致性问题,提高效率。BIM技术为建筑性能的普及应用提供了可能性,主要应用方面有:①室外风环境模拟;②室内自然风模拟;③小区热环境模拟分析;④建筑环境噪声模拟分析;⑤室外绿化环境分析;⑥建筑照明分析;⑦日照分析;⑧日光分析;⑨节能设计;⑩规划设计方案优化。据调查,能源绩效分析、照明分析和暖通空调设计成为了绿色BIM最受重视的三个应用点,但绿色BIM在建筑材料和可再生能源选用分析方面的应用却略显不足。

工程量计算是全过程造价管理重要的一环,关系到建筑企业核心竞争力——项目成本控制能力。基于BIM的工程量计算,利用BIM技术建立三维模型数据库,实现对建筑项目信息的直接读取、汇总与统计,能大大降低工程师基础工作强度,提高计算效率,保证计算精确,可以更好地应付设计变更,便于项目成本控制。算量工作人员可以通过多种途径应用BIM技术进行工程量计算,主要有3种方法:①利用应用程序接口(API)在BIM软件和成本预算软件中建立连接;②利用开放式数据库连接(ODBC)直接访问BIM软件数据库;③BIM软件结果输出到Excel,再处理。但目前尚缺少可以提供全套工程造价计算服务的BIM工具。

当前BIM技术的研究重心,已从单一应用软件的开发逐步转移到基于BIM技术的集成并行平台的开发研究上。集成并行平台通过BIM技术,实现建模模型的共享与转换,将建筑设计、结构设计、工程造价等工作集合在一起,大幅度提升协同设计的技术含量。我国目前大部分大型设计院在尝试使用基于BIM技术的协同设计,中、小设计院也正在积极开展相应的学习与初步实践。同济大学建筑设计研究院(集团)有限公司成立了BIM研究中心,并在上海中心等项目中展开协同设计。中国建筑设计研究院的敦煌游客中心项目也使用了BIM进行协同设计。大型开发商企业,如万科、万达、龙湖等也在方案招标、深化设计、造价控制等层次积极探索应用BIM协同技术,BIM咨询公司也积极从专业化角度推动设计团队开展协同设计。

1.4.4 BIM在施工阶段的作用与价值

在当前国内蓬勃发展的经济建设中,房地产是我国的支柱产业。房地产的迅速发展同时也给房地产企业带来了丰厚利润。国务院发展研究中心在2012年出版的《中国住房市场发展趋势与政策研究》专门论述了房地产行业利润率偏高的问题。据统计,2003年前后,我国房地产行业的毛利润率大致在20%左右,但随着房价的不断上涨,2007年之后平均达到30%左右,超出工业整体水平约10个百分点。

对照房地产业的高额利润,我国建筑业产值利润却低得可怜,根据有关统计,2011年我国建筑业产值利润率仅为3.6%。究其原因应当是多方面的,但其中的一个重要原因,就是建筑业的企业管理落后,生产方式陈旧,导致错误、浪费不断,返工、延误常见,劳动生产率低下。

到了施工阶段,对设计的任何改变的成本是很高的。如果不在施工开始之前,把设计存在的问题找出来,就需要付出高昂的代价。如果没有科学、合理的施工计划和施工组织安排,也需要为造成的窝工、延误、浪费付出额外的费用。

根据以上的分析,施工企业对于应用新技术、新方法来减少错误、浪费,消除返工、延误,从而提高劳动生产率、带动利润上升的积极性是很高的。生产实践也证明,BIM在施工中的应用可以为施工企业带来巨大价值。

事实上,伴随着BIM理念在我国建筑行业内不断地被认知和认可,BIM技术在施工实践中不断展现其优越性,其对建筑企业的施工生产活动带来了极为重要和深刻的影响,而且应用的效果也是非常显著的。

BIM 技术在施工阶段可以有如下多个方面的应用:3D 协调/管线综合、支持深化设计、场地使用规划、施工系统设计、施工进度模拟、施工组织模拟、数字化建造、施工质量与进度监控、物料跟踪等。

BIM 在施工阶段的这些应用,主要有赖于应用 BIM 技术建立起的 3D 模型。3D 模型提供了可视化的手段,为参加工程项目的各方展现了 2D 图纸所不能给予的视觉效果和认知角度,这就为碰撞检测和 3D 协调提供了良好的条件。同时,可以建立基于 BIM 的包含进度控制的 4D 施工模型,实现虚拟施工;更进一步,还可以建立基于 BIM 的包含成本控制的 5D 模型。这样就能有效控制施工安排,减少返工,控制成本,为创造绿色环保低碳施工等方面提供了有力的支持。

应用 BIM 技术可以为建筑施工带来新的面貌:

(1)首先,可以应用 BIM 技术解决一直困扰施工企业的大问题——各种碰撞问题。在施工开始前利用 BIM 模型的 3D 可视化特性对各个专业(建筑、结构、给排水、机电、消防、电梯等)的设计进行空间协调,检查各个专业管道之间的碰撞以及管道与房屋结构中的梁、柱的碰撞。如发现碰撞则及时调整。这就较好地避免施工中管道发生碰撞和拆除重新安装的问题。上海市的虹桥枢纽工程,由于没有应用 BIM 技术,仅管线碰撞一项损失就高达 5 000 多万元。

(2)其次,施工企业可以在 BIM 模型上对施工计划和施工方案进行分析模拟,充分利用空间和资源。清除冲突,得到最优施工计划和方案。特别是在复杂区域应用 3D 的 BIM 模型,直接向施工人员进行施工交底和作业指导,使效果更加直观、方便。

(3)还可以通过应用 BIM 模型对新形式、新结构、新工艺和复杂节点等施工难点进行分析模拟,可以改进设计方案,实现设计方案的可施工性,使原本在施工现场才能发现的问题尽早在设计阶段就得到解决,以达到降低成本、缩短工期、减少错误和浪费的目的。

(4)BIM 技术还为数字化建造提供了坚实的基础。数字化建造的大前提是要有详尽的数字化信息,而 BIM 模型正是由数字化的构件组成,所有构件的详细信息都以数字化的形式存放在 BIM 模型的数据库中。而像数控机床这些用作数字化建造的设备需要的就是这些描述构件的数字化信息,这些数字化信息为数控机床提供了构件精确的定位信息,为数字化建造提供了必要条件。通常需要应用数控机床进行加工的构件大多数是一些具有自由曲面的构件,它们的几何尺寸信息和顶点位置的 3D 坐标都需要借助一些算法才能计算出来,这些在 2D 的 CAD 软件中是难以完成的,而在基于 BIM 技术的设计软件中则没有这些问题。

(5)施工中应用 BIM 技术最令人称道的一点就是对施工实行了科学管理。通过 BIM 技术与 3D 微光扫描、视频、照相、全球定位系统(Global Positioning System,简称 GPS)、移动通信、射频识别(Radio Frequency Idenfication)、RFTD、互联网等技术的集成,可以实现对现场的构件、设备以及施工进度和质量的实时跟踪。通过 BIM 技术和管理信息系统集成,可以有效支持造价、采购、库存、财务等的动态和精确管理,减少库存开支,在竣工时可以生成项目竣工模型和相关文档,有利于后续的运营管理。

(6)BIM 技术的应用大大改善了施工方与其他方面的沟通,业主、设计方、预制厂商、材料及设备供应商、用户等可利用 BIM 模型的可视化特性与施工方进行沟通,提高效率,减少错误。

1.4.5 BIM 在运营维护阶段的作用与价值

建筑物的运营维护阶段,是建筑物全生命周期中最长的一个阶段,这个阶段的管理工作是很重要的,由于需要长期运营维护,对运营维护的科学安排能够提高运营的质量,同时也会有效地降低运营成本,从而全面提升管理工作。

美国国家标准与技术研究院(National Institute of Standards and Technology,简称 NIST)在 2004 年进行了一次调查研究,目的是预估美国重要的设施行业(如商业建筑、公共设施建筑和工业设施)中的效率损失。研究报告指出:"根据访谈和调查回复,在 2002 年不动产行业中每年的互用性成本量化为 158 亿美元。这些费用的三分之二由业主和运营商承担,大部分用于设施持续运营和维护。除了量化的成本,受访者还指出,还有其他显著的效率低下和失去机会的成本相关的互用性问题,超出了我们的分析范围。因此,价值 158 亿美元的成本估算在这项研究中很可能是一个保守的数字。"

的确,不少设施管理机构每天仍然在重复低效率的工作。比如,使用人工计算建筑管理的各种费用;在一大堆纸质文档中寻找有关设备的维护手册;花了很多时间搜索竣工平面图但是毫无结果,最后才发现他们从一开始就没有收到该平面图,这正是前面说到的因为没有解决互用性问题造成的效率低下。

由此可以看出,如何提高设施在运营维护阶段的管理水平,降低运营和维护的成本问题亟须解决。

随着 BIM 的出现,设施管理者看到了希望的曙光。特别是一些应用 BIM 进行设施管理的成功案例增强了管理者们的信心。由于 BIM 中携带建筑物全生命周期的建筑信息,业主和运营商便可降低由于缺乏操作性而导致的成本损失。

在运营维护阶段,BIM 可以有如下这些方面的应用:竣工模型交付、维护计划、建筑系统分析、资产管理空间管理与分析、防灾计划与灾害应急模拟。

将 BIM 应用到运营维护阶段后,运营维护管理工作将出现新的面貌。施工方竣工后,应对建筑物进行必要的测试和调整,按照实际情况提交竣工模型。由于从施工方那里接收了运用 BIM 技术建立的竣工模型,运营维护管理方就可以在这个基础上,根据运营维护管理工作的特点,对竣工模型进行充实、完善,然后以 BIM 模型为基础,建立起运营维护管理系统。

这样,运营维护管理方得到的不只是常规的设计图纸和竣工图纸,还能得到反映建筑物真实状况的 BIM 模型,里面包含施工过程记录、材料使用情况、设备的调试记录及状态等与运营维护相关的文档和资料。BIM 能将建筑物空间信息、设备信息和其他信息有机地整合起来,结合运营维护管理系统可以充分发挥空间定位和数据记录的优势,合理制订运营、管理、维护计划,尽可能降低运营过程中的突发事件。

BIM 可以帮助管理人员进行空间管理,科学地分析建筑物空间现状,合理规划空间的安排确保其充分利用。应用 BIM 可以处理各种空间变更的请求,合理安排各种应用的需求,并记录空间的使用、出租、退租的情况,还可以在租赁合同到期日前设置到期自动提醒功能,实现空间的全过程管理。

应用 BIM 可以大大提高各种设施和设备的管理水平。可以通过 BIM 建立维护工作的历史记录,以便对设施和设备的状态进行跟踪,对一些重要设备的适用状态提前预判,并自动根据维护记录和保养计划提示到期需保养的设施和设备,对故障的设备从派工维修到完工验收、回访等均进行记录,实现过程化管理。此外,BIM 模型的信息还可以与停车场管理系统、智能监控系统、安全防护系统等系统进行连接,实行集中后台控制和管理,很容易实现各个系统之间的互联、互通和信息共享,有助于进行更好的运营维护管理。

以上工作都属于资产管理工作,如果基于 BIM 的资产管理工作与物联网结合起来,将能很好地解决资产的实时监控、实时查询和实时定位问题。

基于 BIM 模型丰富的信息,可以应用灾害分析模拟软件模拟建筑物可能遭遇的各种灾害的发生与发展过程,分析灾害发生的原因,根据分析制定防止灾害发生的措施,制定各种人员疏散、救援支持的应急预案。灾害发生后,可以以可视化方式将受灾现场的信息提供给救援人员,让救援人员迅速找到通往灾害现场最合适的路线,采取合理的应对措施,提高救灾的成效。

第2章

BIM 应用的相关软硬件及技术

2.1 BIM 软件的分类

BIM 软件按其功能,可以分为 BIM 基础类软件、BIM 工具类软件和 BIM 平台类软件。

2.1.1 BIM 基础类软件

BIM 基础类软件主要是以建模为主的软件,简称"BIM 建模软件"。常用的 BIM 建模软件如图 2-1 所示,以 Autodesk 公司、Bentley 公司、Nemetschek Graphisoft(图软)公司、Gery Technology Dassault(达索)公司提供的软件为主。

Revit 是 Autodesk 公司的 BIM 软件,自 2013 版本开始,将建筑、结构和机电三个板块整合,形成具有多种建模环境的整体软件,支持所有阶段的设计、施工图纸及明细表。Revit 平台的核心是 Revit 参数化更改引擎,它可以自动协调在任意位置(例如在模型视图或图纸、明细表、剖面图、平面图中)所做的更改。其优点是普及性强,操作相对简单,有相当不错的市场表现。Bentley 公司旗下的 BIM 软件分为建筑、结构和设备三个板块,其产品在工厂设计(例如石油、化工、电力、医药等)和基础设施(例如道路、桥梁、市政、水利等)领域有无可争辩的优势。2007 年 Nemetschek 公司收购 Graphisoft 以后,对 ArchiCAD、ALLPLAN、Vectorworks 三个产品进行了汇总,其中国内最熟悉的是 ArchiCAD,属于一个面向全球市场的产品,但是国内由于其专业配套的功能(仅限于建筑专业)与多专业一体的设计院体制不匹配,很难实现业务突破。Nemetschek 公司的另外两个产品,ALLPLAN 主要市场在德语区,Vectorworks 则是其在美国市场使用的产品名称。Dassault 公司的 CATIA 是机械设计制造软件的引领者,在航空、航天、汽车等领域具有很大的市场地位,应用到工程建设行业,无论是对复杂形体还是超大规模建筑,其建模能力、表现能力和信息管理能力与传统的建筑类软件相比都有明显的优势,而与项目和人员对接的问题则是其不足之处。Digital Project 是 Dassault 公司在 CATIA 基础上开发的一个面向工程建设行业的应用软件(二次开发软件)。

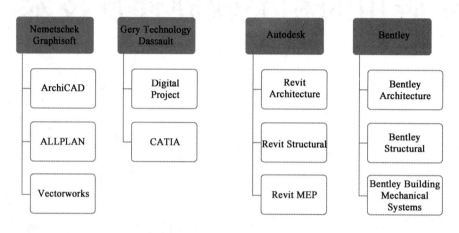

图 2-1　BIM 基础类软件

2.1.2　BIM 工具类软件

BIM 工具类软件则是以提高单个应用点的效率为主要目的的软件。例如,在能耗分析、结构分析、施工模拟、成本管理等单点应用上,BIM 工具类软件均能发挥重要作用,如图 2-2 所示。

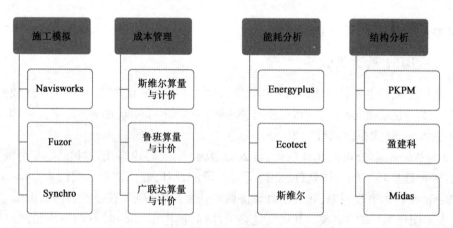

图 2-2　BIM 工具类软件

能耗分析软件能够通过 BIM 模型的信息对项目进行日照、风环境、工程热力学与传热学、景观可视度、噪声等方面的分析,主要有国外的 Ecotet、Energyplus 以及国内的斯维尔等软件。

结构分析软件是目前和 BIM 核心建模软件集成度比较高的产品,基本上两者之间可以实现双向信息交换,即结构分析软件可以使用 BIM 核心建模软件的信息进行结构分析,分析结果对结构的调整又可以反馈回到 BIM 核心建模软件中去,自动更新 BIM 模型。Midas 等国外软件以及 PKPM 等国内软件都可以跟 BIM 核心建模软件配合使用。

施工模拟软件的基本功能包括集成各种三维软件(包括 BIM 软件、三维工厂设计软件、三维机械设计软件等)创建的模型,进行 3D 协调、4D 计划、可视化、动态模拟等。常见的施工模拟软件有 Autodesk Navisworks、Fuzor、Synchro 等。

成本管理软件是利用 BIM 模型提供的信息进行工程量统计和造价分析,由于 BIM 模型结构化数据的支持,基于 BIM 技术的造价管理软件可以根据工程施工计划动态提供造价管理需要的数据,这就是所谓 BIM 技术的5D 应用。国外的 BIM 成本管理软件的代表有 Innovaya、Solibri、RIB iTWO,鲁班、广联达、斯维尔则是国内 BIM 成本管理软件的代表。

2.1.3 BIM 平台类软件

BIM 平台类软件是单点应用类软件的集成,以协同和综合应用为主,针对不同的应用点以及 BIM 目标,综合选取适合的 BIM 平台类软件,将有效提高项目管理效率、降低施工成本、保证工程进度。在技术应用层面,BIM 平台的特点为着重于数据整合及操作,主要的平台软件有Navisworks、Takla、广联达 BIM 5D、鲁班 MC 等。在项目管理层面,BIM 平台主要着重于信息数据交流,主要的平台软件有:Vault、Autodesk Buzzsaw、Trello 等。在企业管理层面,着重于决策及判断是其特点,主要平台软件有宝智坚思 Greata、Dassault Enovia 等,如表 2-1 所示。

BIM 平台类软件 表 2-1

BIM 目标	平台特点	BIM 平台选择	备 注
技术应用层面	着重于数据整合及操作	Navisworks	兼容多种数据格式,查阅、漫游、标注、碰撞检测、进度及方案模拟、动画制作等
		Tekla BIMsight	强调3C,即合并模型(Combining Models)、碰撞检查(Checking for Conflicts)及沟通(Communicating)
		Bentley	可视化图形环境,碰撞检测、施工进度模拟及渲染动画
		Trimble Vico Office Suite	BIM 5D 数据整合,成本分析
		Synchro	
项目管理层面	着重于信息数据交流	Vault	根据权限、文档及流程管理
		Autodesk Buzzsaw	
		Trello	团队协同管理
		Bentley Projectwise	基于平台的文档、模型管理
		Dassault Enovia	基于树形结构的3D 模型管理,实现协同设计、数据共享
企业管理层面	着重于决策及判断	宝智坚思 Greata	商务、办公、进度、绩效管理
		Dassault Enovia	基于3D 模型的数据库管理,引入权限和流程设置,可作为企业内部流程管理的平台

目前,Revit、Navisworks、Tekla、ArchiCAD 是国内应用比较广泛的软件。随着 BIM 的发展,在单项应用方面的 BIM 软件数量有明显的增长趋势,同时 BIM 综合数据管理和应用的软件数量也在增加,BIM 应用不仅在广度和深度上扩展,而且开始呈现从单项应用向综合应用发展的趋势。

2.2　国外 BIM 软件介绍

2.2.1　Autodesk 公司 BIM 软件

欧特克有限公司(简称欧特克或 Autodesk)始建于 1982 年,总都位于美国加利福尼亚州圣拉斐尔市。欧特克专注于三维设计、建筑工程及娱乐等软件开发,以 AutoCAD 为代表的二维和三维设计、工程与娱乐软件产品涵盖制造业、工程建设业、基础设施业及传媒供乐业等多个行业。1994 年欧特克软件(中国)有限公司成立,2003 年欧特克中国应用开发中心在上海成立,2008 年在欧特克中国应用开发中心基础上,欧特克中国研究院在上海正式成立。

2002 年,Autodesk 公司以 1.33 亿美元收购 Revit Technology 公司,Revit 成为 Autodesk 公司建筑领域的旗舰产品之一,Revit 系列产品在 2003 年投入中国市场。

1. Autodesk 主要 BIM 相关产品

(1)Autodesk Revit Architecture

Revit Architecture 是专为建筑信息模型(BIM)而设计的,能够帮助建筑师探究早期设计构思和设计形式。使用由 Revit Architecture 提供的重要 BIM 数据进行可持续设计、碰撞检测、施工规划和制造,之后共享模型,在集成流程中与工程师、承包商和业主高效协作。而借助参数化技术,所作出的任何变更都能自动更新到整个项目中,同时还能保持设计和文档的协调一致。

(2)Autodesk Revit Structure

Revit Structure 是面向结构工程的建筑信息模型(BIM)软件,可实现结构分析、设计和文档创建。通过使用来自建筑和工程文件(Revit 模型或二维文件格式)的关键信息来提高各部门之间的协作效率。通过双向关联,将分析集成到流行的结构分析软件。

(3)Autodesk Revit MEP

Revit MEP 是基于建筑信息模型的、面向设备及管道专业的设计和制图软件,它是一款专为水暖电绘图员和工程师开发的工程设计解决方案,能够帮助其提高工作效率,利用建筑信息模型进行可持续建筑设计和分析,并加强设计协作。

(4)Autodesk Navisworks

Navisworks 软件是由英国 Navisworks 公司研发并出品的,2007 年,该公司被美国 Autodesk 公司收购。Autodesk Navisworks 软件是一款功能全面的设计评审解决方案,可以集成、浏览和审核多种 3D 设计文件,可以实现对 3D 模型的实时交互漫游。Autodesk Navisworks 软件系列包括四款产品:Autodesk Navisworks Manage 软件是供设计和施工管理专业人员使用的一款审阅解决方案,集成了错误查找、冲突管理、四维项目进度仿真和可视化等功能;Autodesk Navisworks Simulate 软件能够再现设计意图,模拟四维施工进度,超前实现施工项目的可视化;Autodesk Navisworks Review 软件支持整个项目的实时可视化,审阅各种格式的文件;Autodesk Navisworks Freedom 软件是免费的浏览器,支持 Autodesk Navisworks NWD 文件与三维 DWF 格式文件的浏览。

（5）Autodesk Ecotect

Ecotect 是建筑生态与环境模拟分析软件,具有基于 BIM 模型数据的日光分析或阴影和遮蔽、照明设计、热性能分析、流体动力学（CFD）计算结果三维可视化、声学分析等功能。用 Ecotect 做前期方案设计最有意义,是其交互式分析方法,设计师可直观地理解周围环境对建筑运营能耗的影响,从而为其提供 3D 环境下的建筑性能分析和可持续性设计的工具。

（6）AutoCAD Civil 3D

Civil 3D 是测量、设计、分析与制图软件,用于包括土地开发、道路交通、水利电力在内的土木工程。作为一款面向土木工程的建筑信息模型（BIM）解决方案,Civil 3D 能够帮助项目团队创建、预测和交付各类土木工程项目,帮助土木工程师探索更多的优化方案,推动项目开展。

（7）Autodesk Green Building Studio

Green Building Studio 通过与 Revit Architecture 和 Revit MEP,以及其他一些可以兼容的能源分析软件之间进行交互操作,也可通过 Green Building XML（GBXML,绿色建筑扩展标记语言）与来自业界其他提供商的软件实现兼容,提供基于网络的能源分析服务。

（8）AutoCAD Map 3D

AutoCAD Map 3D 用于创建与管理空间数据的主要工程 GIS 平台。

（9）Autodesk 3Ds Max

3Ds Max 用于游戏、电影、电视和设计展示的 3D 动画、建模及渲染平台。

（10）其他产品

AutoCAD、Autodesk Inventor、Autodesk Sketch Book Pro、AutoCAD Plant 3D、Autodesk Buzzsaw、AutoCAD Electrical、AutoCAD Mechanical、AutoCAD Raster Design、Autodesk Alias Studio、Autodesk Backdraft Conform、Autodesk Bum、Autodesk Cleaner XL、Autodesk Combustion、Autodesk Design Review、Autodesk FBX、Autodesk Fire、Autodesk Flame、Autodesk Flint、Autodesk Inferno、Autodesk Lustre、Autodesk Map Guide Enterprise、Autodesk Map Guide Studio、Autodesk Maya、Autodesk Motion Builder、Autodesk Productstream、Autodesk Showcase、Autodesk Smoke、Autodesk Stone Direct、Autodesk Toxik、Autodesk Wire、Autodesk Worldof DWF（DWF Writer）、Mentalray、AutoCAD P&ID。

2. Autodesk 几款 BIM 相关产品的介绍

（1）Autodesk Revit

Autodesk Revit 包含了 Revit Architecture、Revit MEP 和 Reivit Structure 的功能,其主要建模功能包括:

①三维参数化的建模功能,能自动生成平立剖面图纸、室内外透视漫游动画等。

②对模型的任意修改,自动地体现在建筑的平立制面图、构件明细表等相关图纸上,避免图纸间对不上的低级错误。

③在统一的环境中,完成从方案的推敲到施工图设计,直至生成室内外透视效果图和三维漫游动画全部工作,避免了数据流失和重复工作。

④可以根据需要实时输出任意建筑构件的明细表,适用于概预算的工程量统计,以及施工图设计的门窗统计表。

⑤通过项目样板,在满足设计标准的同时,大大提高了设计师的效率。基于样板的任意新项目均继承来自样板的所有族、设置(如单位、填充样式、线样式、线宽和视图比例)以及几何图形。使用合适的样板,有助于快速开展项目。国内比较通用的 Revit 样板文件,例如 Revit 中国本地化样板,有集合国家规范化标准和常用族等优势。

⑥通过族参数化构件(亦称族),Revit 提供了一个开放的图形式系统,支持自由地构思设计、创建外形,并以逐步细化的方式来表达设计意图。族既包括复杂的组件(例如细木家具和设备),也包括基础的建筑构件(例如墙和柱)。

⑦Revit 族库把大量 Revit 族按照特性、参数等属性分类归档管理,便于相关行业企业或组织随着项目的开展和深入,积累自己独有的族库,形成自己的核心竞争力。

⑧通过 Revit Sever 可以更好地实现中央模型的管理,本地加速器可以连接到多个主机,允许创建分布式 Rei Serve 网络。

(2)Autodesk Navisworks

Navisworks 软件是由英国 Navisworks 公司研发的,2007 年,该公司被美国 Autodesk 公司收购。Navisworks 是一款 3D/4D 协助设计检视软件,针对建筑、工厂和航运业中的项目生命周期,以提高质量、生产力为主要目标,支持项目相关方可靠地整合、分享和审阅详细的三维设计模型。

Navisworks 支持项目设计与建筑专业人士将各自的成果集成至一个同步的完整的建筑信息模型中,从而进行模型浏览、审查,碰撞检测及四维施工模拟等。使用 Navisworks,可以于项目实际动工前,在仿真的环境中体验所设计的项目,发现设计缺陷,检查施工进度计划,并更加全面地评估和验证所用材质和纹理是否符合设计意图。

Navisworks 软件能够将 AutoCAD 和 Revit 系列等应用创建的设计数据,与来自其他设计工具的几何图形和信息相结合,将其作为整体的三维项目,通过多种文件格式进行实时审阅。Navisworks 软件产品可以帮助所有相关方将项目作为一个整体来看待,从而优化从设计决策、建筑实施、性能预测和规划直至设施管理和运营等各个环节。

Navisworks 的特点包括:

①三维模型的实时漫游。Navisworks 可实现实时漫游,并且对较大模型也能实现平滑的漫游,为三维校审提供了较好的支持。

②模型整合。Navisworks 可以将多种三维模型合并到一个模型中,即综合各个专业的模型到一个模型,而后可以进行不同专业间的碰撞校审、渲染。

③碰撞校审。Navisworks 不仅支持硬碰撞校审(物理意义上的碰撞),还可以做软碰撞校审(时间上的碰撞校审、间隙碰撞校审、空间碰撞校审等)。可以定义复杂的碰撞规则,提高碰撞校审的准确性。

④4D 模拟。Navisworks 可以导入主流项目管理软件(如 Project 等)的进度计划,和模型直接关联,通过 3D 模型和动画能够直观演示出建筑和施工的步骤。

⑤支持 PDMS 和 PDS 模型。能够直接读取类似软件的模型,并可以直接进行漫游、渲染和校核等功能。

⑥模型发布。Navisworks 支持将模型发布成一个.nwd 的文件,利于模型的完整和保密性,并且可以用一个免费的浏览软件进行查看。

（3）Autodesk BIM 360

Autodesk BIM 360 包含一系列基于云的服务，使用户可以在项目的全生命周期中随时随地访问 BIM 项目信息。该云服务支持建筑师、工程师、承包商和业主实时协作、管理和发布建筑及土木基础设施数据、模型协调和智能对象数据交换的多学科协作。可以与包括欧特克建筑设计套件和欧特克基础设施设计套件在内的 BIM 设计、施工及运营解决方案配合使用。

BIM360 包括 BIM 360 Glue、BIM 360 Field、BIM 360 Plan 和 Building Ops 四个产品模块。

①BIM 360 Glue

BIM 360 Glue 是一款基于云的 BIM 设计协调产品，用于帮助整个项目团队沟通协作，让 BIM 项目工作流从开工筹备期开始贯穿到整个施工阶段。在整个项目生命周期内，可以随时随地访问最新的项目模型和数据，帮助参建各方更高效地协调解决问题。

②BIM 360 Field

BIM 360 Field 是一款基于云的现场施工管理软件，整合移动技术提供现场基于云的协作和报告功能。与以往携带大量图纸到施工现场的工作方式不同，BIM 360 Field 通过管理报告将移动技术与 BIM 模型在施工场地结合，用户可以使用移动设备把 BIM 模型的数据带到施工现场，现场施工管理人员可以在施工、建造或维护阶段对 BIM 数据进行实时更新，帮助他们改进施工管理的质量和安全。

③BIM 360 Plan

BIM 360 Plan 是一款基于云的为各层级施工承包商服务的进度计划管理和跟踪软件。使用 BIM 360 Plan，用户可以简单地指定每一步工程的操作人员，自动生成施工进度表。当任务状态发生变化时，相关人员可以收到通知并追踪变化原因。

④Building Ops

Building Ops 是一款移动端项目运营维护方案。使用 Building Ops 可以帮助总包做好项目移交，帮助业主快速上手进行资产管理。

2.2.2 Bentley 公司 BIM 软件

Bentley Systems 公司于 1984 年在美国创建，是一家综合软件解决方案的主要供应商。Bentley 公司面向基础设施的全生命周期提供促进可持续发展的综合软件解决方案，包括用于设计和建模的 MicroStation，用于项目团队协作和工作共享的 ProjectWise 以及用于项目和资产数据管理的 AssetWise。1987 年发布了 MicroStation，1995 年在 MicroStation 上开发了高级实体建模功能，并发布了针对 Windows 平台的 MicroStation。1997 年在获得 Bricsnet's 建筑建模软件后，将其打造为 MicroStation TriForma 的核心技术，并在 MicroStation 上发布了它的第一个 BIM 应用程序。2002 年，MicroStation V8 发布 2008 MicroStation V8i BIM 软件，实现了实时的建筑平面图、立面图、剖面图和裁剪的平面视图。其产品应用领域涵盖了工业与民用建筑、石油化工、发电厂、轻工工厂、桥梁、公路、轨道交通等，其工厂设计系统优势突出。

1. AECOsim Building Designer

Bentley 公司于 2012 年 3 月份正式推出新一代建筑行业一体化解决方案(AECOsim Building Designer，简称 ABD)及相应的能耗计算系统(AECOsim Energy Simulator，简称 AES)，并于 2013 年 7 月正式发布包含中国标准库和工作环境的、具有全中文界面的中国版 ABD。ABD 是一个基于 BIM 理念的解决方案，关注建筑项目的协同设计及工程信息在设计、建造、运维整个生命周期的应用。ABD涵盖了建筑、结构、建筑设备及建筑电气四个专业设计模块,其中建筑设备模块又涵盖了暖通、给水排水及其他低压管道的设计功能。

在软件架构上,ABD将三维设计平台MicroStation纳入其中,解决了分别安装时版本匹配的问题,也使图形平台和专业设计模块结合得更加紧密。ABD形成一个整合、集中、统一的设计环境,可以完成四个专业模型创建、图纸输出、统计报表、碰撞检测、数据输出、效果图、动面等整个工作流程的工作。ABD采用联合式技术,四个专业既独立(符合各自专业自身的特点),又可以实现在数据互用基础上的协同设计,实现并行工作。

ABD对超大体量模型的支持较好,对计算机硬件的要求不高,一般情况下普通计算机即可良好地工作。ABD的特点包括:

(1)支持参数化的模型创建技术

在ABD中,各专业最终会形成一个相互参考的多专业的建筑信息模型,而各个专业在形成各自专业模型时,都采用参数化的创建方式。这就方便了模型的创建与修改,提高了工作效率。

(2)支持管线综合与碰撞点自动侦测

在ABD中,内置了碰撞检测模块Clash Detection,可以在设计过程中,针对专业内部及专业之间进行及时的碰撞检测校验,及时发现设计过程中的问题。

(3)支持交互式全信息3D浏览

利用ABD可视化功能,可以对BIM模型整体或者建筑物内部场景进行实时自由浏览。如:相机视角设置、视图保存;消隐、线框、光滑渲染等显示模式下的动态浏览;推进、拉出、旋转、仰视、俯视、平移等视角操作;行走、飞行漫游。

(4)支持工程量概预算自动统计

将相应的施工量定额标准以编码的形式定制到施工构件上,可对整个模型的施工工程量进行概预算自动统计。在此基础上还可以进一步统计出构件的造价、密度、重量、面积、长度、个数等材料报表信息。设计方案和施工方案的调整,能够忠于原貌地反映到BIM模型的调整中,帮助决策者快速精确地评估方案调整对工程量的影响性质和影响量。

(5)支持3DPDF、Google Earth等电子发布功能

ABD具备3DPDF模型发布能力,并能对模型进行数字签名。可以对特定对象赋予相应的数字权限,如:只读、读写、不可打印、不可导出等。ABD用户可以将DGN或DWG模型文件直接输入到Google Earth中(KML、KMZ格式),以在实际的地理环境中查看和浏览工程效果。

2. Navigator

Bentley Navigator是一款设计检查工具,可实现建筑行业不同设计文档的读取和数据吊装模拟、渲染动画等功能。Navigator可以查询,并集成碰撞检查、红线批注、进度模拟,可以在不修改原始设计模型的情况下,添加自己的注释和标注信息。通过让用户可视化地交互式地浏览大型工程复杂的智能3D模型,快速看到设计人员提供的设备布置、维修通道和其他关键的设计数据。

Navigator的特点包括:

(1)Navigator提供支持设计和施工管理过程以及实时管理资产的可视化技术

主要包括:自动收集文件存储区中的二维/三维内容;深入评估设计和模型;通过对模型添加注释、链接文档和数据集,丰富模型内容;通过专业碰撞/冲突检查,分析和模拟施工计划;生

成下游操作所需的模型数据。

（2）Navigator 支持多种文件格式

Navigator 提供了对大量应用程序、行业标准和文件格式的广泛支持。支持的主要应用程序包括：AutoPLANT、TriForma、PlantSpace、PDS、SketchUp、Google Earth。支持的主要二维/三维文件格式包括：DGN、DWG、PDF、JPEG、TIFF、IGES、STEP、3Ds 等。

（3）Navigator 满足移动工作组的需求

Navigator 可在任何 Windows 笔记本电脑或 PC 上作为独立的应用程序使用。无须具有 ProjectWise 协作服务器就可以从不同地点收集二维和三维内容。同时 Bentley 发布了便携式终端的 Navigator 版本，可以在 AppStore 上免费下载 Navigator，并将项目模型发布到 iPad 上，同样可以实现快速浏览模型和属性。

（4）Navigator 可作为可视化客户端

Navigator 用来直接访问分布在企业中并由 ProjectWise 服务器管理的二维工程图和三维模型。功能包括：用于保证信息安全的登入和退出；用于了解人员、事件和时间的审核跟踪；用于搜索企业内信息的全文本和组件索引；高速访问的本地缓存服务器；用于打印和发布的自动处理和计划。

（5）Navigator 支持 i-model 信息浏览

i-model 文件是 Navigator 浏览模型的格式，是 Bentley 支持项目团队联合工作和信息交互的通用方法。

（6）Navigator 界面更加简洁直观

通过使用 i-model Composer 发布的模型，能够更加快速流畅地浏览三维模型，三维模型检视更加方便、直现。

（7）Navigator 功能更加丰富强大

基于 Luxoloey 染引擎，功能更加丰富强大，通过缺省设置可以保证用户能够快速上手，非专业人员仍能够做到"专业水准"的照片级图片和动画。

（8）Navigator 的碰撞检测模块，包括静态碰撞检查和动态碰撞检查

静态碰撞检查：延续快速精准碰撞点自动检测的特点，并且增加用户自定义碰撞规则功能，操作更加简单。

动态碰撞检查：可以实现吊装安装过程当中的动态碰撞点检测，分析吊装过程当中的隐性碰撞，做到问题的提早发现。

（9）Navigator 能够将数据导入项目进度计划

Navigator 能够直接（原始数据格式）或间接（XML 等开放数据格式）地将数据导入项目进度计划数据，支持 Microsoft Project 以及 P6，用户可对施工计划进行模拟并为其制作动画，分析进度计划的合理性。

3. ProjectWise

Bentley ProjectWise 为工程项目的内容管理提供了一个集成的协同环境，可以精确有效地管理各种建筑工程文件内容，为用户提供了强大的系统管理、文件访问、查询、批注、信息扩充以及项目信息和文档的迁移功能。ProjectWise 通过良好的安全访问机制，使项目各个参与方在一个统一的平台上协同工作。

ProjectWise 的特点包括：

（1）可按具体需求灵活建立文档结构

在 ProjectWise 中，为了让信息获取更简单，文档通常按功能或习惯分成不同的组合，并以文件夹及子文件夹的层次结构方式来组织。用户可通过浏览分级式的树状结构轻易找到项目数据，而无须个别追踪所有相关的文件及图档。当文件被放入多个文件集时，系统会产生"虚拟复制"或是快捷方式，直接链接到真正的电子文档。因此，当该文件有所变更时会反映到所有的文件夹中。利用这些文件集，终端使用者可以用对他们有意义的方式集成信息，并建立个性化的文件窗口，迅速获取。

（2）文档变更的历史记录、日志跟踪

ProjectWise 所提供的文档历史记录功能可以在文档的生命周期内为每个文档建立历史记录项列表。ProjectWise 可以记录下每个用户对于文档所做的所有操作。ProjectWise 可以保护日志，只有得到授权的用户才可以查看到某个指定项目、目录或者文档的详细日志记录，满足了 ISO 规定的处处留痕的要求，同时管理人员可以根据需要生成相应的日志报表。

（3）完备的文档版本管理功能

ProjectWise 所提供的版本控制功能为存储和管理同一文档及数据的多个版本提供了有效的手段。旧的文档及数据版本将被自动地保护，并被保持在它们最终所处的状态。当新的文档及数据版本被建立后，旧的文档及数据版本将被转换为只读版本。只有最新的版本才能被检出、修改并检入回项目库。版本控制功能，保证了所有用户使用一致且正确的文档及数据，并且可以对文档的历史进行回溯。

（4）全面的文档参考关系管理

ProjectWise 的一个关键技术是可以很好地管理图纸之间的相互参考引用关系。不论是基于 AutoCAD 的外部参考（Extemal Reference），还是基于 MicroStaion 的参考引用（Reference），ProjectWise 都可以很全面地加以管理。当打开一个有参考关系的图纸时，系统会及时提醒有参考的图纸更新了，需要更新当前图纸。

（5）实现与现有的文档编辑软件（MS Office）无缝连接

ProjectWise 可以与常见的设计工具，如 MicroStation、AutoCAD 和 Office 应用进行紧密集成。用户可以方便地在设计工具中进行文件的提交、查看与编辑操作，与平常在本机硬盘上存储或者打开文件一样，丝毫不需要更改用户目前的工作习惯，同时也不会增加用户额外的工作量。

（6）文档内容的发布

ProjectWise 发布服务器帮助将这些数据以及各种文件的最新版本按照用户请求自动发布出来，在这个过程中不需要进行任何的预处理工作、数据转换或者管理干涉，同时也不会中断业务团队的工作。另外，在客户端不需要安装任何特殊的应用软件，只需要一个标准的浏览器就可以满足要求。用户可以使用一种标准的解决方案访问企业范围的数据来协同工作，这些数据涵盖了多种文件和格式。在不需要改变现有工作流的情况下，ProjectWise 发布服务器提供了迅速、广泛的手段来访问宝贵的数据。

（7）与企业门户集成

ProjectWise 可以很方便地与微软的门户系统 SharePoint 进行集成，用户通过 SharePoint 门户，就可以很方便地对企业文档、目录以及组件进行管理。ProjectWise 提供了现成的 SharePoint 组件，用户可以方便地将 ProjectWise 的组件添加到企业门户，快速实现在企业门户对工程信息进行浏览与查询,从而使得每一个用户在企业门户上就可以查询到自己权限允许范围内的所有信息。

(8)组件索引功能

工程信息的管理要求能够有一种比文件级管理更细化的管理办法,由于工程信息量是非常庞大的,而且都是存储于各类 Office 文档、设计图纸、数据库 PDF 文件中,需要一种方式,将各类信息连接在一起。ProjectWise 采用组件索引技术可以很好地满足用户的这一需求。对于不带属性的二维图纸,通过 ProjectWise 的自动索引模块,可以自动抽取图纸中的图层、图块、线型等组件信息,并能够按照这些组件建立索引,供用户进行浏览与查阅。

(9)文档信息的分布存储集中管理

ProjectWise 以项目为核心管理信息,对物理上分散的项目信息进行集中管理。项目信息的存储位置可以分散在不同的网络服务器上,服务器的物理位置可以位于同一城市的不同建筑中或不同的城市当中。与项目相关的成员,通过安全身份认证能够方便地访问、查询相关的项目信息,而不必关心信息的实际物理位置。

(10)检入/检出动态授权机制

ProjectWise 提供了文档检入/检出控制系统,更好地保证了工作过程中多用户操作同一文档时的安全性。当系统中的某个文件被打开修改时,它处于被检出状态,此时文档的一个拷贝从服务器被传送到客户计算机的临时工作目录中。对于系统中处于检出状态的文档,其他的项目参与者只能以只读的方式将其打开查看或参考引用。当文件的给出者完成了对文件的修改,并关闭该文件时,ProjectWise 自动提示检出者检入该文件,此时客户端计算机上已经过修改的文件拷贝被传送回服务器,并覆盖了服务器上该文件的原始拷贝,此时该文件就恢复到了正常的读写状态。该机制有效地保证了某一时刻仅有一人可对同一文档进行修改。避免了同时修改所造成的冲突,同时也保证了项目库中信息的唯一性。

(11)安全的权限控制

对于企业而言,项目数据的安全控制是非常重要的,可通过 ProjectWise 来管理文档并确保安全。ProjectWise 对于所有传输的数据均采用先进的 SSL 方式进行加密,同时 ProjectWise 提供了严密的多级权限控制,大到项目,小到某一个具体的文件,都可以在权限体系的控制之下,极大限度地保证下用户数据安全。

(12)便捷的搜索功能

ProjectWise 为了方便用户在海量信息中快速找到所需的文件与信息,提供了高性能的搜索工具。用户可以按照系统的基本属性进行查询,如名称、描述、是哪一类应用的文件、文件大小、所属部门等;可以按照文件类型设定自定义的属性,并可以按照这些属性进行查询;可以对文件进行全文本检索,不仅局限于文本文件,还可以去 DWG、DGN 图纸中的文本信息进行检索;可以进行全属性检索,即不指定是哪一个具体的属性,只需输入属性值,系统即可进行检索;还可以按图纸中的组件信息进行查询。所有的这些查询条件,用户都可以存成模板,供下次查询使用。

(13)功能强大的系统接口

ProjectWise 具有完备的二次开发工具包,可以根据用户特定的需求进行开发。通过二次开发接口,ProjectWise 可以很方便、友好地和第三方的内容管理数据库、工作流程引擎等进行连接集成。当前,ProjectWise 已经实现了与档案管理系统、即时通信系统、移动通信系统的集成,实现了多个系统之间的数据共享。Bentley 有多年的国内工程设计行业图档管理系统的成功实施经验,并能够提供本地化的技术支持与服务。

(14)及时沟通的消息系统

ProjectWise 用户之间可以通过消息系统相互发送内部邮件,通知对方设计变更、版本更新或者项目会议等事项,也可以将系统中的文件作为附件发送。同时 ProjectWise 还支持自动发送消息,当发生某个事件,如版本更新、文件修改、流程状态变化等,会自动发出一个消息,发送给预先指定的接收人。这个消息可以是 ProjectWise 的内部消息,也可以是企业内部的 Email,经过开发,可以实现与手机短信集成。

2.2.3 Dassault 公司 BIM 软件

法国达索系统(Dassault)公司是产品生命周期管理(Product Lifecycle Management,简称 PLM)解决方案的主要提供者,是法国达索飞机公司的子公司,于1977年推出了全球第一个三维设计软件系统 CATIA。1981年,达索飞机公司以整个计算机辅助设计/制造开发团队为基础,成立达索系统公司,将 CATIA 推广到所有工业领域。同年达索系统公司与美国 ffiM 公司宣布建立伙伴关系,由 ffiM 商业化、销售并推广达索系统公司开发的 CATIA 系统解决方案。同年11月,两家伙伴公司宣布推出 CATIA 1.0 版。

达索系统公司 PLM 解决方案使企业能够创造并数字化地模拟其产品以及这些产品的制造、维护工序及所需资源。在达索系统提供的解决方案中,其核心特点是以三维立体形式提供一种现实的可视化功能,让使用者可以明白无误地沟通并真正实现协同工作。

达索系统公司建筑行业解决方案包括:项目协同管理平台 ENOVIA、设计建模平台 CATIA 及 Digital Project、建筑性能分析平台 SIMULIA(Abaqus)、施工模拟平台 DELMIA、虚拟现实交互平台 3DVIA 等。

1. CATIA

CATIA(Computer Aided Three-Dimensional Interface Application)是法国达索系统公司旗下的 CAD/CAE/CAM 一体化软件。从 1982—1988 年,CATIA 相继发布了 V1 版本、V2 版本、V3 版本,并于 1993 年发布了 V4 版本,现在的 CATIA 软件分为 V4 版本和 V5 版本两个系列。V4 版本应用于 UNIX 平台,V5 版本应用于 UNIX 和 Windows 两种平台。

CATIA 适合于复杂造型、超大体量等建筑项目的概念设计,其曲面建模功能及参数化能力,为设计师提供了丰富的设计手段,能够实现空间曲面造型、分析等多种设计功能,帮助设计师提高设计效率和质量。CATIA 广泛应用于航空航天、汽车制造、造船、机械制造、电子/电器、消费品行业,它的集成解决方案覆盖了众多产品设计与制造领域。

CATIA 的特点包括:

(1)先进的混合建模技术

在 CATIA 的设计环境中,无论是实体还是曲面,做到了真正的互操作。可以使用变量和参数化混合建模,在设计时,设计者不必考虑如何参数化设计目标,CATIA 提供了变量驱动及后参数化能力,CATIA 具有在整个产品周期内方便修改的能力,尤其是后期修改性。无论是实体建模还是曲面造型,由于 CATIA 提供了智能化的树结构,用户可方便快捷地对产品进行重复修改,即使是在设计的最后阶段需要做重大的修改,或者是对原有方案的更新换代,都较为容易。

（2）所有模块具有全相关性

CATIA 的各个模块基于统一的数据平台，因此 CATIA 的各个模块存在着真正的全相关性，三维模型的修改，能完全体现在二维以及有限元分析、模具和数控加工的程序中。

（3）并行工程的设计环境使得设计周期大大缩短

CATIA 提供的多模型链接的工作环境及混合建模方式，可以实现并行工程设计模式。总体设计部门只要将基本的结构尺寸发放出去，各分系统的人员便可开始工作，既可协同工作，又不互相牵连。由于模型之间的互相连接性，上游设计结果可作为下游的参考，同时，上游对设计的修改能直接影响到下游工作的刷新，实现真正的并行工程设计环境。

2. SolidWorks

SolidWorks 公司成立于 1993 年，总部位于马萨诸塞州的康克尔郡，于 1995 年推出了第一套基于 Windows 开发的三维机械设计实体模型设计软件系统。1997 年，SolidWorks 被法国达索系统公司收购，成为达索中端主流市场的主打产品。SolidWorks 基于易用、稳定和创新三大原则设计和开发，应用领域包括：航空航天、机车、食品、机械、国防、交通、模具、电子通信、医疗器械、娱乐工业、日用品/消费品、离散制造等，能够辅助设计师缩短设计时间，使产品快速、高效地投向市场。

SolidWorks 的特点包括：

（1）通过无缝集成渲染软件 PhotoWorks，提供方便易用的、高品质的渲染功能。有效地展示概念设计，减少样机的制作费用，快速地将产品投放入市场。

（2）通过特征识别软件 FeatureWorks，与其他 CAD 系统共享三维模型，充分利用原有的设计数据，更快地向 SolidWorks 系统过渡。

（3）SoidWorks 提供了当今市场上大多数 CAD 软件的输入、输出格式转换器，有些格式，还提供了不同版本的转换。包括：IGES、IPT（Autodesk Inventor）、STEP、DWG、SAT（ACIS）、DXF、VRML、CGR（Catiagraphic）、STL、HCG（Highlycompressed）、ParasolidgraphicsNPro/ENGINEER Viewpoints Unigraphics Reality Wave、PAR（SolidEdge）、TIFF、VDA-FS、JPG、Mechanical Desktop 等。

3. ENOVIA

ENOVIA 解决方案有一系列功能支持生产效率的提高、产品和流程优化以及全机构功效的提高。ENOVIA 有利于企业把人员、流程、内容和系统联系在一起，能够带给企业巨大的竞争优势。通过贯穿产品全生命周期统一和优化产品开发流程，ENOVIA 在企业内部和外部帮助企业轻松地开展项目并节约成本。这种适应性强、可升级的技术帮助企业以最低的总体拥有成本应对不断变化的市场，并融入世界最具创新性的企业的最佳实践。ENOVIA 贯穿宽广的工业领域，满足业务流程需要，用来管理简单或工程复杂性高的产品。其部署可以从小型开发团队直到拥有数千名用户的扩展型企业，其中涵盖供货商和合作伙伴。

ENOVIA 主要功能包括：

（1）项目管理

项目开始时，项目经理可以新建一个空白项目，也可以根据既有模板快速创建项目并设置人员角色等。项目创建后，项目经理可以建立 WBS 结构，制订资源计划及财务预算等，把任务分配给各个项目成员。项目成员将从系统中自动接受任务，并随时把任务完成情况汇报到系统。同时,系统自动生成项目监控图表板,供项目经理和相关负责人随时了解项目进展状况。同时,可以把项目任务与 BIM 对象关联起来,因此每个任务可从 BIM 模型中获取相关信息。对于已在使用 Microsoft Project、Primavera P6 等系统的用户,ENOVA 可以与这些系统进行双向集成。例如,项目经理可以在 Primavera 中制订初步的进度计划,然后导入到 BIM 平台进行仿真验证和优化,最后再把优化之后的进度计划导出到 Primavera。

(2)文档与流程

在项目空间和文件夹中对各种信息进行管理和共享,不仅是 BIM 模型,也包括 MS Office 文档、DWG 图档等各种文件,确保项目各方都能随时获取最新的工作信息。还可自定义文档创建、审阅、批准和分发的流程和权限。同时,可在系统中管理文档的历史版本和操作记录,实现信息管理的可追溯性。ENOVIA 专为 AutoCAD 开发的集成接口,可以在 AutoCAD 中直接访问 ENOVIA 以保存/打开 DWG 文件,并集成了访问权限、版本管理和检入/检出机制。

(3)模型校审

设计校审人员可以集成多种不同来源的 BIM 数据,对模型进行装配、浏览,并进行批注、测量以及浏览动态 3D 截面、碰撞检查等。还可对新旧不同版本的对象进行 3D 可视化对比。如果在模型校审中发现问题,可将问题分配给责任人并跟踪解决状况。责任人解决问题后,提交审核人员确认关闭问题。

(4)知识管理

企业运营中往往产生大量的业务知识,这些知识是非常宝贵的无形资产。通过 ENOVIA 应用,可以建立企业知识库(包括构件库、标准库、风险库等),以便在不同的项目中重用和执行。

(5)易于定制

所有的数据结构和属性、业务流程以及用户界面,都可以用图形化的方式进行直观的定制和修改,无须任何编程。而且,定制完成无须重启应用服务器,就可以在系统中应用。因此,非常便于企业在 ENOVIA 的基础上定制实施。

2.2.4 Trimble 公司 BIM 软件

Trimble(中文名"天宝")公司成立于 1978 年,总部设在美国加利福尼亚的森尼维耳市,是 GPS 技术开发和实际应用的行业领先企业。在 GPS 领域,天宝公司拥有 500 多项专利,并以技术先进、产品耐用为产品特点。天宝的技术在导航、精确授时、无线网同步、高精度大地工程综合解决方案、精准农业等方面具有优势。

1998 年 6 月,Trimble 在北京成立了第一家代表处,直接为中国用户提供产品和服务。2005 年 9 月,Trimble 在中国上海成立亚太区培训、支援与服务中心。2007 年 8 月在上海市外高桥保税区建设中国首家工厂。

近年来,Trimble 通过收购,整合了 SketchUp、Tekla Structures、Quickpen、Meridian、Vico 等建筑行业知名软件,建立了从设计、建造到运营的建筑全生命周期整体解决方案 Trimble Building。

1. SketchUp

SketchUp 是一套直接面向设计方案创作过程的设计工具,其创作过程不仅能够充分表达设计师的思想,而且完全满足与客户即时交流的需要,设计师可以直接在计算机上进行直观的构思,是三维建筑设计方案创作的优秀工具。

SketchUp 的主要特点包括：

（1）独特简洁的界面，设计师可以在短期内掌握。

（2）适用范围广阔，可以应用在建筑、规划、园林、景观、室内以及工业设计等领域。

（3）方便的推拉功能，设计师通过一个图形就可以方便地生成 3D 几何体，无须进行复杂的三维建模。

（4）快速生成任何位置的剖面，设计者可以清楚地了解建筑的内部结构，可以随意生成二维剖面图并快速导入 AutoCAD 进行处理。

（5）与 AutoCAD、Revit、3D MAX、PIRANESI 等软件结合使用，快速导入和导出 DWG、DXF、JPG、3DS 格式文件，实现方案构思、效果图与施工图绘制的完美结合，同时提供与 AutoCAD 和 ArchiCAD 等设计工具的插件。

（6）自带大量门、窗、柱、家具等组件库和建筑肌理边线需要的材质库。

（7）轻松制作方案演示视频动画，全方位表达设计师的创作思路。

（8）具有草稿、线稿、透视、渲染等不同显示模式。

（9）准确定位阴影和日照，设计师可以根据建筑物所在地区和时间实时进行阴影和日照分析。

（10）简便地进行空间尺寸和文字的标注，并且标注部分始终面向设计者。

2. Tekla Structures

Tekla Structures 是 Tekla 公司出品的钢结构详图设计软件。Tekla Structures 的功能包括 3D 实体结构模型与结构分析完全整合、3D 钢结构细部设计、3D 钢筋混凝土设计、专案管理、自动 Shop Drawing、BOM 表自动产生系统。

Tekla 可以用任意材料来创建想要的结构，还可以在一个模型里包含多种材料。Tekla 可以通过 Tekla Open API 来和其他分析设计软件接口。另外，Tekla Structures 也可用格式传输形式来和分析设计软件连接。支持格式包括：SDNF、CIS/2 和 IFC。

Tekla 和大多数主流的生产、计划及机械自动化系统都有整合，这些系统包括钢结构、混凝土构件和钢筋。生产信息可以从 Tekla 模型中自动传输到这些系统中，并让手工作业和错误最小化。图纸能从模型中精确导出和模型一起更新。另外，可以使用模型来计算材料用量。

Tekla 软件让信息有效地传递，建筑师、工程师和承包商可以共享及协调项目信息。Tekla 和主要的 AEC、MEP 及工厂设计软件解决方案均有接口，并支持 DGN 和 DWG 格式。Tekla 软件也和施工管理行业有联系，这个开放的解决方案带来的好处包括更好的布置协调和结构信息来支持现场施工。用户可以得到更高的生产率和更少的失误。

Tekla 也和项目管理应用有接口，可以进一步帮助用户来理解和具体化项目信息真正的范围，包括工作计划、材料分类、支付需求和其他项目伙伴创建的对象。另外，将项目管理信息中的重要节点具化成智能的项目对象信息，可以让用户有机会来创建项目状态一览表。

主要优点包括：

（1）通过开放 BIM 方法进行协作和整合。

（2）为所有材料建模。

（3）处理最大、最复杂的结构。

（4）创建易于施工的精确模型。

（5）让信息从设计和美化流向施工现场。

2.3 国内 BIM 软件介绍

2.3.1 PKPM

建研科技股份有限公司(简称建研科技)是我国建筑行业计算机技术应用开发最早的单位之一,其研发的 PKPM 系列设计软件(又称 PKPMCAD)创立于 1988 年,目前已经发展成为一套集建筑、结构、设备(给水排水、采暖、通风空调、电气)设计及建造于一体的集成化 CAD 系统。建研科技在立足国内市场的同时,积极开拓海外市场。目前已开发出英国规范版本、欧洲规范版本和美国规范版本,并进入了新加坡、马来西亚、韩国、越南等国家和中国香港、中国台湾地区市场。

其中,PKPM 结构设计软件在国内设计行业应用普遍。经过多年的发展,PKPM 结构设计软件容纳了国内较为流行的多种结构分析和计算方法,如:平面杆系分析和计算;矩形及异型楼板、墙、板的三维壳元及薄壁杆系分析和计算;梁板楼梯及异型楼梯分析和计算;各类基础、砌体及底框抗震分析;钢结构、预应力混凝土结构分析;建筑抗震鉴定加固分析和设计等。当前 2010 新规范版本中,全部结构计算模块均按 2010 系列设计规范编制,全面反映了新规范要求荷载效应组合、设计表达式、抗震设计新概念等各项要求。

PKPM 结构设计软件的主要功能如下:

(1)结构平面辅助设计(PMCAD)

PMCAD 软件采用人机交互方式,引导用户逐层地布置各层平面和各层楼面,再输入层高建立起一套描述建筑物整体结构的数据。PMCAD 具有较强的荷载统计和传导计算功能,除计算结构自重外,还自动完成从楼板到次梁,从次梁到主梁,从主梁到承重的柱墙,再从上部结构传到基础的全部计算,加上局部的外加荷载,PMCAD 可方便地建立整栋建筑的荷载数据。由于建立了整栋建筑的数据结构,PMCAD 成为 PKPM 结构设计系列软件的核心,为各功能设计提供数据接口。

(2)高层建筑结构空间有限元分析软件(SATWE)

SATWE 是针对高层结构分析与设计而研制的空间组合结构有限元分析软件。适用于各种复杂体型的高层钢筋混凝土框架、框剪、剪力墙、简体结构,以及钢-混凝土混合结构和高层钢结构。SATWE 考虑了多、高层建筑中多塔、错层、转换层及楼板局部开洞等特殊结构形式,可完成建筑结构在恒载、活载、风荷载、地震力作用下的内力分析及荷载效应组合计算,对钢筋混凝土结构、钢结构及钢-混凝土混合结构可进行截面配筋计算或承载力验算。SATWE 可以处理结构顶部的山墙和非顶部的错层墙,可进行上部结构和地下室联合工作分析,并进行地下室设计。在施工模拟方面,SATWE 有多种施工模拟算法可供选用,可指定楼层施工次序,可考虑多个楼层一起施工,也可按构件指定具体施工次序。

(3)复杂多层及高层建筑结构分析与设计软件(PMSAP)

PMSAP 是独立于 SATWE 程序开发的又一个多、高层建筑结构设计程序,PMSAP 核心是通用有限元程序,可适应任意结构形式。对多塔、错层、转换层、楼板局部开洞以及体育场馆、大跨结构等复杂结构形式作着重考虑。

（4）复杂结构空间建模、分析程序（SpaSCAD）

SpaSCAD 采用了真实空间结构模型输入的方法，适用于各种建筑结构，弥补了由于无法划分楼层而不能建模的问题。SpaSCAD 对于结构模型的描述是通过建立结构构件的定位网格和节点，并在网格和节点上布置构件和荷载，最终形成结构的空间结构模型。再通过设定细部参数，完成力学模型的完整定义，并最终完成结构的计算分析。

（5）基础设计软件（JCCAD）

JCCAD 可以完成多种基础类型的设计，接力上部结构模型和计算结果，读入各荷载公开标准值，生成各种类型荷载组合及基础施工图，并提供辅助设计计算工具，可以完成地基演算、基础构件计算、人防荷载计算等。

（6）钢结构设计软件（STS）

STS 软件可以完成钢结构的模型输入、截面优化、结构分析和构件验算，节点设计与施工图绘制等，适用于门式刚架，多、高层框架，桁架、支架、框排架、空间杆系钢结构等结构类型。还提供专业工具用于檩条、墙梁、隅撑、抗风柱、组合梁、柱间支撑、屋面支撑、吊车梁等基本构件的计算和绘图。

（7）基于 BIM 技术施工图软件（PAAD）

PAAD 基于 BIM 技术和理念，采用自定义实体的开发技术，使得施工图纸所包含的构件、标注等内容不再是简单图素信息，而是施工图设计阶段所需的全部真实建筑结构模型的专业属性。PAAD 实现了结构施工图与建筑结构模型数据的一体化，方便了施工图纸的信息查询、反复修改，降低了施工图纸与结构设计模型不符所带来的设计风险和安全隐患。

（8）复杂楼板分析与设计软件（SLABCAD）

复杂楼板分析与设计软件 SLABCAD 可完成板柱结构、厚板转换层结构、楼板局部大开洞结构，以及大开间预应力板结构等复杂类型楼板的计算分析和设计。SLABCAD 接力 PMCAD 的模型数据和 SATWE 的全楼三维计算结果，采用有限元方法对各种复杂楼板进行分析，求出节点内力，进行节点配筋，并对相对规则楼板采用板带设计的方法进行板带配筋计算及冲切、裂缝及挠度验算。

（9）砌体结构辅助设计软件（QITI）

QITI 可以完成多层砌体结构、底框抗震墙结构和配筋砌块砌体小高层建筑的结构分析计算和辅助设计工作，包括结构模型及荷载输入、结构分析计算以及施工图设计等。

砌体结构的材料包括烧结砖、蒸压砖和混凝土小型空心砌块。

（10）显式弹塑性动力分析软件（PKPM-SAUSAGE）

PKPM－SAUSAGE 的结构单元模型计算简单，适于模拟混凝土构件、钢构件的空间非线性力学行为，对于大规模动力弹塑性分析，其稳定性、收敛性等均大于优于传统的高阶次单元。其线单元（梁、柱和斜撑）在全长度采用精细的截面纤维模型，面单元（剪力墙、楼板）采用精细的分层壳模型，通过精细的材料点应力应变弹塑性状态积分，使结构构件的弹塑性状态更具客观性和准确性，避免了常用宏观模型的粗糙失真和人为预设特点。

（11）其他软件模块

PKPM 结构设计软件还包括：楼板舒适度分析软件（SALBFIT），多层及高层建筑结构弹塑性静、动力分析软件（PUSH&EPDA），高精度平面有限元框支剪力墙计算及配筋软件（FEQ），楼梯计算机辅助设计软件（LTCAD），剪力墙结构计算机辅助设计软件（JLQ），钢筋混凝土基本构件设计计算软件(GJ),基础及岩土工具箱(JCYT),钢结构重型工业厂房设计软件(STPJ),钢结构三维施工详图 CAD/CAM 软件(STXT),钢结构算量软件(STSL),网架设计软件(STWJ),温室结构设计软件(GSCAD),预应力混凝土结构设计软件(PREC),烟囱分析设计软件(Chimney),结构设计工程量统计软件(STAT-S),钢筋混凝土框架、框排架、连续梁结构计算与施工图绘制软件(PK),筒仓结构设计分析软件(SILO),多、高层建筑结构三维分析程序(TAT),箱形基础 CAD(BOX)等。

2.3.2 广联达造价管理软件

广联达软件股份有限公司(简称广联达)于 1998 年在北京海淀区成立,是为国内建设工程领域提供信息化服务的高科技企业,于 2010 年 5 月在深圳中小企业板上市。广联达软件股份有限公司立足工程建设领域,围绕工程项目的全生命周期,为客户提供以工程造价为核心,以工程项目(综合)管理为主体的软件产品和企业信息化整体解决方案。经过十多年的发展,广联达产品从单一的预算软件发展到工程造价、工程施工、企业管理、工程采购、工程教育、电子政务与互联网 7 大类、30 余种软件,并被应用于房屋建筑、工业与基础设施三大行业,在建设方、设计院、中介公司、建材厂商、施工单位、物业公司、专业院校及政府部门八类客户中得到不同程度应用。

广联达的建筑软件整体解决方案,是由工程量软件和钢筋统计软件计算出工程量,通过数字网站询价,然后用清单计价软件进行组价,所有的历史工程通过企业定额生成系统形成企业定额。

广联达钢筋算量软件基于国家规范和平法标准图集,采用二维绘图及 CAD 图纸识别建立三维模型,整体考虑构件之间的扣减关系,辅助以表格输入,解决造价人员在招投标、施工和竣工结算阶段的钢筋工程量计算难题,替代客户手工钢筋预算,解决客户手工预算时遇到的"平法规则不熟悉、时间紧、易出错、效率低、变更多、统计繁"的问题。

广联达软件的特点包括:

(1)计价方式全面多样。包含清单与定额两种计价方式,并提供"清单计价转定额计价"功能,满足不同工程的计价要求。产品覆盖全国 30 多个省市的定额,并可以支持不同时期、不同专业的定额库。

(2)组价快速、调价方便。"清单指引查询"实现清单子目同时输入,快速组价。"统一设置安装费用"功能,自动根据用户输入的子目,计取对应的安装费用。提供"工程造价调整""统一调整人材机单价"功能,一次性调整单位工程造价或整个项目的投标报价。

(3)"统一调整报表方案"功能,可以把本单位工程的报表格式快速复制给其他单位工程,实现快速调整报表格式。软件可以批量打印报表,并且可以设置报表打印范围,方便打印所需要的报表,同时根据打印设备的不断更新,伴随打印机的性能提高实现了双面打印的全面支持。

(4)招标更便捷。项目的三级管理,可全面处理一个工程项目的所有专业工程数据,可自由导入、导出专业工程数据,方便多人分工协助,合并工程数据,使工程数据的管理更加方便灵活。

(5)清单变更管理可对生成的相标文件进行版本管理,自动记录生成的招标文件不同版本之间的变更情况,可输出变更差异结果,生成变更说明。

（6）通过检查招标清单可能存在的漏项、错项、不完全项，帮助用户检查清单编制的完整性和错误，避免招标清单因疏漏而重新修改。

（7）投标更安全。投标文件自检，可自动检查投标文件数据计算的有效性，检查是否存在应该报价而没有报价的项目，减少投标文件的错误。可以快速实现数据验证和错误修改，保障投标报价快速准确。

2.3.3 鲁班造价管理软件

鲁班软件（集团）于1999年在上海张江软件园创建，聚焦于企业级工程基础数据整体解决方案。鲁班软件已成长为拥有工程咨询服务（鲁班咨询）基础数据解决方案（BIM、量、价、企业定额、全过程造价管理）、支撑体系（鲁班大学、鲁班测量、鲁班传媒）的工程基础数据的解决方案供应商。

鲁班软件是一款专业算量软件，可以计算小区内建筑物外的所有构件，充分考虑各个专业的数据模式和特点，涵盖了从场地平整、道路、绿化到水电安装等施工工序。内置的计算规则可以根据实际情况进行修改，自动生成工程量。

鲁班软件的特点包括：

（1）基于AutoCAD图形平台，建模方式智能化，通过较少的操作实现更多功能，产品简单、易用，用户无须太多时间即可学会操作。

（2）直接转化CAD图形文件。可以智能转化植物、草坪、各类道路、各类井以及设备、电气系统图、电气管线、室外管网。

（3）有关土方工程量计算的多种测量数据，可直接导入，各种离散点和等高线地形图处理简单，土方工程量计算准确。

（4）三维显示效果形象逼真。软件内置上百种构件三维图形，可以形象逼真地模拟实际情况。

（5）报表功能丰富。计算结果可以采用图形和表格两种方式输出。既可以分门别类地输出与施工图相同的工程量标注图，用于核对工程量、指导生产和绘制竣工图，也可以输出清单工程量表、定额工程量表、实物量表等。

（6）数据结果开放。数据结果可输出为Excel文件格式，对所有套价软件开放接口。

2.3.4 清华4D-PIM管理软件

清华大学土木工程系是国内最早开展土木工程信息和BIM研究的单位之一，参与了国家工程标准《建筑工程信息模型应用统一标准》《建筑工程信息模型存储标准》等BIM标准的编制，完成了包括国家"十五"、"十一五"、863、国家自然科学基金、大型典型工程等几十项BIM科研和应用项目。

清华大学将BIM与4D技术有机结合，研发了"基于BIM的工程项目4D施工动态管理系统"（简称4D-BIM系统）。4D-BIM基于IFC标准，通过数据交换与集成技术，将建筑物及其施工现场的3D模型与施工进度、资源、安全、质量、成本以及场地布置等施工信息相集成，建立基于IFC标准的4D-BIM模型，实现了对施工进度、施工资源及成本、施工安全与质量、施工场地及设施的4D集成管理、实时控制和动态模拟。4D-BIM系统在2008年北京奥运会国家体育场、青岛海湾大桥、广州珠江新城西塔、上海国际金融中心、昆明新机场设备安装、北京宜家购物中心、邢汾高速公路等项目得到应用。

主要功能包括：

（1）工程项目创建与应用流程定制

4D-BIM 系统提供了建筑、桥梁、公路、地铁等工程项目的创建和管理，可面向建设方、施工总承包、施工项目部等不同应用主体，针对工程特点和管理需求，对系统应用流程、用户界面、数据库及功能组织进行灵活的定制，并为应用主体的各职能部门和参与方提供不同的用户权限配置和管理。系统采用数据控制机制，实现了用户权限判断、数据保护、多用户操作以及版本对比及更新等功能，以避免多用户对数据修改的冲突，保证数据的唯一性和完整性。

（2）设计 BIM 建模与共享

4D-BIM 系统采用自主研发的 BIM 数据集成与交换引擎，支持开放的 BIM 建模和共享。通过 IFC 格式模型解析和非 IFC 格式建筑信息转化，可直接导入 Revit、ArchiCAD、Tekla、CAT-IA 等商业软件建立的 BIM 模型，或导入 AutoCAD、3Ds MAX 等其他 CAD 或图形系统建立的 3D 模型，也可采用自主研发的面向工程设计与施工的 BIM 建模系统 BIMMS，直接创建 BIM 模型。

（3）施工 4D-BIM 建模

4D-BIM 系统提供了以 WBS 为核心的施工 4D-BIM 建模方法和工具。可支持 4D-BIM 系统与 Project 的双向数据交换，通过建立设计 BIM 与施工进度的动态连接和信息关联，实现资源、成本、质量、安全等施工信息的集成，形成施工 4D-BIM 模型。

（4）4D 施工进度管理

基于所创建的 4D-BIM 施工模型，项目各参与方可进行日常的 4D 进度动态管理和实时控制，包括：实施方案比选、施工进度的 4D 显示、施工进度控制、进度追踪分析、关键线路分析、前置任务分析、进度滞后分析、进度冲突分析以及导出 4D 进度状态。

（5）施工信息动态查询与管理

4D-BIM 系统提供了丰富的施工信息查询与管理功能，其中包括：施工对象选取和查看、多条件施工段查询、施工状态查询、施工信息查询。

（6）4D 施工过程及工艺模拟

通过设置模拟日期、时间间隔、状态、速度及方式等参数，对整个工程或选定 WBS 节点进行 4D 施工过程模拟，可以天、周、月为时间间隔，按照时间的正序或逆序以及计划进度或实际进度进行模拟。利用施工工艺数据，也可动态模拟复杂节点的施工工艺和工序。

（7）4D 工程算量

相对施工计划进度和实际进度，可自动计算整个工程、任意 WBS 节点、施工段或构件的工程量，并以统计报表和柱状图形式提供工程量完成情况的实时查询、统计及分析，自动生成工程量表。其中，查询统计包括单位时间的工程量以及指定时间段内的累计工程量，时间单位可以设置为天、周或月。当设计变更引起 BIM 模型修改或进度计划发生变化时，系统将自动更新工程算量。

（8）4D 动态资源与成本管理

通过可设置计价清单和多套定额的资源模板，将 WBS 任务节点及工作与计价清单、预算定额相关联，可根据工程算量、相对施工计划进度和实际进度自动计算整个工程、任意 WBS 节点、施工段或构件在指定时间段内的人力、材料、机械计划用量和实际消耗量，相应的人力、材料、机械以及总的预算成本和实际成本。以统计报表和柱状图形式提供资源计划与实际消耗、计划成本与实际成本的实时查询、统计及分析,自动生成资源用量表和成本统计表。当设计变更引起 BIM 模型修改或进度计划发生变化时,系统将自动更新施工资源计划用量和预算成本,资源需求和工程成本始终对应于施工进度,面向任意 WBS 任务、施工段甚至某一构件,实现了基于 BIM 的 4D 动态资源与成本管理。

(9)4D 施工安全分析与质量管理

基于 4D-BIM 施工模型,项目各参与方可进行施工安全分析与管理,其中包括:4D 时变结构和支撑体系的安全分析、施工安全检查电子评分等。4D 施工质量管理针对项目质检管理需求,建立 BIM 工程构件与质量信息的关联集成机制,可录入各类工程任意 WBS 节点、3D 施工段或构件的各种质量检查信息,并能实时查询、统计、分析这些工程质检信息,自动生成质检报表。

(10)4D 施工场地管理

系统提供的 DXF 等格式数据接口,可导入 CAD 软件建立的场地布置图,进行场地平面管理,为场地设施布置提供相应的参考。利用一系列工具可进行各施工阶段的场地布置,包括施工红线、用墙道路、现有建筑物和临时房屋、材料堆放、加工场地、施工设备等场地设施。所建立的 3D 施工现场设备和设施模型,通过与施工进度相链接,形成 4D 场地布置模型,使场地布置与施工进度相对应,形成 4D 动态的现场管理。

(11)碰撞检测与分析

4D-BIM 提供了工程构件和施工现场碰撞检测分析,实现了工程构件间、构件与设备管线间的碰撞检测,检测结果将以列表的形式显示出来,点击列表中的对象,并在图形平台中详细查看碰撞情况。通过构建施工现场 4D 时变空间模型和相应的碰撞检测算法,可实时动态地对场地设施之间、场地设施和主体结构之间可能发生的物理碰撞进行检测和分析,并对施工现场进行合理规划和实时调整,以满足施工需求。

(12)施工资料管理

可将施工图、施工方案、设备说明、操作流程等施工资料与任务节点或构件关联,实现施工资料的有序存储和快速查询。施工资料可以是文档、图形、图像、视频等多种形式。

2.3.5 探索者 BIM 全专业系列软件

1. TSRA

TSRA 是北京探索者软件技术有限公司在 Autodesk 公司 BIM 平台 Revit 上开发的建筑三维建模软件。该软件按照我国规范和成图要求,采用标准层方式自动构成建筑三维模型。使用本软件,用户不需要费时耗力学习 Revit 冗长的手册、教程,也不需要建"族"造"类",参数化建立轴网、柱、墙、门窗、楼梯、屋顶,标准层设定完毕,建筑模型自动建立,Revit 软件的学习成本和使用难度大大降低。

TSRA 软件的特点包括:

(1)标准层方式设定楼层,自动生成层高表。

(2)在标准层中通过参数化方式创建轴网、柱、墙、门窗、楼梯、屋顶等。

(3)根据标准层和层高表生成建筑三维模型。

(4)快速进行建筑平面图、立面图、剖面图标注。

（5）可支持建筑工程师快速进入 Revit 平台。

2. TSRS

TSRS 是北京探索者软件技术有限公司在 Autodesk 公司 BIM 平台 Revit 上开发的结构三维建模软件。该软件按照我国规范和成图要求，采用标准层方式参数化建立结构三维模型。

TSRS 软件的特点包括：

（1）采用参数化建模，结构工程师无须建"族"造"类"，

（2）软件本地化，可建立符合国标、规范的平法施工图。

（3）结构模型与建筑模型之间可互导数据，便于专业间配合。

（4）可帮助结构工程师快速掌握 BIM 软件应用，降低学习成本。

3. TSRMEP

TSRMEP 是北京探索者软件技术有限公司在 Autodesk 公司 BIM 平台 Revit 上开发的给排水、暖通、电气三维建模软件。该软件遵循我国现行的水暖电规范、制图标准与设计师习惯，可便捷地绘制横管与立管，进行管线间的快速连接与编辑，可实现洁具与管线、喷头与管线、设备与管线的精准连接。系统化建立风系统、水系统管路与设备，参数化建立桥架、设备、线缆等模型。软件提供完整的风口、风阀、水阀等图库，给排水专业洁具库、阀门库、附件库、喷头库，电气专业常用的符号库、设备库、构件库，可对设备与线管进行快速连接。软件提供一系列的工具功能，方便用户对模型进行编辑修改，可快速修改风管、水管的连接方式，精准地将设备与管路进行连接，适用于水暖电专业方案、初步、施工图阶段设计。

4. TSRP

探索者单层工业厂房建模软件 TSRP 是北京探索者软件技术有限公司在 Autodesk Revit 平台上开发的用于工业厂房设计的专用软件。本软件目前可用于无吊车、有吊车、有悬挂吊车和多跨等门式刚架单层工业厂房三维建模。

TSRP 软件的特点包括：

（1）符合国标和规范和单层工业厂房设计要求。

（2）门式刚架梁和柱截面包括等截面，变截面，上、下柱等类型。

（3）参数化方式自动建立梁、柱、支撑、系杆、檩条、拉条、墙梁等构件。

（4）梁、柱间连接节点，支撑与梁、柱连接节点，柱与基础连接节点自动生成。

5. 探索者数据中心

探索者数据中心是探索者软件技术有限公司开发的数据转换及显示的平台。探索者数据中心主要分为两个部分的数据：前处理数据与有限元后处理数据。前处理数据可以不区分结构类型导入数据。同时，因为数据中心专注于数据的传输与显示，所以对数据的标准化、3D 显示及多种数据格式的交互，都做了相应的技术分析，并取得了比较好的平衡。满足了用户对不同平台之间数据传递的要求。

探索者数据中心软件的特点包括：

（1）可导入、导出数据的软件包括 PKPM、Midas Building 、Midas Gen、Sap2000、Bentley、STAAD. Pro V8i、Revit 等。

（2）可以对传递进来的数据进行 3D 查看，从而使用户更加方便地进行数据的查看。

（3）浮动工具栏可按构件显示数据，方便用户快速查询构件数据。

(4)软件不仅可以传递模型几何数据,还可以传递内力信息等数据,数据准确,操作方便。

6. TS3DSR

探索者三维钢筋软件 TS3DSR 是为结构工程模型生成三维实体钢筋并计算钢筋工程量开发的专用软件。该软件读取 Revit 平台上的平法施工图自动生成三维实体钢筋,生成的三维钢筋尺寸、位置与实际钢筋位置完全一致,大大提高了设计师 Revit 平台设计实体钢筋的效率,为设计指导施工提供了有效的途径。

TS3DSR 软件的特点包括:

(1)软件自动读取施工图总体信息、配筋信息、计算工程量,自动生成三维实体钢筋。

(2)软件根据项目的总体信息、配筋,计算钢筋的锚固长度、弯折长度,钢筋的长度和位置与实际完全一致。

7. TSCC

钢筋算量软件 TSCC 是北京探索者软件技术有限公司为结构工程算量开发的专用软件。该软件自动从结构平法施工图中读取数据,计算构件混凝土和钢筋用量,统计各构件、各结构层和全楼钢筋、混凝工程量,并可根据需要生成各种统计表。

TSCC 软件的特点包括:

(1)无须手工输入总体及配筋信息,算量所需数据由《结构平法施工图》中自动获取。

(2)构件自动识别需要特殊处理的结构层。

(3)按设计和施工阶段分别计算工程量。

8. TSPT for Revit

探索者结构三维施工图软件 TSPT for Revit 是北京探索者软件技术有限公司为结构专业开发的三维平台自动生成施工图软件。软件读取计算分析软件的结果,自动在 Revit 上生成结构施工图,提高了设计效率,推动了结构专业 BIM 的应用。

TSPT for Revit 软件的特点包括:

(1)读取 PKPM 配筋结果数据,埋入结构构件。

(2)图面中的平法表示采用 Revit 中的"族"方式。使用替换或编辑族的方式可以适应各个设计院的不同平法表示习惯。

(3)配筋数据与平法表示族之间相互关联,互动修改。

(4)提供相关工具,对平法图可进行修改。

(5)采用数据记录方式,工程中的配筋数据、计算数据及归并数据都可完全记录并关联。

9. T3PT for Revit

T3PT for Revit 是探索者钢结构三维施工图软件。本软件从 T3PT 生成的钢结构施工图中读取数据,自动在 Revit 中建立钢结构三维模型,操作简单方便,使设计人员能腾出更多时间和精力进行设计优化,提高设计质量。

T3PT for Revit 软件的特点包括:

(1)自动读取数据生成模型,操作简单,速度快。

(2)从施工图中读取数据,与实际模型完全一致。

(3)计算分析软件—施工图—三维模型完美结合,无须设计师重复建模。

（4）可导入完整节点信息,并可根据需要把连接节点进行简化表示或以完整节点表示。

10.探索者三维协同设计管理平台

探索者三维协同设计管理平台根据三维设计特点及三维设计流程,规范地管理三维设计的设计资源、业务流程、业务活动及协同方式。通过应用探索者三维协同设计管理平台,保证基于 BIM 的设计过程运作流畅,从而提高设计工作效率,保证设计水平和产品质量,降低设计成本。

（1）探索者三维协同设计管理平台功能的特点包括：

①以 BIM 项目设计过程管理为核心。

②以规范三维设计的设计资源、业务流程、业务活动及协同方式为抓手,从而保证三维设计流程顺畅。

③设计院管理层:提供项目的整体统计分析,项目周期进度、阶段成果等信息形成报表加图形的直观统计信息,为决策提供依据。

④BIM 项目负责人:实时监控项目进度,确保项目进度。

⑤各专业总工:提供三维校审功能,保证基于三维设计的校审工作便捷、高效。

⑥各专业设计师:建立有效的协同工作机制,确保专业间三维协同设计顺畅、有效。

（2）区别于其他二维协同管理平台的优势特点包括：

①平台专业性。本平台软件针对三维（BIM）设计的特殊性需求,重新规划、设计、开发。完全符合 BIM 协同设计的特点和要求。

②平台本地化。符合中国设计师三维设计习惯,并可根据客户需求调整解决方案的细节,同时根据用户需求开展定制开发服务。

③平台与三维设计流程相融合。从三维设计特点出发对项目进行管理,与 Revit 无缝衔接。同时与探索者 BIM 协同设计平台无缝连接。

④平台成熟度高。已经服务于国内多家大型设计院,在实际应用中积累了丰富的应用经验,平台渐趋成熟。

2.4 BIM 应用系统架构

BIM 应用与传统 CAD 应用其中一个很大的区别是数据的唯一性,所以数据不能割裂和分别存放,必须集中存放和管理,从而实现项目成员协同工作的最基本、也是最核心的应用要求。所以,不论项目大小,都需要一个协同工作的网络环境。

如图 2-3 所示,首先,需要至少 1 台服务器来存放项目数据,由于目前 BIM 软件的模型数据都是以文件形式组成,所以,通常以文件服务器的要求去配置,主要以存放和管理文件数据为核心进行相关的硬件和软件的配置。其次,通过交换机和网线把项目成员的电脑连接起来,项目成员的电脑通常只安装 BIM 应用软件,不存放项目数据文件,所有的项目数据文件都集中存放在文件服务器（或称作数据中心）上。由于 BIM 数据比传统 CAD 的数据要多,而且数据都集中存放在服务器上,在工作过程中项目成员的电脑进行读写数据时都要通过网络访问文件服务器,所以,网络的数据传送量比较大,建议全部采用千兆级的交换机、网线和网卡,以满足大量的数据传输。

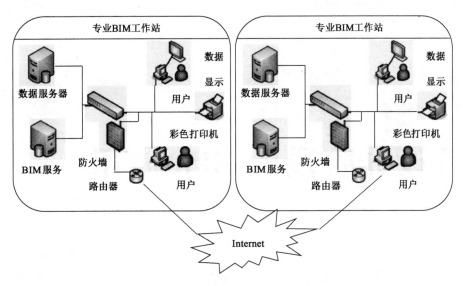

图 2-3 各专业 BIM 工作站硬件环境建设

BIM 应用对硬件系统的总体性能要求如下：

（1）高性能

系统核心设备选用和链路布设应有一定的超前性，以满足不断增长的需要，尽可能延长系统的生命周期，保护投资。

（2）安全性

合理完善的安全控制机制，可以使应用环境中的信息资源得到有效的保护，防止信息的丢失、失窃和破坏。

（3）可扩展性

系统的可扩展性包括软件、硬件的扩展能力和网络实施新应用的能力，能不断地延伸和扩充，充分保护现有投资利益。

（4）兼容性

软件系统需提供多种数据接入方式，并向下兼容其他系统数据的接入。

第 3 章

建筑设计阶段的 BIM 应用

BIM(Building Information Modeling)即建筑信息模型,自 2004 年国内引入这一概念以来,已成为目前工程建设行业信息化领域的主要议题。其形式直观、工作高效、易操作、实现协同作业、能够贯穿工程建设运营全周期等优势随着 BIM 实现手段的逐渐完善而开始受到工程建设相关单位的青睐。目前,各大建设单位、设计院、施工单位已在积极尝试将 BIM 技术应用于工程实践中。部分大型工程,例如新建沈阳南站项目、新建兰州西站项目应用 BIM 技术进行建筑、结构设计,复杂结构体施工模拟,综合管线碰撞等工作取得了非常满意的效果。然而,在BIM 技术的推广中,其暴露出的一些短板,例如外接口导出问题,复杂的结构(如钢筋工程)设计表达困难,族库不丰富,与国内设计、施工规范吻合度较差,不同软件交互性能差等问题,为BIM 技术的进一步应用带来了阻力。本章主要针对 BIM 在建筑设计阶段的应用现状、前景、探索和应用以及成果交付等方面作介绍。

3.1 BIM 技术在建筑设计阶段的应用现状

在工程质量方面,可以对 BIM 技术进行评价,从实际应用的现状中总结发现,BIM 技术是一种应用于工程设计建造管理的数据化工具,通过参数模型整合项目的各种相关信息,在项目策划、运行和维护的全生命周期过程中进行共享和传递,使工程技术人员对各种建筑信息做出正确理解和高效应对,为设计团队以及包括建筑运营单位在内的各方建设主体提供协同工作的基础。基于此,BIM 技术的应用可以在很大程度上提高建筑生产效率,节约建筑投入成本,缩短建筑工期。近几年,经过我国建筑人员的不断研究,BIM 技术逐步为我国建筑行业知晓,我国很多具有资质的建筑行业成立了 BIM 技术小组,以此深入到不同地区的建筑设计工作中,对其设计思路进行指导。目前,我国建筑设计的步骤主要是:建筑项目策划、设计、招投标、施工、运营维护等,每一个阶段的施工和设计都会应用到 BIM 技术。首先,建筑设计人员会利用 BIM 技术设计出建筑模型,用 BIM 核心建模软件对建筑设计的内容进行审核。然后,确定 BIM 技术层面,提供建筑管理服务体系,可以提供各种咨询服务,用来解决建筑设计难题。最后,确定 BIM 技术使用的用户类型。建筑设计人员要积极学习 BIM 技术,把 BIM 技术应用到实际的建筑和工程类专业的实践活动中。

目前 BIM 技术在建筑设计中的主要应用:

1. 场地分析中的应用

应用 BIM 与地理信息系统(Geographic Information System,简称 GIS),可以实现场地和拟建建筑物空间数据的建模操作,从而在规划阶段帮助项目评估场地使用条件以及进行特点分析,为新建项目做出最为理想的场地规划、交通流线组织关系、建筑布局等关键决策。

2. 建筑策划中的应用

通过 BIM 技术可以在建筑规划阶段帮助项目团队进行空间分析,从而掌握复杂空间标准及法规,有效节省时间提高效率,为团队创作增值活动提供可能条件。

3. 方案论证中的应用

通过 BIM 技术可以评估需要的设计空间,获得良好的互动效应,让使用者及业主能够及时反馈信息。利用 BIM 平台能够让项目各方共同关注热点问题,同时给予直观展示以便达成意见共识,尽快做出决策等。

4. 可视化设计中的应用

通过 BIM 技术既让设计人员利用三维可视化设计工具达到了"所见即所得"效果,让设计人员能够通过三维思考方式进行建筑设计工作,又能够让业主和最终用户彻底摆脱技术壁垒限制,及时掌握投资使用情况等。

5. 协同设计中的应用

通过 BIM 技术上的优势特点,能够更好地实现协同配合,其协同范畴由过去单纯的设计阶段已经扩展至建筑全生命周期,要求规划、设计、施工、运营等多方共同参与进行,能够创造更大的综合效益。

6. 性能分析中的应用

通过 BIM 技术可以把建筑设计人员创建的虚拟建筑模型导入计算机中,使用相关性能分析软件计算得到分析结果,有效提升设计服务质量以及设计效率。

3.2 BIM 技术在建筑设计阶段的应用前景

1. 移动技术

随着互联网和移动智能终端的普及，人们现在可以在任何地点和任何时间来获取信息。而在建筑设计领域，将会看到很多承包商，为自己的工作人员都配备这些移动设备，在工作现场就可以进行设计。

2. 物联网技术

现在可以把监控器和传感器放置在建筑物的任何一个地方，针对建筑内的温度、空气质量、湿度进行监测。然后，再加上供热信息、通风信息、供水信息和其他的控制信息。这些信息汇总之后，设计人员就可以对建筑的现状有一个全面充分的了解。

3. 云技术

不管是能耗，还是结构分析，针对一些信息的处理和分析都需要利用云计算强大的计算能力。甚至，我们渲染和分析过程可以达到实时的计算，帮助设计人员尽快地在不同的设计和解决方案之间进行比较。

4. 激光扫描技术

这种技术，通过一种激光，可以对桥梁、道路、铁路等进行扫描，以获得早期的数据。我们也看到，现在不断有新的算法，把激光所产生的点集中成平面或者表面，然后放在一个建模的环境当中。

5. 大数据技术

传统方法无法管理 BIM 应用生成的海量工程数据。大数据技术是数据创建、积累、收集和管理的关键，通过数据的积累、存储和管理，及时、准确地获取相关工程数据，从而实现精细化管理。

6. 互联网技术

互联网延伸了工程项目信息增值服务，这种信息化、扁平化、互动化、可视化、精细化的增值服务，提升了信息应用产业链价值。建立统一的信息共享交换平台，实现信息共享、数据管理、无纸化的流程、移动化的工作平台，是 BIM 发展的重心。

3.3 BIM 技术在建筑设计阶段的应用

3.3.1 BIM 技术在建筑设计方案阶段的应用

以某博物馆项目为例，建筑设计方案主要是通过以下阶段：

（1）主创设计师构思概念方案

此阶段是建筑师对设计条件和任务的理解和分析阶段，最好不受任何软件束缚，由建筑师天马行空想象,并用传统的草图纸记录思维过程。

（2）概念方案推敲比较阶段

此阶段传统设计模式一般是制作简单的实体建筑切块模型（图3-1）,或者利用 AutoCAD、Sketchup、Rihno 等软件进行建筑规模、体型、比例、材质等因素的推敲,如图3-2 所示。

图 3-1　实体模型

图 3-2　SKP 模型（某博物馆项目）

（3）概念方案深化阶段

此阶段应承担起对概念方案的具体落实职责,对合理的柱网确定、防火分区、疏散距离、建筑高度、结构选型等一系列与建筑规范密切相关的问题应着重考虑。传统设计模式是以具体的建筑平面、立面、剖面来进行表达,由建筑师用 CAD 分别完成后填色,如图3-3 所示。

（4）设计方案表达阶段

此阶段成果是设计方与业主交流的主要纽带与平台,也是投标与项目方案汇报的重头戏,大量直接设计成本集中于此。图纸内容一般包括建筑填色的建筑总平面图,功能及相关分析图,建筑单体平面图、立面图、剖面图以及各类效果图等。同时,根据业主的要求,有时还要提供建筑动画、实体模型等。目前各设计公司一般是将效果图、动画、模型等全部外包至专业公司进行制作,如图3-4 所示。

设计表达阶段常用软件有:AutoCAD、Sketchup、3DMAX、Rihno、Maya、Lightscape 、Artlantis、Photo-shop、Indesign 等。

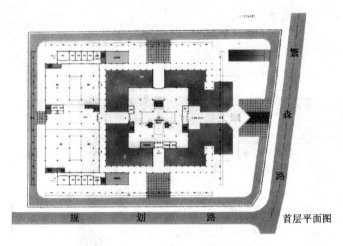

图 3-3　CAD 转平面填色图　　　　　　　　图 3-4　3DMAX + Photoshop 效果图

通过对前期设计工作的各阶段分析,BIM 技术在前期设计工作中还是有其相当大的优势的,分析如下:

(1)可视化

BIM 将专业、抽象的二维建筑描述通俗化、三维直观化,专业设计师和业主等非专业人员都可以对项目需求是否得到满足作出判断,判断更为明确、高效,决策更为准确。

(2)数据传承性

从技术上说,BIM 不是像传统的 CAD 那样,将建筑信息存储在相互独立的成百上千的 DWG 文件中,而是用一个模型文件(可看作一个微型的数据库)来存储所有的建筑信息。如果在前期方案阶段引入 BIM 技术,可以保证数据的传承性,避免后期输入翻图的重复劳动。

(3)模型深度的可调整性

BIM 建模需要达到何种深度和详细程度? 这个是困扰前期设计工作的一个重要问题,有时设计师会陷入“过度建模”的误区,即在模型中包含过多的细节。但在项目初期,最好多使用概念性构件,只包含简单的几何轮廓和参数,而随着模型逐步深化,再用更多的细节去充实模型。在这个过程中,要考虑哪些细节信息是确实需要的,哪些细节实际上并不需要。减少不必要的细节既能减轻设计师的工作量,也能提高软件运行速度。BIM 经理需要为项目制定详细度标准,在前期方案使用较低的详细度,而在施工图阶段再使用更高详细度的对象来替换前期对象。这样也能在前期方案构思时解放设计师的思想,赋予其更多的自由度。

(4)设计合理化

参数与模块化设计会使设计方案模型更趋于理性,便于后期的深化与实施。目前设计院前期设计人员普遍存在年轻化的趋势,或是毕业后一直从事方案创作,没有太多的施工经验。这样在方案创作中有时容易脱离实际,方案落地时会发现这样那样各种不合理的问题,最终实施方案往往面目全非。通过 BIM 技术介入前期设计方案,对于方案的合理性优化会很有意义,建筑梁、板、柱、墙、窗等各构件的参数化和模块化使设计方案更具实施性,同时建模过程也加深了设计师对建筑的理解。

(5)设计输出表达的便捷性

从前面对前期设计方案表达阶段的分析可以看出,最终的设计成图过程是一个工作量集中而密集的阶段。设计师们要分别画出 CAD 单体的平面图、立面图和剖面图并填色。同时还要提供给外包的服务公司建立 3DMAX 模型并做最终的效果图,有需要的话还要花大量财力来完成建筑或规划动画。对于 BIM 技术来说,一切变得简单多了,设计定稿时,模型也就基本完成,所需的就是直接在模型上设置剖切面迅速得到各个位置的平面图、立面图、剖面图,并可以直接填色。无论是 Revit 模型还是 ArchiCAD 模型均可以导入 Artlantis 或者 Veay 渲染器进行真实材质的渲染,很容易得到反映真实环境及建筑材质的效果图和动画,整个过程方便快捷,如图 3-5 所示。

图 3-5　AC + Artlantis 渲染图(某博物馆项目)

(6)建筑模拟分析

BIM 技术可在项目设计初期对 BIM 模型进行各类分析,如面积分析、体形系数分析、可视度分析、日照轨迹分析、建筑疏散分析等。通过分析可以及时准确地反映设计方案的可靠性和可行性,给方案的合理化设计提供了准确的数据,如图 3-6 所示。

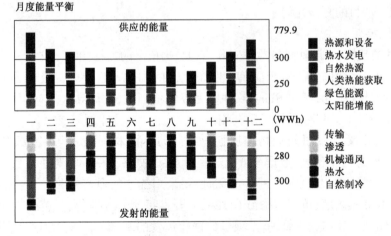

图 3-6　能耗分析图

3.3.2　BIM 技术在建筑设计初步设计阶段的应用

BIM 技术在建筑设计中的应用,以 Autodesk Revit 三维建模软件为例,简要介绍一下 BIM 建模的思路和流程。图 3-7 为 BIM 三维建模的流程示图。

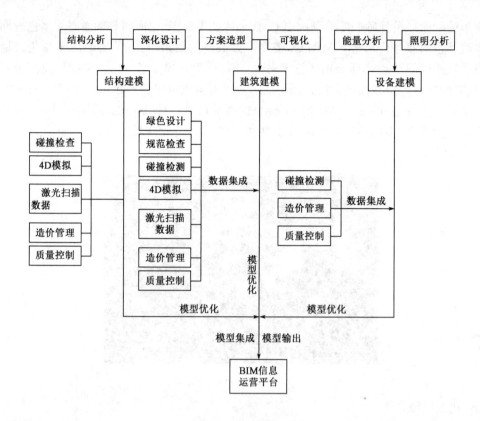

图 3-7 BIM 三维建模流程示意图

目前,基于 BIM 技术的参数化设计方法已经应用在方案设计的各个阶段,从定义建筑基本形体,到建立高度关联的复杂建筑表皮,借助参数化软件建立的逻辑模型,设计团队可以迭代式操作和定义项目的复杂几何。

(1)参数化定义

Revit 软件的建模基础,就是被赋予实际工程数据信息的三维图元。这些三维图元分为复杂特殊图元和简单一般图元。对于简单一般图元,可在 Revit 软件中直接通过调用族来进行创建。对于复杂特殊图元,可在 Rhino 软件中完成体量创建,然后导入 Revit 软件赋予参数信息,最后将复杂特殊图元保存为族以供调用。创建完成后,设计师需要对这些图元进行参数化定义。不仅要定义这些图元的物理属性,如外形尺寸、材质规格等;还要将一些分析属性,如:传热系数、透射率、造价数据等赋予这些图元,以便在下一步中对建筑数据模型进行模拟仿真。需要注意的是,在给图元进行定义时,要采用统一的命名规格。如:综合楼-500mm-外墙、综合楼-200mm-内墙、单扇六格窗 C1229、双开推拉窗 C1515 等,规范化的图元命名有利于后续的材料明细统计和造价管理,是项目数据化运营的基础。图 3-8 为定义完成的参数化图元。

(2)模型创建及优化

在完成图元的参数化定义以后,设计师需要在 Revit 软件中完成三维建模。分为建筑建模、结构建模和设备建模,分别对应 Revit 软件中的 Revit Architecture、Revit Structure、Revit MEP 三个子模块,三者同时进行,互相协同。设计团队按照土建、结构、机电等不同专业分成不同的工作小组,协同创建各自的 BIM 模型,这就是 BIM 建模阶段的核心所在——高效的分布式工作集模型。BIM 总监按照专业分工在服务器上建立中心文件。每个设计人员的本地工作站通过内部告诉千兆网访问中心文件生成一个用户文件,获取不同的图元编辑权限(如墙体、结构、楼板、轴线、标高等)。系统定时将完成的模型提交到中心文件,同时下载其他团队成员上传的数据。

图 3-8 参数化图元

绘图是设计师最核心的工作之一,某种意义上说,设计师手里交出的最终产品也是图纸。而在 Revit 软件中,设计师团队要做的工作是在该平台上建立整个项目的三维信息模型——像在实际的空间中搭建一个建筑一样立柱子、放置墙体、开门洞,最终用来自动生成平面图、剖面图等各种技术图纸。模型—图纸的链接关系使得修改变得非常顺利,设计师在 Revit 中对 BIM 模型的任何改动都将自动反映在输出图纸上。通过碰撞检测、施工模拟、造价管理、质量控制等虚拟仿真工作,设计师也可根据施工、运营阶段的需求对三维信息模型进行优化调整,最终在 BIM 平台上输出存档。图 3-9 为已优化完成的三维信息模型概念图。

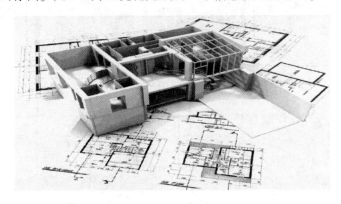

图 3-9 三维信息模型概念图

3.3.3 BIM 技术在建筑设计施工图设计阶段的应用

1. BIM 结构模型的建立

软件中所建立的模型,是对真实实体的一种模拟,借助模型和软件对其做分析,发现其中的一些有助于结构设计的规律,从而可以更好地抓住它。对于 BIM 模型,主要是用三维立体模式对现实建筑做真实的反映。用结构中最为基本的单元,即梁、板、柱,构建实体进行建模。针对 BIM 技术软件的建模步骤主要是:创建新项目、建立轴网、设置楼层标高、添加结构柱梁和楼板、设置基础。

这里主要以一个三层别墅为例,说明 BIM 在结构施工图设计中的应用,下面介绍案例的概况。项目为独立别墅,户型简单,建筑面积为 $300m^2$,地上两层,地下一层。地理位置在福建省福州市某镇,结构为钢筋混凝土框架结构,基础用独立基础。本例选用 BIM 技术做结构建模的依据是,工程结构简单,构造难度低,使用的构件中相似度高,可以在设计中设置上做重复使用。此外,借助 BIM 技术中的一些特点,可以实现各个专业的协调工作,为精品建筑打下一个坚实的基础。为说明平法 BIM 的应用,凸显 BIM 技术中特点之可行性,其主要采取的方法是使用 BIM 平台中的共享参数标注族和自制标注签族,实现平法的表达。本章使用的软件是欧特克公司的 Revit Structure 软件。此别墅的建筑平面图和剖面图分别如图 3-10 和图 3-11 所示。

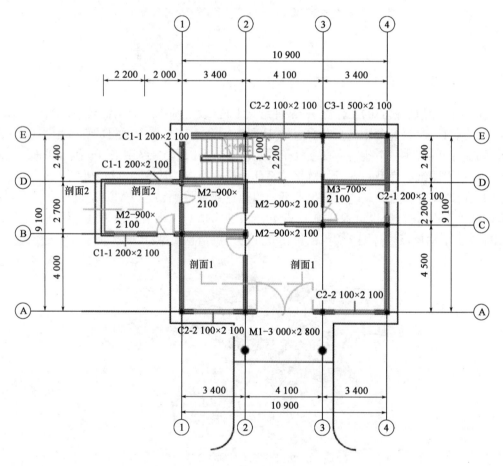

图 3-10　一层建筑平面图(尺寸单位:m)

2. BIM 中绘制平法施工图

首先,需要进行建模,如图 3-12 所示,为 BIM 结构模型,其中有楼板、梁、柱和独立基础等构件。

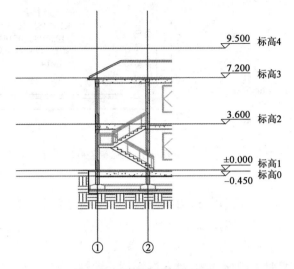

图 3-11 建筑剖面图(尺寸单位:m)

图 3-12 模型真实效果图

其次,需要借助共享参数(图 3-13)及其标注签族来对施工图做平法绘制(图 3-14 ~ 图 3-16),由于在制作过程中存在诸多的不统一,需要在制图的时候,共同遵照平法施工图规范图集为原则,制作合适的文件。

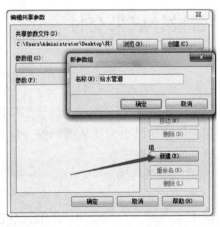

图 3-13 共享参数

图 3-14 自定义标签族

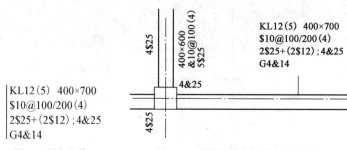

图 3-15 梁标签族　　　　　图 3-16　梁标签族在梁平法中的应用

3.创建共享参数

首先,在 Revit structure 中新建项目,选择"管理"菜单中"共享参数"命令。其次,操作的步骤是"编辑共享参数"菜单下选创建命令,设置共享参数,设置创建参数,如此可以设置好平法共享参数。同理,可以实现对墙柱参数的设置,参数的设置一是为当前所需,二是对后续建立标签族和施工图构件信息参数所共用,且具有协调一致性,修改一处,其他地方就跟着协调改变,从而实现了 BIM 中参数的协调一致性。最后是标签族的创建,利用族文件和注释标签模板创建注释族。

图 3-17　结构施工图档管理

4.BIM 中平法施工图的获取

(1)对族文件和 BIM 模型进行编制,可以得到梁板柱平法施工图,对照二维 CAD 出图的形式,其在表达上是一致的。

(2)在 BIM 技术中有一项功能,是对施工图做管理,施工图纸得以有序排列,便于查找,其可以大大提升工作效率如图 3-17 所示。

(3)利用 BIM 模型来获取平法施工图,从图纸的内容上来看,主要包含的内容有钢筋信息、结构形式、使用年限等。

3.4　BIM 平台设计成果交付

3.4.1　交付总体要求

(1)应保证 BIM 模型交付准确性。BIM 模型交付准确性是指模型和模型构件的形状和尺寸以及模型构件之间的位置关系准确无误,相关属性信息也应保证准确性。设计单位在模型交付前应对模型进行检查,确保模型准确反映真实的工程状态。

(2)交付的 BIM 模型几何信息和非几何信息应有效传递。

(3)交付的 BIM 模型应满足各专业模型等级深度。

(4)交付物中的图纸和信息表格宜由 BIM 模型生成。交付物中的图纸、表格、文档和动画等应尽可能利用 BIM 模型直接生成,充分发挥 BIM 模型在交付过程中的作用和价值。

(5)交付物中的信息表格内容应与 BIM 模型中的信息一致。交付物中的各类信息表格,如工程统计表等,应根据 BIM 模型中的信息来生成,并能转化成为通用的文件格式以便后续使用。

(6)交付的 BIM 模型建模坐标应与真实工程坐标一致。一些分区模型、构件模型未采用真实工程坐标时,宜采用原点(0,0,0)作为特征点,并在工程使用周期内不得变动。

(7)在满足项目需求的前提下,宜采用较低的建模精细度,能满足工程量计算、施工深化等 BIM 应用要求。

3.4.2 模型检查规则

BIM 模型是工程生命周期中各相关方共享的工程信息资源,也是各相关方在不同阶段做出决策的重要依据。因此,模型交付之前,应增加 BIM 模型检查的重要环节,以有效地保证 BIM 模型的交付质量。为了保证模型信息的准确、完整,在发布、使用前对模型的检查必须规范化和制度化。但目前国内还没有建立起 BIM 模型检查的制度和规范,也没有模型检查的有效软件工具和方法,既缺乏有效的模型检查手段,也缺少可行的模型检查标准。这些问题带来的直接结果是,无论设计单位还是业主方,都较难评判 BIM 模型是否达到了质量要求。

目前的模型检查,主要是依靠人工的审查方式对模型的几何及非几何信息进行确认,由于没有模型检查的规范和标准,检查中的错误和遗漏、工作效率低等问题难以避免。在 BIM 应用较普及的国家和地区,已经初步制定了模型检查的规范,相关的模型检查软件也在开发和不断完善中,这为我国 BIM 模型交付的检查提供了有益的参考和借鉴。

传统的二维图纸审查重点是图纸的完整性、准确性、合规性,采用 BIM 技术后,模型所承载的信息量更丰富,逻辑性与关联性更强。因此,对于 BIM 模型是否达到交付要求的检查也更加复杂,在模型检查过程中,应考虑如下几方面的检查内容。

(1)模型完整性检查

指 BIM 模型中所应包含的模型、构件等内容是否完整,BIM 模型所包含的内容及深度是否符合交付等级要求。

(2)建模规范性检查

指 BIM 模型是否符合建模规范,如 BIM 模型的建模方法是否合理,模型构件及参数间的关联性是否正确,模型构件间的空间关系是否正确,语义属性信息是否完整,交付格式及版本是否正确等。

(3)设计指标、规范检查

指 BIM 模型中的具体设计内容、设计参数是否符合项目设计要求,是否符合国家和行业主管部门有关建筑设计的规范和条例,如 BIM 模型及构件的几何尺寸、空间位置、类型规格等是否符合合同及规范要求。

(4)模型协调性检查

指 BIM 模型中模型及构件是否具有良好的协调关系,如专业内部及专业间模型是否存在直接的冲突,安全空间、操作空间是否合理等。

3.4.3 方案设计阶段交付

方案设计阶段主要是从工程项目的需求出发,根据项目的设计条件,研究分析满足功能和性能的总体方案,并对项目的总体方案进行初步的评价、优化和确定。

方案设计阶段的 BIM 应用主要是利用 BIM 技术对项目的可行性进行验证,对下一步深化工作进行指定和方案细化。

1. BIM 工作内容

建立统一的方案设计 BIM 模型,通过 BIM 模型生成平面图、立面图、剖面图等用于方案评审的各种二维视图,进行初步的性能分析并进行方案优化,为制作效果图提供模型,也可根据需要快速生成多个方案模型用于比选。

2. BIM 交付物

(1)BIM 方案设计模型

应提供 BIM 方案模型,模型应经过性能分析及方案优化,也可提供多个 BIM 方案模型供比选,模型的交付内容及深度为 L1 等级。

(2)场地分析

场地分析的主要目的是利用场地分析软件,建立三维场地模型,在场地规划设计和建筑设计的过程中,提供可视化的模拟分析数据,以作为评估设计方案选项的依据。

(3)性能分析模型及报告

应提供必要的初级性能分析模型及生成的分析报告,对于复杂造型项目,还应进行空间分析、结构力学分析等。

(4)BIM 浏览模型

应提供由 BIM 设计模型创建的带有必要工程数据信息的 BIM 浏览模型。BIM 浏览模型不仅可以满足项目设计校审和项目协调的需要,同时还可以保证原始设计模型的数据安全。浏览模型的查看一般只需安装对应的免费浏览器即可,同时可以在平板电脑、手机等移动设备上快速浏览,实现高效、实时协调。

(5)可视化模型及生成文件

应提交基于 BIM 设计模型的表示真实尺寸的可视化展示模型以及其创建的室外效果图、场景漫游、交互式实时漫游虚拟现实系统、对应的展示视频文件等可视化成果。

(6)由 BIM 模型生成的二维视图

由 BIM 模型直接生成的二维视图,应包括总平面图、各层平面图、主要立面图、主要剖面图、透视图等,保持图纸间、图纸与 BIM 模型间的数据关联性,达到二维图纸交付内容要求。

3.4.4 初步设计阶段交付

初步设计阶段是介于方案设计阶段和施工图设计阶段之间的过程,是对方案设计进行细化的阶段。在本阶段,推敲完善 BIM 模型,并配合结构专业建模进行核查设计。应用 BIM 软件对模型进行一致性检查。

1. BIM 工作内容

建立各专业的初步设计 BIM 模型,并进行模型综合协调。基于 BIM 模型进行必要的性能分析,完成对工程设计的优化,生成明细表统计,生成各类二维视图。

2. BIM 交付物

(1)BIM 专业设计模型

应提供经分析优化后的各专业 BIM 初设模型,模型的交付内容及深度为 L2 等级。

（2）BIM综合协调模型

应提供综合协调模型,重点用于进行专业间的综合协调及完成优化分析。

（3）性能分析模型及报告

应提供性能分析模型及生成的分析报告,并根据需要及业主要求提供其他分析模型及分析报告。

（4）可视化模型及生成文件

应提交基于BIM设计模型的表示真实尺寸的可视化展示模型以及其创建的室内外效果图、场景漫游、交互式实时漫游虚拟现实系统、对应的展示视频文件等可视化成果。

（5）工程量统计表

精确统计各项常用指标,以辅助进行技术指标测算。

（6）二维视图

应重点由BIM模型生成平面图、立面图、剖面图等,并保持图纸间、图纸与BIM模型间的数据关联性,达到二维图纸交付内容要求。

3.4.5 施工图设计阶段交付

施工图设计是项目设计的重要阶段,是设计和施工的桥梁。本阶段主要通过施工图图纸,表达项目的设计意图和设计结果,并作为项目现场施工制作的依据。

1. BIM 工作内容

现阶段通过BIM模型直接生成的二维视图与施工图的现行标准还存在着一定的差距,因此在施工图阶段的BIM工作内容相对较少,主要包括:最终完成各专业的BIM模型,基于BIM模型完成最终的各类性能分析,建立BIM综合模型进行综合协调,根据需要通过BIM模型生成二维视图。

2. BIM 交付物

（1）专业设计模型

应提供最终的各专业BIM模型,模型的交付内容及深度为L3等级。

（2）BIM综合协调模型

应提供综合协调模型,重点用于进行专业间的综合协调,及检查是否存在因为设计错误造成无法施工的情况。

（3）BIM浏览模型

与方案设计阶段类似,应提供由BIM设计模型创建的带有必要工程数据信息的BIM浏览模型。

（4）性能分析模型及报告

应提供最终性能能量分析模型及生成的分析报告,并根据需要及业主要求提供其他分析模型及分析报告。

（5）可视化模型及生成文件

应提交基于BIM设计模型的表示真实尺寸的可视化展示模型以及其创建的室内外效果图、场景漫游、交互式实时漫游虚拟现实系统、对应的展示视频文件等可视化成果。

（6）由BIM模型生成的二维视图

在经过碰撞检查和设计修改,消除了相应错误以后,根据需要通过 BIM 模型生成或更新所需的二维视图,如平立剖图、综合管线图、综合结构留洞图等。对于最终的交付图纸,可将视图导出到二维环境中再进行图面处理,其中局部详图等可不作为 BIM 的交付物,在二维环境中直接绘制。

3.4.6 施工图深化设计阶段交付

施工深化设计的主要目的是提升深化后建筑信息模型的准确性、可校核性。将施工操作规范与施工工艺融入施工作业模型,使施工图满足施工作业的需求。

1. BIM 工作内容

该阶段的 BIM 应用对施工深化设计的准确性、施工方案的虚拟展示以及预制构件的加工能力等方面起到关键作用。施工单位要结合施工工艺及现场情况将设计模型加以完善,以得到满足施工需求的施工作业模型。

2. BIM 交付物

(1)施工模型

对设计模型进行深化,满足施工管理要求。

(2)施工方案模拟

在施工模型的基础上附加建造过程、施工顺序等信息,进行施工过程的可视化模拟。

(3)预制构件信息模型

根据厂商产品参数规格,建立构件模型库,替换施工模型原构件,将预制构件模型数据导出,进行编号标注,生成预制加工图及配件表。

3.5 BIM 模型技术标准

随着 BIM 技术应用的迅速发展,多个国家开始制定国家 BIM 标准。国外包括美国、英国、挪威、芬兰、澳大利亚、新加坡、韩国、日本等多个国家已发布相应的 BIM 国家标准。

3.5.1 国外 BIM 模型技术标准

1. 美国国家 BIM 标准(NBIMS)

美国建筑科学研究院分别于 2007 年、2012 年、2015 年发布了基于 IFC 标准的美国国家 BIM 第一版(NBIMS-USV1-part1)、第二版(NBIMS-USV2)、第三版(NBIMS-USV3)。

NBIMS-USV1-part1 主要阐述了全生命周期知识发展与信息交换的概念与内容,并确定了如何制定公开通用的 BIM 标准的方法。

NBIMS-USV2 在内容上相比 NBIMS-USV1-part1 在阐述建筑信息分类体系以及工业基础类(IFC)、可扩展标记语言(IFD)标准时,更加详细。

NBIMS-USV3 在 NBIMS-USV2 的基础上增加了 BIM 协同作业的格式标准(BCF)、LOD 规范并将 BIM 与 CAD 相关作业规定融到原有的美国国家 CAD 标准 NCS-V5 中,在信息交换标准方面在 V3 版中朝 IDM、MVD 技术调整方向发展,并有 COBie 标准延伸出更完整的建筑物全生命周期信息交换标准（LCie），并以 COBie 为范本。

2. 英国国家 BIM 标准（AEC(UK) BIM Standard）

2009 年，英国多家设计、施工企业共同成立了英国建筑业 BIM 标准委员会，为了实现 AEC 行业在设计环境中实施统一、实用、可行的建筑信息模型，于 2009 年、2011 年先后发布了《建筑工程施工工业(英国)建筑信息模型规程》(AEC(UK) BIM 标准)第一版和第二版，同时在 2010 年、2011 年分别基于 Revit 平台、Bentley 平台发布了 BIM 实施标准——BIM Standard for Autodesk Revit、BIM Standard for Bentley Building。

3. 日本国家 BIM 标准（AIJ BIM Guideline）

日本建筑学会于 2012 年发布了日本 BIM 指南，从设计师的角度出发，对设计事务所的 BIM 组织机构建设、BIM 数据的版权与质量控制、BIM 建模规则、专业应用切入点以及交付成果提出了详细的指导，同时探讨了 BIM 带给设计阶段概算与算量、性能模拟、景观设计、监理管理以及运维管理的一系列变革及对策。

4. 新加坡 BIM 指南

新加坡建设局（BCA）于 2012 年、2013 年分别发布了《新加坡 BIM 指南》1.0 版和 2.0 版。《新加坡 BIM 指南》是一本参考性指南，概括了各项目成员在采用建筑信息模型（BIM）的项目中不同阶段承担的角色和职责，是制定《BIM 执行计划》的参考指南，包含了 BIM 说明书和 BIM 模型及协作流程。

5. 韩国 BIM 标准

韩国有韩国国土海洋部、韩国教育科学技术部、韩国公共采购服务中心等多个政府机关致力于 BIM 应用标准的制定。其中，韩国公共采购服务中心下属的建设事业局制定了 BIM 实施指南和路线图。韩国国土海洋部分别在建筑领域和土木领域制定 BIM 应用指南。《建筑领域 BIM 应用指南》于 2010 完成并发布，是建筑业业主、建筑师、设计师等采用 BIM 技术时必需的要素条件及方法等的详细说明。

6. 芬兰 BIM 标准

芬兰的 Senate Properties 于 2007 年发布了 BIM Requirements。其内容包括总则、建模环境、建筑、水电暖、构造、质量保证和模型合并、造价、可视化、水电暖分析及使用等，以项目各阶段于主体之间的业务流程为蓝本构成，包括了建筑的全生命周期中产生的全部内容，并进行多专业衔接，衍生出有效的分工。

以上皆为国外 BIM 模型技术标准的制定，我国也针对 BIM 在中国的应用与发展进行了一些基础性的研究工作。2007 年，中国建筑标准设计研究院提出了《建筑对象数字化定义》(JG/T 198—2007)，其非等效采用了国际上的 IFC 标准《工业基础类 IFC 平台规范》。《建筑对象数字化定义》规定了建筑对象数字化定义的一般要求、资源层、核心层及交互层，它适用于建筑物生命周期中各个阶段内以及各阶段之间的信息交换和共享，包括建筑设计、施工、管理等，水利、交通和电信等建设领域的信息交换和共享可参考该标准。2008 年，由中国建筑科学研究院、中国标准化研究院等单位共同起草了工业基础类平台规范（国家指导性技术文件），此标准等同采用 IFC，在技术内容上与其完全保持一致，仅为了将其转化为国家标准，并根据我国国家标准的制定要求，在编写格式上做了一些改动。中国香港的房屋署 BIM 应用推动有力且较深入,招标文件中明确要求用 BIM 提交文档,配套研究也很深入,已经编制房屋署内部 BIM 标准。我们可以在已有工作基础上经过研究,参考 NBIMS,结合调研建立一个中国建筑信息模型标准框架(Chinese Building Information Modeling Standard,简称 CBIMS)。

3.5.2 国内 BIM 模型技术标准

我国 BIM 标准研究起步较晚。1998 年,国内专业人员开始接触和研究国际 IFC 标准,2000 年,IAI 开始与我国政府有关部门、科研组织进行接触,2005 年 6 月,中国的 IAI 分部在北京成立,标志着中国开始参与国际标准的制定。

2007 年,中国建筑标准设计研究院通过简化 IFC 标准提出了《建筑对象数字化定义》标准,该标准根据我国国情对 IFC 标准改编而来,其规定了建筑对象数字化定义的一般要求,但未对软件间的数据规范做出明确要求,只能作为 BIM 标准的参考。2008 年,中国建筑科学研究院和中国标准化研究院等机构基于 IFC 共同联合起草了《工业基础类平台规范》。

2011 年 12 月,由清华大学 BIM 课题组主编的《中国建筑模型标准框架研究》(CBIMS)第一版正式发行。CBIMS 的体系结构与 NBIMS 类似,针对目标用户群将标准分为两类,一是面向 BIM 软件开发提出的 CBIMS 技术标准,二是面向建筑工程施工从业者提出的 CBMNS 实施标准。从技术标准上升到实施标准,从资源标准、行为标准和交付标准三方面规范建筑设计、施工、运营三个阶段的信息传递。CBIMS 框架分为技术规范、解决方案和应用指导,其中 CBIMS 技术规范分为数据交换、信息分类和流程规则,也是同国际三大标准(数据储存标准 IFC、信息语义标准 IFD 和信息传递标准 IMD)接轨的关键。CBIMS 解决方案包含技术选择说明、对应 CBIMS 说明和构件详细说明,旨在打破 BIM 的数字化资源瓶颈,将数字化图元的建立和组装标准化。CBIMS 应用指导包含场地制作、工程建模和模型应用,解决用户理解并应用框架的问题,最终用标准数字化图元搭建模型并进行建筑信息分析。

2012 年 1 月,住房和城乡建设部将《建筑工程信息模型应用统一标准》等 6 本 BIM 标准列为国家标准制定项目。2013 年 1 月,住房和城乡建设部将《建筑工程施工信息模型应用标准》列为国家标准制定项目。2013 年 1 月,中国工程建设标准化协会 BIM 标准专业委员会成立,简称"中国 BIM 标委会"。

下面从国家和地方 BIM 标准对我国 BIM 标准发展现状进行描述。

(1)住建部批准 7 本国家标准立项,具体如下:

统一标准:《建筑工程信息模型应用统一标准》已发布。

基础标准:《建筑工程信息模型存储标准》《建筑工程信息模型分类和编码标准》。

执行标准:《建筑工程设计信息模型交付标准》《建筑工程施工信息模型应用标准》《制造工业工程设计信息模型应用标准》《建筑工程设计信息模型制图标准》。

(2)由中国 BIM 发展联盟发起,中国 BIM 发展联盟成员单位承担的《专业 P-BIM 软件技术与信息交换标准》系列已于 2015 年 10 月通过审查。系列标准由 21 个专业标准组成,涵盖了建筑工程全生命周期各阶段,包含了地基基础设计、规划和报建、规划审批、混凝土结构施工图审查、建筑基坑设计、绿色建筑设计、岩土工程勘察、电气设计、混凝土结构设计、混凝土施工、砌体结构设计、钢结构设计、地基与基础工程监理、钢结构施工、工程造价管理、机电施工、建筑设计、给水排水设计、建筑空间管理、竣工验收等 P-BIM 软件技术与信息交换标准。

(3)北京市地方标准《民用建筑信息模型(BIM)设计基础标准》于 2014 年 9 月 1 日正式

发布并实施。

（4）广东省于2015年4月启动地方标准《广东省建筑信息模型应用统一标准》编制工作。

（5）深圳市工务署于2015年5月发布《深圳市建筑工务署政府公共工程BIM应用实施纲要》和《深圳市建筑工务署BIM实施管理标准》。

（6）上海市城乡建设和管理委员会于2015年6月发布《上海市建筑信息模型技术应用指南（2015版）》。

（7）广西壮族自治区于2017年2月发布工程建设地方标准《建筑工程建筑信息模型施工应用标准》。

（8）湖南省于2017年8月发布湖南省工程建设地方标准《湖南省民用建筑信息模型设计基础标准》。

3.6　BIM 应用的局限和相应建议

虽然BIM能为行业带来巨大的价值，但我们也看到，目前国内大部分设计院在实施BIM方面并不是一帆风顺，而是遇到各种各样的困难。与普及二维CAD软件相比，普及三维BIM软件面临的阻力和难度只会更大。

1. BIM 技术应用阻力（外因）

现有的二维设计所带来的不足，被当前产业和市场所容忍。比如，施工人力成本和场地成本较低，由于设计缺陷所造成的工程问题解决成本也相对较低。国内现在大搞建设，设计院有干不完的活，这让大家觉得没有时间去搞BIM软件的培训。同时3D设计的收益和成本未被良好的评估或未被市场所认可。

3D设计及BIM对构件元素具有一定依赖性，国内软件公司基本没有BIM概念的设计软件，而国外软件产品在构件元素的本土化上做得不够，这就使得国内设计院如果要使用BIM设计软件，就必须自己开发构件，这对于设计院来说，是很难承受的。

BIM意味着一个全新的建筑行业的操作模式，如果没有政府的介入，没有政府进行大力推行，大家都不愿意去打破目前的操作方式。另外，国内也缺失一套可参考的BIM操作模式的实例。

2. BIM 技术应用困难（内因）

从手工制图到2DCAD的迁移，从流程和结果的角度看，并没有本质上的不同。而从2DCAD到3DBIM的转变，从思维的方式到管理的理念，却有太多颠覆性的改变。CAD和BIM不仅仅是两个工具的区别，无论是过程的协作方式，还是最终利益的分割，BIM都呈现了与传统方式截然不同的图景。因此，从CAD到BIM的转换过程难度很大，需要克服的问题非常之多。现在很多人在接触BIM后认为BIM这个理念很好，但在实际项目中很难实现。

用BIM做设计难在需要整个团队的紧密配合，在各个环节间无缝衔接；难在必须要考虑很多在CAD时代不需要考虑的细节表达以及不一致的平立剖视图表达；难在平面图纸和立面设计缺少协调，合在一起的模型和渲染图相差巨大；难在各个专业自己的模型很完美，如果整合到一起有太多错漏碰缺。

设计企业会关心BIM能否省钱，是否赚钱，是不是可以用同样人和时间完成更多的工作量。而 BIM 是一个长期投入和持续提高的过程,精益求精,厚积薄发。BIM 可以提高协作水平,优化设计过程,控制设计质量,但是很难在短期内增加企业产量。现在的设计行业非常火爆,多做项目快出图,在经济效益上更加实惠。而 BIM 不是如此的立竿见影,需要较大的投入和回报周期,甚至有不确定性和风险。BIM 可以帮助设计人员做好的设计产品,却不太会带来直接的经济效益。多数业主不会关心你用了什么,你用了 BIM 也不愿多付设计费。

3. BIM 技术应用建议

应用 BIM 有内部和外部的推动力。现在越来越多的业主要求用 BIM 做项目,政府相关部门和行业协会在大力推动 BIM,软件公司和舆论也在积极推广和造势。来自竞争对手的压力和合作单位的需求,也使设计企业不得不去考虑 BIM。

无论外因如何驱动,最本质的动力应该来自内部。应用 BIM,首先要为自己服务,让设计企业和设计人员从中受益。BIM 可以提高协作水平,优化设计过程,得到高质量的设计结果。通过高质量的设计交付,可以直接和间接地控制施工安装,直至最后竣工建筑的质量。这会为业主带来实质的好处,同时提高设计企业的品牌价值和口碑。

3.7 应用实例

项目名称:重庆国际马戏城——基于 Revit 平台的复杂建筑 BIM 应用。

3.7.1 项目概况

重庆国际马戏城位于重庆市主城区弹子石组团 A 标准分区,总用地面积 3.333 公顷,总建筑面积 3.72 万 m^2。建筑功能包括主表演馆、配套服务设施、动物驯养用房和办公公寓 4 个部分,是重庆十大文化建筑之一。

方案设计理念来源于马戏表演动静和谐、亦真亦幻的效果呈现。如图 3-18 所示,造型中两条扭动流转的曲线契合了重庆山环水绕的城市景观与自然肌理,隐喻连绵起伏的群山与曲转流长的长江,以其独特的外观效果成就了建筑自身的标志性。

主表演馆建筑面积为 21 847m^2,建筑高度 49.78m,座位数 1 489 座。主表演馆的建筑形态通过两组空间曲线生成两片相互包裹的曲面,围合出马戏剧场的主要空间,如图 3-19 所示。内侧曲面圆润、饱满,外侧曲面舒展平缓,自然延伸为屋面飘带,与售票亭、餐饮、零售等商业设施有机的融合在一起。

图 3-18　重庆国际马戏城沿江效果图　　　图 3-19　重庆国际马戏城主表演馆效果图

3.7.2　项目挑战及解决方案

鉴于重庆国际马戏城项目的复杂性和重要性,在设计合同签订时业主明确提出:要求设计单位交付 BIM 成果模型,标准是要求模型能进行施工指导和定位。北京市建筑设计研究院有限公司(简称北京院)在该项目中实现了由方案设计到施工图全过程全专业的 BIM 技术应用,目前已完成施工图设计。

重庆国际马戏城项目的技术挑战包括:

(1)以 Autodesk Revit 软件为基础,建立建筑、结构、设备、电气全专业三维模型。

(2)将 CATIA 软件建立的参数化外幕墙模型与 Autodesk Revit 软件建立的室内模型整合为一体,形成完整的建筑信息模型。

(3)利用三维信息模型辅助设计,进行各专业定性分析与定量计算。

(4)利用三维信息模型与相关分包设计单位进行技术配合。

基于以上挑战,重庆国际马戏城项目组建立了专门的 BIM 设计小组,在初步设计和施工图设计阶段,完成了模型建立、复杂空间分析、功能优化设计、幕墙优化设计、管线综合设计等一系列工作。

3.7.3　全专业 BIM 模型

在方案设计阶段,应用 Rhinoceros 软件将手工工作模型快速转化为计算机模型,并借助计算机模型对方案进行造型推敲、曲面优化、视线分析、面积控制,完成由感性创意到理性设计的回归,方案设计阶段模型如图 3-20 所示。

图 3-20　方案设计阶段模型

在初步设计和施工图阶段,将 CAD 图纸导入 Autodesk Revit 软件中,建立重庆国际马戏城项目的全专业模型。整个项目模型分为建筑结构模型、设备模型(暖通空调、给排水、消防系统)、电气模型(强弱电桥架)和场地模型 4 个模型文件,通过 Autodesk Revit 软件的"复制、监视"功能实现各模型之间的实时信息更新,主表演馆 Revit 模型如图 3-21 所示。通过三维模型的建立,设计师能够直观准确地理解复杂的建筑空间,最大限度地弥补了二维设计的缺陷和不足,直接指导施工,准确表达设计意图。

图 3-21　重庆国际马戏城主表演馆 Revit 模型

3.7.4 外幕墙的优化与表达

马戏城主表演馆外幕墙是复杂的双轨曲线曲面,在方案深化设计中,使用 CATIA 软件建立外幕墙模型,包括幕墙金属板、幕墙龙骨、结构圈梁、弧形结构柱等与幕墙曲面相关的各项内容,如图 3-22 ~ 图 3-26 所示,通过 Rhinoceros 软件将其导入 Autodesk Revit 模型,整合为一个整体。

幕墙模型建立后,对曲面平滑度进行分析,通过不断优化生成曲线,最终获得无曲率突变、光滑度较高的外幕墙曲面,并对曲面曲率进行分区间统计(图 3-27),为幕墙深化提供基础数据。

图 3-22 主表演馆外幕墙模型

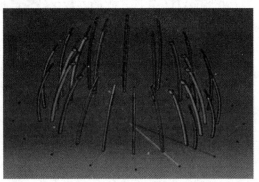

图 3-23 主结构柱模型

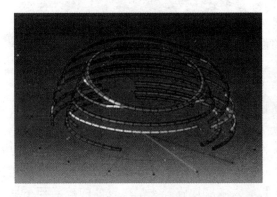

图 3-24 幕墙圈梁模型

图 3-25 幕墙龙骨模型

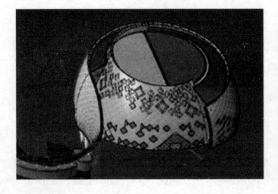

图 3-26 幕墙模型

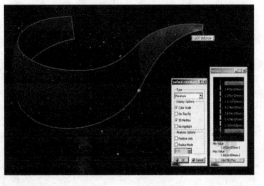

图 3-27 曲面曲率分析

根据建筑外观效果,通过斜向菱形网格对外幕墙曲面进行划分(图3-28),并通过控制曲面面板的最小尺寸和最大尺寸,由软件自动完成曲面划分,建筑师对多次划分后的外观效果进行比选,确定最终划分方式。

对幕墙曲面划分后获得的每一块面板都是双曲板,并且没有两块面板是完全一样的曲面,若按照划分结果直接进行面板施工,将会使幕墙造价异常高昂。建筑师通过软件统计每一块曲面板最高点及角点到平面的距离,确定合理的优化程度,将60%的双曲板优化为平板(图3-29),其余全部优化为单曲板,在保证建筑整体效果的前提下,大大降低了工程造价。

图3-28 对外幕墙曲面进行分格

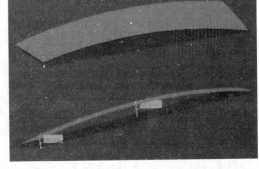

图3-29 将满足条件的双曲面板优化为平板

利用强大的信息统计功能,对每一块幕墙面板进行编号,并对其定位坐标、颜色、材质、开洞数量、开洞尺寸和开洞位置等信息进行统计梳理(图3-30),为指导施工提供了可靠的数据信息。

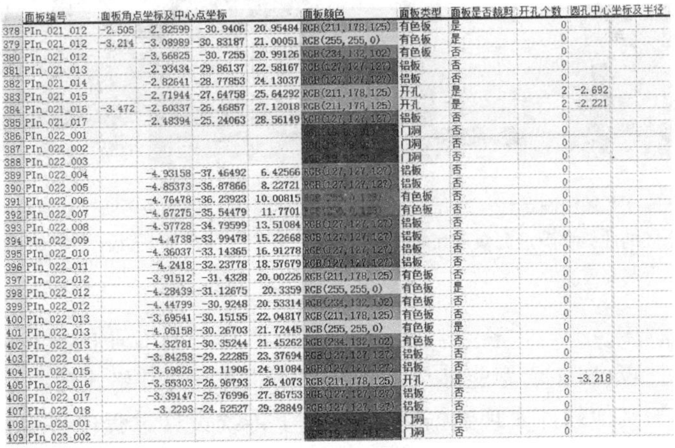

图3-30 幕墙面板信息统计图

3.7.5 BIM 模型辅助复杂空间设计

剧场类建筑在观众席下部、前厅、舞台等部位会形成一些复杂的异型空间,此类空间的合理性和可利用性需要借助三维模型分析得出结论。

马戏城主表演馆的前厅与观众厅之间通过一道弧形墙进行分隔(图3-31),它既是结构构件也是造型元素,同时还是主表演馆前厅的设计亮点。这道弧形墙的定位受到多个条件的制约:首先,弧形墙在一层平面的位置要保证售票、存衣、零售空间的合理宽度(图3-32);其次,弧形墙在二层空间的曲线要满足观众走廊的有效通行宽度与高度,避免产生压抑感(图3-33);再次,弧形墙与外幕墙的交点要位于屋面结构之下(图3-34)。借助 Autodesk Revit 模型能够同时生成多个平面与剖面的特点,建筑师能够快速准确地获得满意的曲面定位,保证前厅最终的空间效果。

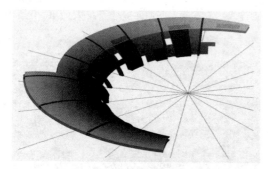

图3-31 主表演馆前厅弧墙模型

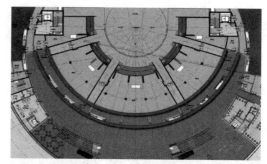

图3-32 主表演馆前厅弧墙限制条件 – 1(弧形墙在一层平面的位置要保证售票、存衣、零售空间的合理宽度)

图3-33 主表演馆前厅弧墙限制条件 – 2(弧形墙在二层空间的曲线要满足观众走廊的有效通行宽度与高度)

图3-34 主表演馆前厅弧墙限制条件 – 3(弧形墙与外幕墙的交点要位于屋面结构之下)

在方案深化过程中,结构、设备、电气等专业需要应用各自专业的分析软件对建筑方案进行定性分析与定量计算,BIM 模型能够与其他专业软件进行文件格式转换,模型中所携带的大量信息数据也能够与其他软件实现数据共享,避免了传统设计过程中各专业要多次建立各种文件格式建筑模型的重复性工作,提高了设计师的工作效率。

结构设计中借助 AutoCAD 将 Autodesk Revit 模型导入 Fluent 软件,对建筑进行风荷载数值模拟,确定实际风压分布,为结构和幕墙设计提供准确依据。同时应用 SAP2000、Midas 等结构计算软件,对建筑主体结构进行结构变形分析,根据计算结果修正 Autodesk Revit 模型,为建筑和机电专业的深化设计提供条件。

复杂结构节点采用 CATIA 建模,将 CATIA 模型导入 ANSYS Workbench 14 进行节点分析,根据计算结果进行节点三维放样,对二维设计进行优化。以屋架钢架节点为例(图3-35),在三维放样模型中进行了五项内容的优化:一是将原设计的一个支座修改为两个支座,方便钢结构加工,同时传力更清晰;二是优化灌浆孔位置和尺寸;三是修改埋件角钢形状和数量以利穿筋;四是修改穿筋形式,将整段箍筋分成2段,方便施工;五是优化钢筋弯折形式并调整钢筋排布和规格。

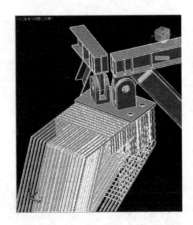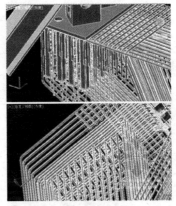

图 3-35 屋面钢架节点三维放样模型

消防设计中利用 Autodesk Revit 模型模拟多个标高的消防水炮保护范围(图 3-36),校核水炮放置位置,利用最少数量的消防水炮实现最大范围的保护。

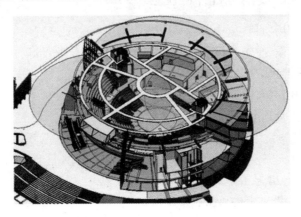

图 3-36 消防水炮保护范围模拟

主表演馆观众厅与舞台之间无物理分隔,需要借助舞台马道的构造布置照明灯具。借助 Autodesk Revit 模型准确的空间数据信息,采用 CalcuLux Area 照明设计软件对观众厅进行分析,得出合理的灯具布置及灯具设计参数。

3.7.6 管线综合设计与碰撞检查

管线综合设计与碰撞检查的目的是避免碰撞,解决各专业间的冲突,明确管线标高以及辅助确定施工顺序等。传统二维设计中的管线综合设计是通过绘制关键点剖面图进行各专业间的协调,而在三维设计中则可以利用 BIM 模型直接反映各专业条件,利用 Autodesk Navisworks 软件进行碰撞检查,管线综合设计的效率可以大大提升。

马戏城主表演馆的机电用房主要集中在地下一层与地下二层,涉及的机电管线包括通风空调系统、空调水系统、给排水系统、消防水系统、强弱电系统等。利用三维模型进行碰撞检查时会产生大量碰撞错误,为使碰撞检查结果清晰明确,对土建结构与机电系统、机电系统之间分别进行碰撞检查,如图 3-37 和图 3-38 所示。"硬碰撞"即时进行调整和修改,对结构管道所进行的列表说明无须在图纸中表示出来,便于下一步指导施工。

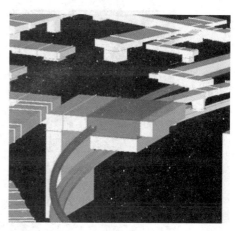

图 3-37　地下一层结构梁与空调风管碰撞　　图 3-38　地下一层空调风管与电气桥架碰撞

3.7.7　应用 BIM 模型进行外部配合

作为大型综合性剧场项目,重庆国际马戏城在施工图完成过程中需要进行消防性能化设计、节能审查、舞台机械设计、园林设计、内部精装修设计等专项设计,这些专项设计由专业设计公司配合完成,而设计单位提供的 BIM 模型能够为专项深化设计提供准确的数据条件,使专项设计能够快速展开,并与设计单位密切配合。

由于主表演馆的观众区与舞台区无法进行分隔,设计单位委托公安部四川消防研究所(简称川消所)进行消防性能化设计。川消所使用火灾情况模拟软件 DFS 和疏散模拟软件 STEPS 对主表演馆进行火灾模拟和疏散分析,需要设计方提供准确的建筑三维模型。设计方将 Autodesk Revit 模型导出为 .dxf 文件,利用 Pyrosim 软件与 DFS 软件实现无缝对接,配合川消所完成了消防性能化设计(图 3-39 和图 3-40)。

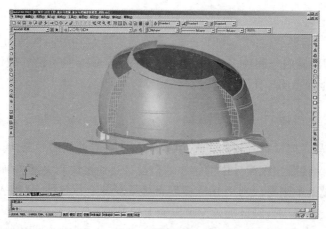

图 3-39　.dxf 文件直接导入 Pyrosim 工具

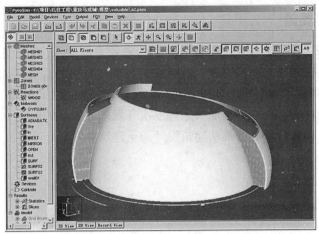

图 3-40 添加火灾参数条件生成.fds 文件进行模拟计算

马戏剧场中舞台机械较普通剧场更为复杂,舞台区上方除常规马道外还需要设置与表演区和观众区大小相同的多层栅顶,以及表演需要的多处飞行器设施。这些舞台机械设计与建筑主体结构联系紧密,而马戏城主表演馆内部空间和屋顶钢结构体又较为复杂,舞台机械设计方需要多个非楼层标高平面和多个位置的剖面才能将舞台机械的设计内容表达清楚。设计单位利用 Autodesk Revit 模型可以随时剖切出不同标高的平面和不同位置的剖面,满足舞台机械设计需求,并提供相应角度的剖透视帮助舞台机械设计方理解空间关系,如图 3-41 和图 3-42 所示。

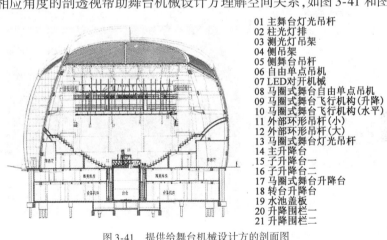

01 主舞台灯光吊杆
02 柱光灯排
03 测光灯吊架
04 侧吊架
05 侧舞台吊杆
06 自由单点吊机
07 LED对开机械
08 马圈式舞台自由单点吊机
09 马圈式舞台飞行机构(升降)
10 马圈式舞台飞行机构(水平)
11 外部环形吊杆(小)
12 外部环形吊杆(大)
13 马圈式舞台灯光吊杆
14 主升降台
15 子升降台一
16 子升降台二
17 马圈式舞台升降台
18 转台升降台
19 水池盖板
20 升降围栏一
21 升降围栏二

图 3-41 提供给舞台机械设计方的剖面图

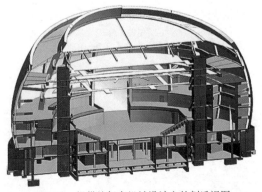

图 3-42 提供给舞台机械设计方的剖透视图

3.7.8 BIM 展望

项目初始,基于重庆国际马戏城项目的复杂性和业主的需求,选择使用 BIM 技术。随着设计方案的不断深入,BIM 在项目管理、专业协同、数据提取上的优势逐渐显露出来。BIM 技术为整个建筑行业提供了一个应用平台,让业主、设计方、施工方、运营方、城市管理方能够在同一平台上获取信息展开工作,并且能够通过二次开发拓展模型的应用。随着 BIM 相关软件的不断完善和丰富,BIM 技术必将推动建筑设计乃至建筑工程全行业的技术进步。

第4章
桥梁设计阶段的 BIM 应用

　　桥梁是线形结构体系,其设计涉及大量构件,为了满足桥梁的安全要求,往往对各类构件及构件之间的连接要求较高,这使得构造更加复杂。在复杂的结构设计要求下,往往很容易出现冲突,例如配筋、连接、安装等,这些冲突对于预制安装的桥梁构件更加显著。随着我国工业化建设的发展,越来越多的桥梁结构开始将现场浇筑施工转移到工厂预制和现场装配,从而通过工厂高效率和高质量的流水线式制造技术,保证桥梁构件的施工质量,同时极大减少了现场作业带来的资源浪费和环境污染问题。工厂预制构件在现场进行连接装配,形成结构体系。这就要求各种连接构件在设计图纸下能够很好地进行匹配连接,而一旦连接质量不能达到要求,或者出现不能连接的问题,则直接影响整个公路桥梁的建设质量。然而,目前我国的桥梁工程设计,仍然依赖传统的二维设计图纸,通过合并不同构造图、详图和总图等检查可能的冲突及构造不合理之处。这种设计理念对工业化建造体系下的装配式桥梁施工配合效率低下,一旦在施工中发现构造冲突和不合理,只能通过修改设计图纸和现场施工调整的方式解决,造成工期拖延和不经济。

　　根据以上对桥梁设计特点的分析,应用 BIM 技术可以极大地改造和优化桥梁设计。首先,桥梁 BIM 模型提供了桥梁全寿命过程的可视化信息模型,为全寿命分析与计算提供了基础,也为各种信息的沟通提供了直接载体,提高了管理效率。其次,桥梁 BIM 模型为设计的合理性提供了检验标准。通过 BIM 模型可以对设计构造进行直观评判,有利于设计的优化,同时有利于各种设计的检错查重,提高了设计方案的实施性。再次,桥梁 BIM 模型为设计材料通算、结构安全分析、施工方案拟定等都提供了基础方法,具有深远的影响和意义。因而,需要充分利用 BIM 技术这一优势,将其应用于桥梁工程领域中,进一步促进该技术对桥梁设计与施工的改造,实现前沿发展。BIM 技术改造升级现有的二维图纸设计,其基本流程如图 4-1 所示。首先,通过对初始二维图纸的收集工作,获得桥梁结构的基本信息,并以此构建三维模型图。其次,通过对三维模型图的检错分析和可视化分析,确定图纸中可能存在的碰撞问题和遗漏问题,并以此进行调整修改二维图纸,这就融合了 BIM 技术。最后,通过上述阶段的反复调整和修改,直到不出现设计问题,完成桥梁的设计工作。

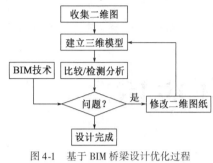

图 4-1　基于 BIM 桥梁设计优化过程

4.1　BIM 技术在桥梁设计阶段的应用现状

随着《中国制造 2025》的强国纲领以及"互联网 +"行动计划的提出,信息化存在巨大应用发展空间,以 BIM 技术为代表的新型信息技术价值凸显,我国对 BIM 的推进发展给予很多政策支持,不同工程结构领域越来越多的业主、建设单位也提出明确的 BIM 要求,BIM 逐渐成为一些项目准入的必迈门槛。与此同时,经过多年理论研究与工程实践,BIM 正在快速而深远地影响着桥梁工程建设的发展,已逐渐成为提高桥梁技术水平与管理效能的重要信息化手段。桥梁工程相关领域的 BIM 应用日渐增多:新白沙沱长江大桥、济南黄河公铁两用桥、港珠澳大桥、沪通长江大桥、怒江长江大桥、镇江长江大桥等都已或正在运用 BIM 技术服务于项目,许多桥梁工程 BIM 技术应用得到业内专家认同,获得了国内多项 BIM 大赛奖项,BIM 带给设计、施工和运营单位的效益也逐步产生。

目前,桥梁工程 BIM 技术应用仍以单点为主,且各工程应用对象、实施主体、策略重点皆不完全一致。因此,为宏观了解 BIM 技术在桥梁工程的应用现状,有必要对桥梁工程 BIM 应用情况进行调研和分析。

选取 20 座桥梁进行 BIM 技术应用调研(表 4-1),调研对象涉及不同结构形式和技术复杂度,从空心板梁、预应力混凝土连续梁到钢桁梁桥、钢桁拱桥、斜拉桥、悬索桥等,包括各种小、中、大跨度(15.2 ~ 1 092.0m),功能涵盖公路桥、市政桥、铁路桥、公铁两用桥、景观桥。

桥梁 BIM 技术应用调研对象　　　　　　　　　　　　　表 4-1

序号	桥　名	结构形式	序号	桥　名	结构形式
1	赣江二桥	主跨 110m 独塔斜拉桥	4	合肥南环线钢桁架柔性拱桥	主跨 229.5m 的钢桁架柔性拱
2	永州长江大桥	主跨 608m 双塔双索面混合斜拉桥	5	北盘江特大桥	主跨 445m 上承式钢筋混凝土拱桥
3	南昌港口大道Ⅲ标市政桥	主跨 30m 预应力混凝土连续梁	6	夜郎河双线特大桥	主跨 370m 钢管混凝土拱梁

续上表

序号	桥　　名	结　构　形　式	序号	桥　　名	结　构　形　式
7	乐清湾大桥	2号桥主跨365m双塔整幅叠合梁斜拉桥	14	沪通长江大桥	主跨1 092m的斜拉桥
8	潭江特大桥	主跨256m独塔混合梁斜拉桥	15	新白沙沱大桥	主跨432m双层六线铁路钢桁梁斜拉桥
9	梅山春晓大桥	主跨336m中承式双层桁架拱桥	16	叶盛黄河桥	预应力混凝土连续箱梁
10	范蠡大桥	主跨336m三塔四跨单索面斜拉桥	17	摩洛哥叠合梁	主跨378m叠合梁斜拉桥
11	南昌朝阳大桥	主跨150m波形钢腹板PC组合梁斜拉桥	18	欧如谷河大桥	普通钢筋混凝土空心板梁
12	虎门二桥	主跨1688m双塔双跨钢箱梁悬索桥	19	济南黄河公铁桥	主跨180m刚性悬索加劲连续钢桁梁桥
13	瓯江北口大桥	主跨800m三塔四跨双层钢桁架悬索桥	20	淮安市淮海路跨京杭运河大桥	主跨152m圆塔形独塔双索面斜拉桥

1. BIM软件的应用现状

Tekla、Bentley、Revit、CATIA等主流BIM建模软件在20座桥梁中皆有应用,应用分布情况见图4-2。

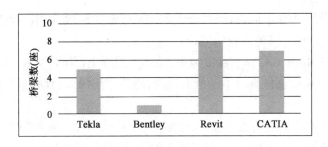

图4-2　不同建模软件应用分布情况

注:1. Autodesk Inventor Professional划归于Revit统一考虑。

2. 新白沙沱大桥采用CATIA和Tekla两种软件,按两座桥梁计。

由图4-2可知,桥梁结构BIM建模以Revit、CATIA和Tekla 3款软件为主。若桥梁简单按材质划分,混凝土桥梁以Revit为主,Tekla专长于钢桥,CATIA在钢桥和混凝土桥梁中都有成熟应用,特别是异型或复杂构型的钢结构。

2. BIM技术应用点应用现状

设计阶段基于BIM软件有很多技术应用点,主要包括参数化建模、族库(模板)、设计复核(差错漏碰)、工程量统计、正向设计、与有限元结合、二维出图应用等,如图4-3所示。

由图4-3可知,设计阶段应用重点在于二维出图、设计复核、工程量统计。考虑二维出图多基于BIM软件本身自动生成,且BIM设计多数是基于二维的翻模,因此二维出图仅是价值点的探索,对设计实际意义不大。工程量统计本身对应于精细化建模,模型精度若达不到相应的程度(施工图设计 LOD350),工程量统计结果也仅是参考。实际应用中,设计复核价值点比较突出,若与其他专业协同后更是如此(仅有 1 座桥采用了协同设计平台)。参数化建模与族库搭建有利于设计 BIM 成果的积累。与有限元软件结合将会避免重复建模,能提高分析效率。

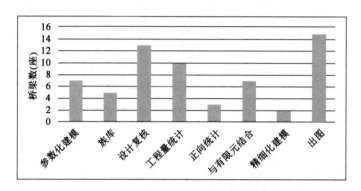

图 4-3   设计阶段 BIM 技术应用点分布情况

通过对 20 座桥梁 BIM 调研分析,我国 BIM 设计阶段应用现状如下:

(1)BIM 技术应用范围广。不仅应用在结构复杂的特大型桥梁结构中,在常规的中小跨度桥梁也有所普及。应用阶段以设计阶段为主,但部分桥梁也提到和正在践行 BIM 全生命周期的应用。

(2)以 BIM 为代表的信息技术与桥梁工程应用逐步融合,构建了从物质实体世界向数字化架构发展的生态模式。

(3)少数桥梁采用 BIM 正向设计,其余大多是基于施工阶段应用而反推设计阶段 BIM 的三维翻模,一般没有考虑与其他专业协同设计。

(4)建模软件以 Revit、CATIA、Tekla 为主,总体上混凝土桥梁以 Revit 为主,钢桥以 CATIA 和 Tekla 为主。单一 BIM 软件解决不了所有问题,随着应用深入,有向多个软件共同应用发展的趋势。

(5)BIM 技术从单软件的功能级应用,逐渐向多端系统平台、集成管理等方面靠拢。

(6)随着钢结构的普及,BIM 技术在钢桥上的设计应用日益增加。

4.2 BIM 技术在桥梁设计阶段的应用前景

BIM 技术在桥梁设计阶段的应用前景体现在以下 5 个方面:

1. 快速建模技术

从当前发展趋势来看,BIM 技术是有望完成快速建模的。这主要是因为 BIM 技术可以将整个工程的设计都变成一个 3D 的模拟结构模型,这样的模型结构就能够让设计者直接看到整个桥梁的工程结构,从而将一些通用的地方提取出来,来完成快速建模。其主要的操作步骤有如下几步:第一步是建设一个模型库。这个模型库的主要内容就是当前最为常用的桥梁设计中的通用设计,这些设计能够非常好地在设计初期就提供一系列的参考,而且可以直接付诸使用,因此能够达到快速建模的效果。第二步是类型库的建立,不同的桥梁类型,其设计的方案也是不同的。但是无论如何进行设计,都离不开几种特定的类型,这些特定的类型就是所谓的通用类型。之前建立的模型库可以和这个类型库相互结合,来快速匹配出一个桥梁设计的初步模型。在完成了这两步的情况下,就可以进行后续的补足,前两步极大地节省了设计的时间,因此就完成了快速建模的任务。

2. 整合分析技术

桥梁设计中的 BIM 新型技术有一个比较明显的优点就是它可以针对各个方面的各种信息进行收集、处理并且整合,BIM 技术主要是针对以下两方面进行数据信息整合:一是针对桥梁整个设计过程的相关数据进行处理整合;二是针对桥梁设计整个设计过程当中所需要用到的相关信息进行处理整合。在桥梁结构设计利用 BIM 新型技术进行数据建模工程的时候,相关的工作人员必须保障在这整个建模过程之中,每一道工序都可以合理科学地运行,不只要保障工序,还需要在这基础之上保障整个数据建模的有序合理运行。在进行数据建模的时候,主要通过计算机中的三个维度将多个相关的集合信息相结合,然后再进行具体的建模工作。当然,在建模的过程当中还需要着重注意的就是,在桥梁结构进行建造的过程当中究竟要选取什么样的建筑材料来投入到桥梁工程当中,还有这些材料在不同的结构之间相互连接采用多大的尺寸,以及在建筑的过程中需要多少的构建等一系列问题。想要解决以上所述的这些需要注意的问题,就需要在一定的建模基础之上进行数据建模,而我国从老式的传统 CAD 制图技术发展到现在的 BIM 建模技术,这足以看出我国土木领域在结构设计领域的突破和明显进步。

3. 3D 出图技术

在当前来看,BIM 的出图技术与传统的出图技术是完全不同的。其主要的区别在如下几个部分:

(1)图纸的模式

传统的设计图纸大多都是 2D 的图纸。这样的 2D 图纸在当前来看存在着非常多的缺陷,首先是无法直观地、立体地表现出工程的样貌,而且需要补充许多的参数才能够让施工人员真正看懂这些图纸。因此在施工的时候,就很容易出现一系列的问题。这些都是当前最需要改进的。而 BIM 技术下的图纸是 3D 图纸,3D 设计在当前来看,能够让人们直观地了解到设计图的具体内容,而且能够真实地再现出整个设计的原貌。这就为施工带来了极大的便利。

(2)表达的模式

在当前来看,我国的桥梁工程已经得到了极大的改进,出现了许多新的桥梁设计方案,在这种情况下,原本的 2D 表达模式就已经显得非常的不够用,因为这种传统的模式无法表达出一些全新的内容,这就催生出了 3D 技术。

4. 精准工程量统计

在 2D 技术设计时代,CAD 平面图纸储存的仅仅局限于点、线、面等基本信息,计算机不能直接计算 CAD 平面图纸包含的有限的构件数据信息,所以需要依靠人工根据 CAD 平面图纸进行工程量的计算与统计,或者使用相对专业、先进的造价计算软件。前者需要耗费大量的人力,且容易出现错误。后者的工程量统计也是建立在建模的基础上,假如方案调整,造价的模型也要不断更新,如果数据变化之后,那么这些滞后工程量数据也失去了它本身该具有的作用。今后桥梁工程使用 BIM 技术,那么整个桥梁工程的信息都可以储存在模型数据库中,而且这些数据信息可以直接被计算机所读取,并且可以快速有效地对各个构件进行工程量的统计分析,大大减少了因人工操作带来的统计错误,同时实现了工程量数据随着构件设计变化实时输出真实有效的工程量数据。通过 BIM 获得的准确有效的工程量数据可以用于方案拟定阶段的成本估算,从而进行方案对比、选择,同时这些工程量数据可以直接用于施工前的工程量预算和施工结束后的工程量决算。

5. 全专业协同设计

采用 BIM 技术可以使工作变得可以传递。在整个建模的工作过程中,BIM 技术还有一个非常显著的优点就是这项技术可以将相关的数据进行传递并且统一,进而可以将整个系统的管理都变得自动化,当相关的工作人员需要对某项数据进行修改的时候,就可以实现直接调动需要进行修改的数据而不影响其他数据,也不需要对进行相关处理过的图纸进行修改或者是修改整体工作当中所需要的一些链接。BIM 新型技术可以通过其自身具有的传递功能对需要修改的受影响的数据针对性修改,这项技术不但可以在整体的工作当中降低相关设计人员的工作量,也可以在一定的程度上提高工作的效率,并且也避免了因为需要进行修改的数据过多而出现的一些错误。

6. BIM 模型与其他技术的集成应用成为趋势

学者们提出将 BIM 模型和二维码与射频技术、单点测量与三维扫描技术、云技术、RFID 技术等现有技术结合,这样的结合能够更好地发挥 BIM 技术在桥梁工程中的价值,更好地实现 BIM 理念。随着未来新兴技术的出现,BIM 技术将包含更加丰富的内容,有待于进一步挖掘。

4.3　BIM 技术在桥梁设计阶段的应用

BIM 在桥梁设计阶段的应用,通过利用 Revit 等参数化建模工具建立的桥梁三维实体模型可以很方便地根据实际需要调整尺寸,并将实际成桥效果实时动态展现,达到所见即所得,能够直观地将设计理念、设计效果直接以三维可视化模型为载体传递给项目决策者,极大地方便设计方案的调整,根据修改意见及时修改并呈现,并且可通过添加成本控制信息及时了解改动后的投资增减情况,使前期桥型桥式方案的快速确定十分便捷高效。模型建立完成后可通过三维渲染软件以真实场景渲染图的形式表达,或者生产三维漫游动画,方便业主决策方充分理解设计意图、设计理念,真实地反映项目与周围环境的立体关系。图 4-4 为某公路桥梁方案设计阶段采用 BIM 模型生成的模拟真实场景的桥梁三维漫游动画,汇报方案时生动、直观,远比以往呆板的三维渲染图信息量大、效果好,并且普通设计人员即可完成。

建立好详细的桥梁 BIM 模型后,紧接着要进行设计碰撞检查、纠错以及满足出图需求。由于桥梁结构内部三向预应力管道、斜拉索等空间相对关系错综复杂,而二维 CAD 图纸通常在不同的图纸表示不同的构件,容易导致设计时考虑不周发生管道碰撞、部件位置冲突等现象。项目不同人员之间沟通、协同也比较困难,设计质量得不到保证。部分特殊结构的复杂部位二维表示困难,具体实施时施工单位难以理解设计意图,造成不必要的损失。图纸表达造成的信息传递丢失,设计人员的设计信息不能完整地传递至施工单位、运营管理部门。图4-5可以清楚地看到桥梁的纵、横、竖三向预应力钢束按原布置方式发生的位置冲突,设计人员可以及时进行调整以避免后期设计变更,提高设计质量。

图4-4 某公路桥梁三维可视化漫游动画　　　　图4-5 碰撞检查发现钢束位置冲突

在设计阶段利用BIM技术可以完全避免上述现象的发生,桥梁结构部件均以真实的三维实体表达,利用软件自动进行碰撞检查,三维可视化技术交底等,设计信息可以很方便地保存在项目模型中提交给施工单位及业主,并且施工单位的施工信息和后期养护维修信息都能够很方便地添加进去,完整地进行信息传递,方便后期对结构部件追溯,及时发现问题成因。

4.3.1　BIM 技术在桥梁设计规划方案阶段的应用

BIM技术在桥梁设计的规划方案阶段主要是进行规划方案的比选,其应用内容为创建并整合方案概念模型和周边环境模型,利用BIM三维可视化的特性展现桥梁项目设计方案。规划方案阶段的目标就是确定桥式方案和大致的构想,如桥梁平面、断面、立面等。在规划方案阶段中涉及多个方案的比选分析,往往需要较长的时间,而方案的设计精髓需要非常准确地传递给业主。这时,BIM技术就体现了其三维可视化优势,不同桥型方案的BIM模型直接提供了设计者的构思方法,而且可以很方便地转化为立面图、平面图和断面图。另外,BIM模型实现了对所有构件的精细化建模,不仅能呈现三维信息模型的各个细节,还能实现材料的统计,节约大量时间。图4-6是某拱桥规划方案阶段的BIM模型,通过该BIM模型可以直观清楚地确定桥梁的空间形态和建成姿态,也可以很清楚地分析其中的设计施工难点,还可以明确桥上车辆的运营状况,这为设计方案的选择提供了很好的基础。

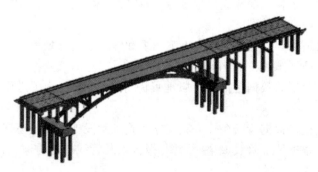

图4-6 某拱桥规划方案阶段的 BIM 模型

根据《市政道路桥梁信息模型应用标准》(J13456—2016)的规定,规划方案比选宜符合下列要求:

（1）电子版地形图宜包含周边地形、建筑、道路等信息模型，其中，电子版地形图为可选数据。

（2）图纸宜包含方案图纸、周边环境图纸（周边建构筑物相关图纸、周边地块平面图和地形图）、勘察图纸和管线图纸等。

规划方案比选的工作流程宜符合下列要求：

（1）数据收集。收集的数据包括电子版地形图、图纸等。

（2）根据多个备选方案建立相应市政道路桥梁信息模型，模型宜包含市政道路桥梁项目各方案的完整设计信息，创建周边环境模型，并与方案模型进行整合。

（3）校验模型的完整性、准确性。

（4）生成市政道路桥梁项目规划方案模型，作为阶段性成果提交给建筑单位，并根据建设单位的反馈修改设计方案。

（5）生成市政道路桥梁项目的漫游视频，并与最终方案模型一起交付给建设单位，规划方案必选的成果宜包括市政道路桥梁项目的方案模型、漫游视频等。

4.3.2　BIM技术在桥梁设计初步设计阶段的应用

BIM技术在桥梁设计的初步设计阶段分为管线搬迁与道路翻交模拟以及场地现状仿真。前者的应用内容为创建桥梁项目内综合管线，道路翻交模型，分阶段模拟管线搬迁，模拟桥梁项目构筑物外交通疏解过程，检查方案可行性。后者的应用内容为检查桥梁项目范围内与红线、绿线、河道蓝线、高压黄线及周边建筑物的距离关系。

1. 管线搬迁与道路翻交模拟

根据《市政道路桥梁信息模型应用标准》（J 13456—2016）的规定，管线搬迁与道路翻交模拟需准备的数据资料宜符合下列要求：

（1）电子版地形图宜包含周边地形、建筑、道路等信息模型，其中，电子版地形图为可选数据。

（2）图纸宜包含管线搬迁方案平面图、断面图，地下管线探测成果图，障碍物成果图，架空管线探测成果图，管线搬迁地区周边地块平面图、地形图，管线搬迁地块周边建筑物、构筑物相关图纸，道路翻交方案平面图、周边地块平面图、地形图等。

（3）报告宜包含地下管线探测成果报告、障碍物成果报告、架空管线探查成果报告等。

（4）规划方案阶段交付模型。

（5）管线搬迁与道路翻交方案宜包含方案图纸和施工进度计划等。

管线搬迁与道路翻交模拟的工作流程宜符合下列要求：

（1）数据收集。收集的数据包括电子版地形图、图纸、报告、施工进度计划以及规划方案阶段交付模型。

（2）施工围挡建模。根据管线搬迁方案建立各施工阶段施工围挡模型。

（3）管线建模。根据地下管线成果探测图、报告以及管线搬迁方案平面图、断面图建立现有管线和各施工阶段的管线模型。

（4）道路现状和各阶段建模。根据道路翻交方案，创建道路现状模型与各阶段道路翻交模型。模型能够体现各阶段道路布局变化及周边环境变化。

（5）周边环境建模。根据管线搬迁地区周边地块平面图、地形图创建地表模型，根据市政道路桥梁项目周边建构筑物的相关图纸创建周边建构筑物模型。

（6）校验模型的完整性、准确性及拆分合理性等。

（7）生成管线搬迁与道路翻交模型。实施施工围挡建模、管线建模、道路现状和各阶段建模及周边环境,经检验合格后生成管线搬迁与道路翻交模型。

（8）生成管线搬迁与道路翻交模拟视频。视频反映各阶段管线搬迁内容、道路翻交方案、施工围挡范围、管线与周边建构筑物位置的关系及道路翻交方案随进度计划变化的状况。

管线搬迁与道路翻交模拟的成果宜包括市政道路桥梁项目的管线搬迁与道路翻交模型、管线搬迁与道路翻交模拟视频等。

2. 场地现状仿真

场地现状仿真需准备的数据资料宜符合下列要求:

（1）电子版地形图宜包括周边地形、建筑、道路等信息模型,其中,电子版地形图为可选数据。

（2）周边环境图纸、市政道路桥梁项目构筑物建筑总平面图。

（3）场地信息。

（4）现场相关图片。

（5）管线搬迁与道路翻交模型。

场地现状仿真的工作流程宜符合下列要求:

（1）数据收集。收集的数据包括电子版地形图、周边环境图纸、场地信息、现场相关图片以及管线搬迁与道路翻交的成果模型。

（2）场地建模。根据收集的数据进行市政道路桥梁项目周边环境建模、构筑物主体轮廓和附属设施建模。

（3）校验模型的完整性、准确性。

（4）场地现状仿真模型整合。整合生成的多个模型,标注市政道路桥梁项目构筑物主体,出入口,地面建筑部分与红线、绿线、河道蓝线、高压黄线及周边建筑物的距离。

（5）生成场地现状仿真视频,并与场地现状仿真模型一起交付给建设单位。

场地现状仿真的成果宜包括市政道路桥梁项目的场地现状仿真模型、场地现状视频等。

4.3.3 BIM技术在桥梁设计施工图设计阶段的应用

BIM技术在桥梁设计的施工图设计阶段分为管线综合与碰撞检查以及工程量复核,前者的应用内容为在桥梁信息模型中,进行各专业之间及专业内部的碰撞检查,提前发现设计可能存在的碰撞问题,减少施工阶段因设计疏忽造成的损失和返工,提高施工效率和施工质量。后者的应用内容为根据桥梁项目分项表,创建符合工程量统计要求的土建、机电、装修工程量数据。施工图设计阶段需要明确桥梁的设计功能、运营要求、施工方法等,因此需要为桥梁的建设和后期管理养护提供直接的图纸参考,需要做到图纸尽可能详细准确。

1. 管线综合与碰撞检查

根据《市政道路桥梁信息模型应用标准》(J 13456—2016)的规定,管线综合与碰撞检查需准备的数据资料宜符合下列要求:

（1）土建施工图设计阶段交付模型。

（2）室外市政管线设计图纸。

管线综合与碰撞检查的工作流程宜符合下列要求：

（1）数据收集。收集数据包括土建施工图设计阶段交付模型、室外各专业市政管线信息等。室外各专业市政管线信息包括平面布置图纸、高程埋深信息等。

（2）搭建市政管线模型。根据室外市政管线设计图纸、基于土建施工图设计阶段交付模型，搭建市政管线模型。

（3）校验模型的完整性、准确性。

（4）碰撞检查。利用模拟软件对市政道路桥梁信息模型进行碰撞检查，生成碰撞报告。

（5）提交碰撞报告。将管线碰撞检查报告提交给建设单位，报告需包含碰撞点位置、碰撞对象等。

（6）生成管线优化平面图纸。根据管线综合优化模型，生成管线综合优化平面图纸，并将最终成果交付给建设单位。

管线综合与碰撞检查的成果宜包括市政道路桥梁项目的管线综合与碰撞检查模型、碰撞检查报告、管线优化平面图纸等。

2. 工程量复核

工程量复核需准备的数据资料宜符合下列要求：

（1）道路、桥梁施工图设计阶段交付模型。

（2）分部分项工程量清单与计价表。

工程量复核的工作流程宜符合下列要求：

（1）数据收集。收集的数据包括投资监理提供的分部分项工程量清单与计价表以及各专业施工图设计阶段交付模型。

（2）调整市政道路桥梁信息模型的几何数据和非几何数据。根据分部分项工程量清单与计价表，调整土建、管线等模型的几何数据和非几何数据。

（3）校验模型的完整性、准确性。

（4）生成工程量统计模型并转换成算量软件专用格式文件，提交给投资监理单位。

（5）投资监理单位接受BIM实施单位提交的算量软件专业格式文件，并导入算量软件，生成算量模型。

（6）生成BIM工程量清单。投资监理单位从算量模型中生成符合工程要求的工程量清单，并复核投资监理计算的工程量清单。

工程量复核的成果宜包括满足招标要求的BIM工程量清单。

3. 施工图设计阶段的BIM技术应用

综合而言，施工图设计阶段的BIM技术应用应该体现在设计优化、施工方案拟定与优化、管理优化三个方面。

（1）设计优化

桥梁施工图设计不仅需要对主要承载力构件的尺寸、连接、截面构造等进行详细勾画，还需要对附属结构的位置、连接方法、局部构造等进行明确，这就是大量的构件放样问题。此外，桥梁结构除了作为车行系统之外，很可能布设有管道等，则需要将管道与桥梁空间位置确定，不出现构件的重合和重叠，降低施工操作的难度。因此，在桥梁的设计阶段，需要利用BIM模型进行检错捡漏,核查所有的设计标准,确保连续性,保证各种构件的设计位置匹配,不出现冲突问题。由于施工图设计阶段涉及很多构件,一旦发生设计问题,如果采用传统的二维图纸设计,则需要进行大量的修改工作,且往往顾此失彼。采用 BIM 模型后,相关更改直接在 BIM 模型中进行修改,对应的桥梁立面、断面、平面、局部构造等图纸直接进行更改,且材料用量等也随着自适应更改,极大地提高了设计效率。这一技术在建筑领域有非常显著的效益,据统计,77% 的企业遭遇过因图纸不清或混乱而造成项目的投资损失,其中有 10% 的企业认为该损失可达项目建造投资的 10% 以上,43% 的施工企业遭遇过招标图纸中存在重大错误,改正成本超过 100 万元。因此可以预见,利用 BIM 技术进行桥梁施工图深化核对,可以减少因为图纸信息不明确造成的施工错误。

(2)施工方案拟定与优化

BIM 模型提供全三维的桥梁信息模型,由于桥梁结构状态与施工方法直接对应,不同施工工法所形成的桥梁状态和结构构造、配筋等均不相同,因此桥梁施工过程非常重要。依据 BIM 模型,可以很方便地模拟桥梁的施工过程,这种施工过程也是非常直观的。如果把这种施工过程直接传递到有限元模型进行结构安全性分析,则可以非常简便地比较不同施工工法下的桥梁状态差异性和施工组织复杂性,这就为桥梁施工方案的拟定提供了直接基础,还可以基于现有的施工方案进行优化,提高工作效率和质量。

(3)管理优化

桥梁 BIM 技术的核心是提供了桥梁全寿命决策的基础模型,因此在设计阶段就提供了施工和运营阶段的所有信息,为管理提供了优化基础。首先,提供了施工组织方法。应用 BIM 技术,各种桥梁信息都能够动态呈现,因此可以通过建模模拟确定合理的工种作业区间划分,从而确定最适宜的人、机、料分配,优化施工组织过程,形成资源的优化分配,提高施工效率。其次,提供了成本、进度和质量管理方法。桥梁施工中所涉及的原材料、施工机械设备使用费、工人工资和施工管理发生的费用等通过 BIM 模型可以实现精确计算,相应的施工工期也能很方便确定。最后,提供了管理和养护的优化方法,基于 BIM 技术可以确定管理养护周期,每次养护重点,实现全方位覆盖。

4.4 BIM 平台设计成果交付

桥梁工程在 BIM 平台设计成果交付方式可以采取数字化交付。桥梁工程项目的数据管理框架如图 4-7 所示。首先需要有作为基础的项目管理需求,对数字化工程和物理实际工程提出具体的要求,对在各个阶段产生与输出的数据给出定义与规则。而在管理过程中则需要通过一系列的方法和工具来保证项目执行符合预期。

实现桥梁工程数字化交付所面临的关键技术可做以下阐述:

(1)明确的信息交付需求与标准

数字化交付的实质是利用上游环节产生的工程信息支撑下游环节的工程实施并借此提升

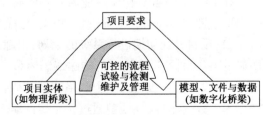

图 4-7 项目的数据管理框架

整个项目的建设、管理质量和效率。而一个桥梁工程在设计、施工与运维每个阶段都产生海量的信息,无限深度和无限广度的信息输出与传递是不可能也不必要的。因此数字化交付首先面临的关键问题就是如何提出切实可行的信息交付需求和制定明确的交付标准(模型、数据、文档等),而该问题甚至是制约桥梁工程数字化交付技术发展的根本性瓶颈。数字化交付必定涉及多阶段的信息整合和共享,而目前行业多面临的现状是建设过程各阶段隔离,信息孤岛林立,各主要参与方(设计、施工、运维管理)缺乏信息共享的利益驱动力,行业层面的信息沟通与协调机制发展相对缓慢。借鉴相关行业的经验,解决该问题需要行业主管与政府的因势利导,从政策层面鼓励和推动数字化交付的发展,加快制定行业级的数字化交付标准与规范性文件。更为关键的是要引入全新的项目执行模式,让拥有先进技术的企业获得相应的收益,让技术要素真正地成为市场发展的动力。

(2)数据传递

数字化交付需要不同阶段产生的数据在各个环节流转,而不同阶段的参与方产生、输出与应用的数据格式不完全一致。要实现数据的无损传递与互用,就需要一套标准数据格式。而业内目前尚未形成针对公路桥梁工程的数据标准格式,但是 IFC 标准、STEP 标准、IGES 等体系为公路桥梁工程的数据标准格式提供了很好的范例和经验,甚至是通过扩展和修改某既有标准直接作为公路桥梁的交付数据标准亦是可行的。

(3)多系统融合与软硬件集成

交付至下游环节的数据需要被多种系统识别和利用,如文档管理系统、材料管理系统、合同管理系统等,这些数据系统功能成熟,体系完备,但是各个系统相对独立,数据和信息缺乏交互与关联。上述各独立系统的融合与软硬件环境的集成就成为数字化交付技术产生工程价值的"最后一公里"。这需要搭建一个行业间系统开发企业的协同平台和构建合作、分享机制。

例如,芜湖长江公路二桥项目主桥主跨 806m,是分离式钢箱梁斜拉桥。在设计过程中针对主桥及引桥工程建立了大范围的桥梁信息模型,并采用数字化交付的方式移交至施工阶段。交付实施框架如图 4-8 所示。

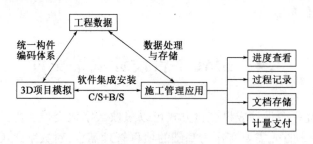

图 4-8　实施框架

在本项目实施时,由于行业内并未形成统一的数字化设计交付标准,因此数据及模型的交付采取了针对本项目施工阶段管理需求与特点的定制化移交。其实施流程为:

(1)项目开展初期进行系统的规划,由施工管理方(业主)、设计方组成联合项目组,形成明确的项目目标、需求清单与构建编码体系。

(2)设计方在设计过程中严格按照编码体系逐渐形成结构 3D 模型,同时,构建设计信息数据库。数据库与 3D 模型通过共享构件编码实现结构与数据的集成。

(3)采用成熟稳定的三维 CAD 平台作基础,针对功能需求进行定制开发,形成项目专用的信息管理平台,并将3D模型、数据库与信息管理平台集成打包为独立的安装软件交付至施工管理方。

(4)施工管理过程中,信息平台负责信息的客户端表现与信息录入操作,数据库执行数据筛选、查询、分析与存储。

4.5 BIM 模型技术标准

BIM 技术在桥梁工程领域的应用,国际上没有现成标准,主流软件也鲜有成套功能,只有从底层标准抓起,才能逐步向标准化推进。因此,BIM 实施要遵循顶层设计,如果仅孤立存在,对行业长远发展益处不大。

在铁路 BIM 联盟领导下,研究形成了铁路 BIM 标准体系框架,编制并发布了《铁路工程数据结构分解》《铁路 BIM 信息分类和编码标准》《铁路工程信息模型数据存储标准》《铁路工程信息模型交付精度标准》等基础标准,为 BIM 技术应用提供了可供参考的标准规范。由于标准规范是从设计源头出发,许多分类和编码未必涵盖或不适用于施工、运维阶段,同时主流软件的支持还需要一定时间。因此,应以已有的标准规范为基础,结合发展定位或工程应用的实际情况,逐步补充和优化,摸索适合自身的编码体系或实施行为准则。

BIM 实施过程中有一个 BIM 成熟度模型,分为 0 级、1 级、2 级和 3 级,级别越高,表明 BIM 应用越成熟。如果将 BIM 技术应用成熟度与铁路工程结构设计方法进行对比,两者有相似之处(表4-2)。目前我国铁路桥梁设计方法以容许应力法(0 级)为主,考虑与国内外主流设计方法的接轨,经过多年努力,编制完成《铁路桥涵极限状态法设计暂行规范》,但配套的计算软件、设计理念仍是基于容许应力法。通过梳理桥涵极限状态法试设计成果,中国铁路总公司已启动推进《铁路桥涵设计规范》(概率极限状态法)的编制工作,预计不久即将进入容许应力法与概率极限状态法并行期(1 级),再经过不断的应用积累和实践检验,最终会全面实施概率极限状态法(2 级)。

BIM 成熟度与铁路工程结构设计方法类比 表 4-2

水平	BIM 成熟度	铁路工程结构设计方法		所处阶段
	特点	发展水平	特点	
0 级	二维信息,效率低下	容许应力法	不能真正定量地度量结构的可靠度	目前现状
1 级	二维与三维过渡期,集中在协作与信息共享	容许应力法与概率极限状态法并行	不断优化和完善概率极限状态法	近期动态
2 级	信息生成,交换,公布及存档使用——协同	概率极限状态法	目前国内外主流设计方法	发展目标
3 级	无限度的成熟度水平——信息的完全整合	全概率设计法	完全的,真正的概率设计方法	远期愿景

与以上方法类似,我国公路桥梁工程结构 BIM 设计以二维图为基础(0 级),少数结构进行了三维 BIM 设计,目前以 BIM 设计协同为主线,验证标准,探索 BIM 成果的验收、审核、转

发、归档等管理模式,表明正迈向二维与三维过渡期并建立相应的标准,如《市政道路桥梁信息模型应用标准》(J13456—2016)(1级),发展目标是实现不同专业的协同,并制定出全面的BIM模型技术标准(2级)。

4.6 BIM应用的局限和相应建议

国内关于BIM技术在桥梁工程中的应用局限主要体现在以下几点:

(1)现阶段缺失针对桥梁工程的核心建模软件,阻碍了BIM技术在桥梁工程中的应用推广。在设计阶段,虽然多款软件均可作为核心建模软件,但目前尚未有软件能够实现模型信息的全生命周期完整传递,因此现阶段国内BIM技术的应用研究主要面向特定的工程,还不能实现BIM技术在不同桥型的应用推广。

(2)国内BIM技术应用研究主要集中在设计和施工阶段,缺乏BIM技术在运维阶段的理论研究和工程应用。理论研究认为BIM技术应用于全寿命周期内取得的效果最好,但是由于现阶段设计和施工单位都难以将完整的BIM模型移交给运维单位,再加上缺乏合适的BIM运营管理平台和现有技术手段有限,因而现状是早期阶段对BIM技术的应用比较频繁,运维等后期阶段较少。

(3)当前,设计阶段软件二次开发主要针对特定的工程且能够实现的功能有限,不具有普遍的工程适用性。为解决不同设计软件间和不同阶段BIM模型的数据传递问题,有不少学者考虑在现有软件基础上进行二次开发的解决方式,但是由于桥梁类型众多和软件二次开发具有较大难度,目前二次开发只能保证信息在软件间单向传递,建立的桥梁族库类型有限且参数化度不高。

(4)国内BIM技术在桥梁工程的应用研究尚处于初级阶段。研究内容主要面向实际的桥梁工程,倾向于分析BIM技术在桥梁工程各阶段的应用优势和桥梁三维参数化建模的方法,应用研究深度较浅。相反,对于BIM基础理论、核心软件的开发和数据传递格式等方面的研究较少,但恰恰是这三方面的研究对发挥BIM技术在桥梁工程中的最大价值起着决定性作用。

BIM设计从根本上改变了传统的设计习惯,多专业、多人员协同设计平台使得在设计过程中,各专业并行设计,沟通及时准确,避免了大量的重复性返工,同时由于二维图纸均基于三维BIM模型所建立并与之相关联,模型局部修改后相关联图纸自动更新,极大地提高了设计效率,使设计人员从繁重的修改工作中解脱出来,将更多的精力投入项目设计方案的优化中。BIM技术的先进性和可扩展性决定了从传统的CAD二维设计向BIM设计转变是大势所趋,其意义甚至比当年的"甩图板"即手工绘图向CAD计算机辅助设计的转换更为重大,堪称勘察设计行业的又一次技术革命。

为了能够更好地将BIM技术引进桥梁工程领域,国内学者和工程人员应当进一步加深对BIM基础理论的研究,扩大BIM技术的工程应用范围。在设计阶段,加快确定或者开发面向桥梁工程的核心建模软件,保证设计模型数据准确传递到施工阶段。解决BIM技术在关键节点应用中存在的问题,尝试将其完整连续地应用于整座桥梁的整个过程。明确BIM技术的应用需求,建立相应的管理系统和管理规范。

4.7 应用实例

项目名称:山西省朔州市顺义路桥。

1. 工程概括

目标项目位于山西省朔州市,是连接朔州市北部主城区与南部主城区的重要通道。工程南起马邑路,跨越七里河与北岸民福街相连,道路等级为城市次干道,道路红线为40m,双向6车道,设计车速为40km/h,两侧设非机动车道和人行道,路线全长约0.84km。主桥采用上承式空腹式拱桥结构体系,跨越七里河,桥梁里程桩号起始点为SYK1+495.000,终点为SYK1+760.000,桥梁总长265m。桥面采用双向6车道,同时设置有非机动车和人行道,满足机动车、非机动车和人行交通的过河要求。横断面布置为:3.25m的人行道、4.5m的非机动车道、0.5m的机非分隔护栏、22m的机动车道、0.5m的机非分隔护栏、4.5m的非机动车道、3.25m的人行道,横断面总宽为38.5m,如图4-9所示。引桥采用简支箱梁,跨径为25m。

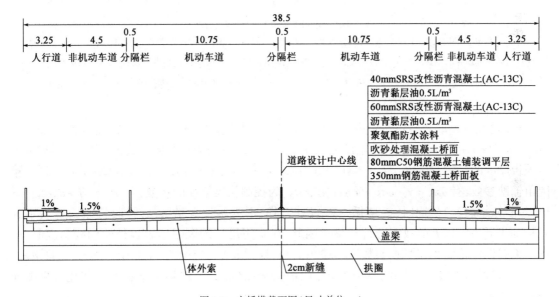

图4-9 主桥横截面图(尺寸单位:m)

2. BIM 模型的建立

将 BIM 技术应用于桥梁工程设计的核心工作是建立桥梁 BIM 模型。顺义路桥上部结构主桥为5跨上承式空腹式拱桥,箱型截面,引桥为简支箱梁桥,采用等高度预应力混凝土连续梁结构。下部结构主桥墩采用承台及群桩基础,主引桥过渡墩采用承台桩基式基础,柱式桥墩。该项目使用 Autodesk Revit 建立了箱梁、柱式桥墩等大量的参数化桥梁结构族,构建了面向该工程的参数化结构族库,将传统的二维 CAD 图纸转换为 BIM 模型,然后基于 BIM 模型进行工程量统计、碰撞检查以及三维可视化演示,设计流程如图4-1所示。

3. 箱梁 BIM 参数化设计

箱形截面是一种闭口薄壁截面,抗扭刚度大,同时其顶、底板面积均较大,对正负弯矩的承担能力可靠,在桥梁工程中广泛运用。其截面形式根据箱、室数量分为单箱单室、单箱多室、多箱单室和多箱多室。由腹板的构造形式又分为直腹板和斜腹板两种。本例以单箱单室截面构造形式为例,如图4-10所示,介绍顺义路桥箱梁参数化设计的实现。

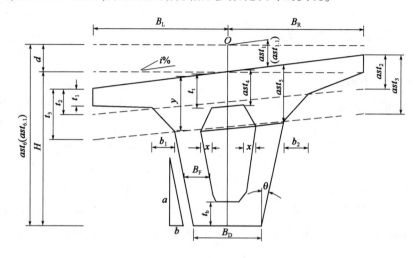

图4-10　单箱单室箱梁截面参数化图

O-箱梁族结构断面的插入点(自适应点);B_F-腹板宽度;B_D-底板宽度;H-箱梁高度;$i\%$-顶板横坡,有 $i\% = \mathrm{acrtan}(i/100)$;$d$-$O$ 到箱梁顶板顶缘的竖直距离;t_t-顶板厚度;t_b-底板厚度;t_1-翼板端部厚度;t_2-翼板拐点厚度;t_3-翼板根部厚度;x、y-倒角尺寸;θ-腹板斜度,有 $\theta = \mathrm{acrtan}(a/b)$;$B_L$、$B_R$-顶板左、右半宽;$b_1$、$b_2$-翼板拐点至根部的长度;$ast_1(ast_{1.1})$、$ast_2$、$ast_3$、$ast_4$、$ast_5$、$ast_6(ast_{6.1})$、$a$、$b$-辅助参数

辅助参数 ast_1、$ast_{1.1}$ 为控制箱梁顶板顶缘与插入点位置的参数,$ast_1 = d/\cos(1\%)$、$ast_{1.1} = [L \cdot \tan(k\%) + d] \cdot \cos(1\%)$;辅助参数 ast_2、ast_3、ast_4 分别为控制箱梁翼板拐点、箱梁翼板根与顶板厚度的参数,有 $ast_2 = t_2 \cdot \cos(i\%)$、$ast_3 = t_3 \cdot \cos(i\%)$、$ast_4 = t_4 \cdot \cos(i\%)$;$ast_5$ 是内箱倒角辅助参数,有 $ast_5 = y \cdot \cos(i\%)$;$ast_6$、$ast_{6.1}$ 为控制箱梁梁高的参数,有 $ast_6 = H + d$,$ast_{6.1} = H + ast_{6.1}/\cos(1\%)$。同时,为遵循一般设计习惯,引入辅助参数 a,b,将腹板倾斜度表示为 $a:b$,而不同直接以 θ 的数值进行扫描。因此,在采用尺寸约束限定腹板外轮廓线斜度时,应该约束腹板外轮廓线与竖直参数线的锐角夹角,这样 θ 是一个大于等于0(当 $\theta = 0°$,即 $a = 0$ 时,箱梁腹板为直腹板)且小于90°的角,有 $\theta = \arctan(a/b)$。单箱单室箱梁参数化效果图如图4-11所示。

图4-11　单箱单室箱梁参数化效果图

4. 柱式桥墩

柱式桥墩根据桥宽布置不同,分为单柱、双柱和多柱式,上加盖梁伟墩帽,墩柱又以截面形式分为圆柱墩和矩形墩,柱式墩模型的创建可以分为盖梁模型和墩柱模型两部分来完成。

(1)创建盖梁自适应族模型

先建立墩柱截面参数化图,如图4-12所示。

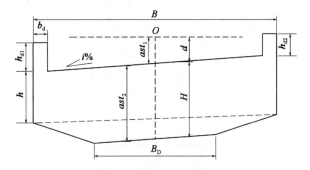

图4-12 盖梁截面参数化示意图

O-盖梁族结构断面的插入点(自适应点);B-盖梁宽度;B_D-盖梁底宽度;H-盖梁高度;d-O到盖梁顶板顶缘的竖直距离;h-盖梁悬臂端厚度;b_d-挡块厚度;$i\%$-顶板横坡,有 $i\% = \arctan(i/100)$;h_{d_1}、h_{d_2}-挡块高度;ast_1、ast_2-辅助参数;$ast_1 = d/\cos(1\%)$、$ast_2 = t_2 \cdot \cos(i\%)$

盖梁自适应构件族模型如图4-13所示。

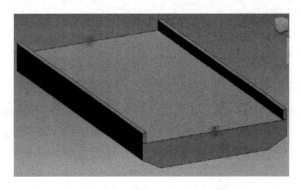

图4-13 盖梁自适应构件族模型

(2)创建墩柱自适应族模型

先建立墩柱截面参数化图,如图4-14所示。

墩柱自适应构建族模型如图4-15所示。

盖梁和墩柱模型创建完毕后,由于盖梁是按照梁结构逻辑建模的,未设置其顺桥向宽度参数,需要对其将要插入的族中设置参数。具体做法如下:以一个带盖梁柱式墩的模型族为例,首先新建一个自适应常规型族,在默认高程平面和两个竖直平面的交点设置一个自适应点,同时设置盖梁顺桥向宽度约束参数 L。然后将盖梁族与墩柱族插入其中,通过调整逻辑参数 K 的值去确定墩柱的位置,如图4-16所示。除箱梁、柱式桥墩以外,还构建了拱圈、承台、走道板等参数化结构族,建立面向顺义路桥工程的参数化结构族库。然后,根据测量资料、地质信息等基础数据,利用构建的参数化结构族库,采用从整体到局部的定位方式,从零件到构件再到部件最后装配的拼装方法建立了顺义路桥的 BIM 模型。

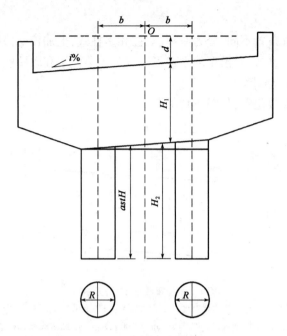

图 4-14　墩柱截面参数化图

O-墩柱族结构断面的插入点(自适应点);d-O 到盖梁顶板顶缘的竖直距离;H_1-盖梁高度;H_2-盖梁中心线处墩柱设计高度;R-墩柱截面尺寸;$i\%$-盖梁横坡,有 $i\% = \arctan(i/100)$;b-盖梁设计中心至墩柱设计中心水平距离;$astH$-墩柱底面至墩顶可能的斜截面最高点的竖直距离

图 4-15　墩柱自适应构件族模型

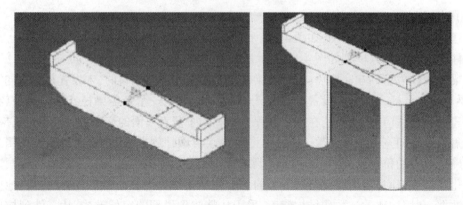

图 4-16　空心墩参数化墩身自适应族建立过程

第 5 章

道路设计阶段的 BIM 应用

道路项目囊括众多专业，且时间、空间跨度大。在传统做法中，立项、设计、施工以及投入使用后的运营管理，各阶段、各专业之间存在信息孤岛或断层现象，在项目进程的不同阶段，不同的参与方对同样的信息会有不同的组织、管理和使用方法，导致信息冗余，即多个工程文件包含同一信息。设计阶段是建设项目的重要环节，对之后的施工、运维具有重大影响，而 BIM 软件具有信息交互性，能够真正实现协同设计。BIM 技术不局限于将其作为一种可视化工具，以其贯穿整个项目的与时间和成本相关的数字化信息的创建、使用和更新超越 3D 模型。本章主要针对 BIM 在道路设计阶段的应用现状、前景、探索和应用以及成果交付等方面作介绍。

5.1　BIM 技术在道路设计阶段的应用现状

我国对 BIM 的应用始于建筑设计行业，在设计的带动下，施工和运营阶段也掀起了 BIM 技术应用的探索与实践热潮。例如，2008 年的北京奥运场馆"水立方"、2010 年的上海世博会建筑，以及后续比较著名的上海中心、广州东塔等，但也仅局限在部分工序中应用 BIM 技术。政策方面，2011 年住建部颁布了《2011—2015 年建筑业信息化发展纲要》，在总体目标中提出了"加快建筑信息模型（BIM）、基于网络的协同工作等新技术在工程中的应用，推动信息化标准建设"的目标。同时,住建部启动了中国 BIM 标准的制定工作。我国政府一系列的推动措施,对 BIM 在我国的应用产生了巨大的促进作用。道路设计行业对 BIM 的应用尚处于研究和尝试阶段。近 5 年来,在国内几家主要的道路辅助设计软件公司的引导和推动下,BIM 技术在道路设计行业的应用方面已取得了长足的进展。目前,国内主要的道路辅助设计软件包括:纬地、鸿业的 Roadleader(路立得)、Civil 3D、ArcGIS、EICAD、CARD/1、DIcad 等。这些软件在 BIM 技术应用方面都做出了具体的研发和探索,总结起来包含如下几个方面:

（1）建立道路信息模型。直接利用道路几何设计的基础数据和地形数据,构建准确的地面、道路以及桥隧等的三维实体模型,再利用卫星或者航空数字影像进行模型贴图处理后,营造出公路虚拟现实空间,如图 5-1 所示,该项技术完成了对 BIM 基本信息模型的构建,是其他应用开发的基础和平台。

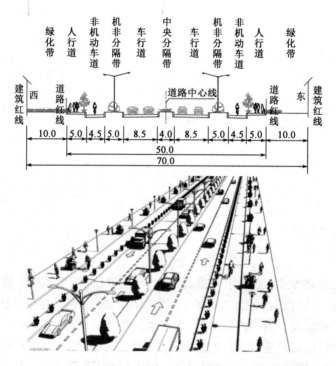

图 5-1 传统二维设计(上)与 BIM 设计成果对比(下)(尺寸单位:m)

（2）三维全景漫游。实时进行任意位置、视点、高度基于速度的道路三维全景漫游,可选择行走、行车和飞行模式。该项功能可用于路线方案的汇报展示、比选与优化,并且可用于安全性分析、道路景观设计与评价等与视觉模拟相关的诸多方面。

（3）空间行车视距分析。通过建立通视四棱台模型(图 5-2),排查不满足停车视距的隐患点。

（4）运行速度分析。通过对 85% 驾驶员习惯的模拟,综合分析在道路平、纵组合条件下全线各路段的实际行驶速度,从而找出速度差较大和与设计速度背离值过高等存在安全隐患的路段。

（5）景观和环境分析。如图 5-3 所示,借助道路三维模型的任意角度视图功能,可分析道路建成后对原地形的切割、阻断等工程行为对原有环境的影响程度。通过三维漫游技术,分析道路绿化设计方案在驾驶员视角呈现的效果,从而评价设计方案的优劣。

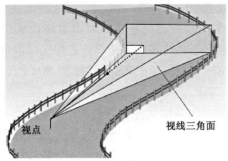

图 5-2　利用通视四棱台检测视距

图 5-3　景观和环境分析

5.2　BIM 技术在道路设计阶段的应用前景

　　BIM 技术具有可视化、协调性、模拟性、优化性的特点,被广泛应用于设计、建筑等行业。随着 BIM 技术的发展,将 BIM 技术应用到市政道路设计中,必将成为一种趋势,这将能够及时解决市政道路在设计过程中遇到的各种问题,可以避免在道路施工过程中出现与设计不符的问题,有效地避免了重新设计的风险,提高了工作效率。BIM 技术应用到道路设计中具有以下发展前景。

　　1. 在市政道路管线设计中的应用前景

　　在市政道路工程中,最为复杂的一个工程项目就是管线。无论是设计阶段,还是施工阶段,管线都很容易出现问题。如果相关设计人员对市政道路工程管线进行设计的过程中出现了问题,由于施工人员具有的专业知识能力不足,很难发现其存在的问题,对市政道路工程的质量就会产生十分严重的影响。在市政道路工程中,管线的安装十分复杂,如果相关设计人员不对其进行足够的重视,就很有可能出现管线在施工过程中比较杂乱的现象,这种现象在传统设计中体现的十分明显。与传统的设计不同,相关设计人员使用 BIM 技术对管线进行设计的时候,由于其能够将设计内容以三维的方式进行呈现,所以能够比较清晰地观测出管线之间的连接,从而在很大程度上减少管线设计过程中问题的出现。

　　2. 在市政道路及其他工程中的应用前景

　　市政道路工程中涵盖的内容是多种多样的,其中包括城市道路工程、给排水工程、电力工程以及燃气工程等。无论是什么工程,相关设计人员对其进行设计的时候都应该对其施工部位周围的环境进行比较全面的了解。通过对施工部位周围存在的建筑物进行分析,将相关的信息以数字的形式进行处理,进而使相关工作人员能够利用这些数据对施工项目的存在状态以及分布等内容进行比较全面的了解,相关设计人员对其进行设计的时候能够与施工部位的信息进行结合,设计的质量则可以得到比较大的提高。

5.3　BIM 技术在道路设计阶段的应用

　　建筑信息模型在土建领域的应用日益成熟和完善,掀起了一股信息化浪潮,从概念上来说,模型中整合的各项信息都是围绕建筑展开的,包括结合施工进度的三维施工模拟、3D 漫游,以及对建筑的光能分析、声能分析与能耗模拟等。

同样,随着 BIM 家族逐渐壮大,出现越来越多新的软件能够支持城市道路设计中相应的操作与功能,契合目前分工更加明确、建设效率越来越高的城市道路设计进程。城市道路设计中可以通过 Civil 3D、SketchUp、Navisworks、3Ds Max Design、ArcGIS 等软件与 BIM 结合实现道路的全过程设计。

Civil 3D 软件能够创建包含丰富数据的动态模型,并以此为基础进行仿真和分析,优化设计方案;Navisworks 软件则用来与 Civil 3D 软件对道路模型设计完成后进行的施工进度模拟过程接驳,对道路模型进行预先的可视化施工模拟与碰撞检查,并提供强大的施工进度计划编制功能;3Ds Max Design 软件为城市道路设计提供了强大的模型渲染与处理功能;ArcGIS 软件则为设计师提供了一个可伸缩的、全面的 GIS 平台与数据库。在这个数据库中,工程师可以对城市道路管线进行编辑与分析,并在后期的运营期进行管线维护等。目前,BIM 技术在道路设计中的应用主要体现在模拟与设计、分析与优化等方面,模拟与设计的应用具体体现在设计的各个阶段。

5.3.1 方案比选阶段

1. 数字地面模型

数字地面模型是通过数字将区域地形用一系列表示地面点的 X、Y 以及表示高度的 Z 数据来表示。在大多数情况下,设计院得到的是二维地形图,即高程点和等高线在 CAD 中的实际高度为 0,实际高度为标注在旁边的数字。利用高程点和高程点可以生成不规则三角网格模型,如图 5-4 所示。不规则三角网根据区域有限个点集将区域划分为相连的三角面网络,区域中任意点落在三角面的顶点、边上或三角形内。如果点不在顶点上,该点的高程值通常通过线性插值的方法得到。不规则三角网不仅要存储每个点的高程,还要存储其平面坐标、节点连接的拓扑结构、三角形及邻接三角形等关系,这大大提高了数字地面模型的精度。如图 5-4 所示,是某山区地形的三角网格转化。在生成数字地面模型后,可以即时查看三维地形,从而对设计区域的地貌有一个直观的感受。此外,通过三维模型,可以找到高程异常点,以此判定数据的准确性,删除不良数据。

图 5-4　三角网格

2. 地形图处理与分析

在 BIM 思想下,地形图处理与分析是一项基础工作,设计师将各种形式的地形数据转换为带有高程的三维地形,借助 Civil 3D 软件的"转换文本点"或者"地形点赋值"命令,实现对高程点加入高程信息的目的,进而生成地形曲面三维模型。这一步是至关重要的,设计单位需要区分地形图中的文本点是否为带有高程信息的图块,如果不是,则只能利用添加等高线的方法来生成地形曲面。三维地形生成后,需要对粗差点进行剔除,之后可以对其进行高程分析与流域分析,以此为基础的定线工作将会更加准确快捷。

Civil 3D 软件提供了对曲面多种性质进行分析的功能,高程分析就是其中的一种。选中所创建的曲面,点击曲面特性,对曲面进行高程分析,将分析得出的高程图例动态显示在地形图中相应位置。动态查看高程分析后的曲面,如图 5-5 所示。高程图例如表 5-1 所示。

图 5-5 中颜色越深表示相应区域的高程越高,反之则高程越小,将其以更直观的数据形式显示在高程表中(表 5-1),包括最小高程、最大高程和二维区域面积,借助这个图表能够对曲面有一个非常直观的认识,以此为基础进行的选线定线工作将会更加快捷、准确。也为后面的土方调配设计提供了参考。

流域分析则是对区域排水的一个总体分析,如图 5-6 所示,是将曲面划分为一块一块区域进行流域分析的显示,表 5-2 则是对图 5-6 的数据补充,曲面中各个编号的区域排水边界、区域面积、排入区域都在图表中直观地显示出来,方便后续进行排水设计。使用软件中的"跌水"命令观察地表径流方向,得到汇水区域的最低点,有助于确定集水井的最佳位置。

图 5-5 曲面流域分析

图 5-6 流域分析

高 程 表 表 5-1

高 程 表				
编号	最小高程	最大高程	颜色	面积
1	22.80	26.30		100 643.661
2	26.30	29.80		229 725.33
3	29.80	33.40		308 737.02
4	33.40	36.92		221 303.98
5	36.92	40.40		192 372.58
6	40.40	44.00		189 551.57
7	44.00	47.50		143 810.69
8	47.50	51.06		109 616.32

高　程　表

编号	最小高程	最大高程	颜色	面积
9	51.06	54.50		71 188.94
10	54.50	58.12		55 046.72
11	58.12	61.60		31 835.58
12	61.60	65.08		6 269.33
13	65.08	65.20		53.26

流　域　表　　　　　　　　　　　　　　表 5-2

流　域　表

编号	类型	描述	边界显示	区域显示	面积
1	边界点	描述 1	———	100 207.09m²	100 207.09
2	边界点	描述 2	———	1 094.53m²	1 094.53
3	边界点	描述 3	———	167.91m²	167.91
4	边界点	描述 4	———	190.58m²	190.58
5	边界点	描述 5	———	4 510.54m²	4 510.54
6	边界点	描述 6	———	597.83m²	597.83
7	边界点	描述 7	———	4 057.65m²	4 057.65
8	边界点	描述 8	———	670.50m²	670.50
9	边界点	描述 9	———	211.13m²	211.13
10	边界点	描述 10	———	50 421.57m²	50 421.57
11	边界点	描述 11	———	5 712.20m²	5 712.20
12	边界点	描述 12	———	99.69m²	99.69
13	边界点	描述 13	———	29 833.35m²	29 833.35
14	边界点	描述 14	———	443.47m²	443.47
15	边界点	描述 15	———	58.16m²	58.16

3. 场地模拟

在地形数据基础上建立道路模型,地形数据包括建筑信息和地形信息,地形数据的准确性直接影响道路的纵断面设计、工程量计算及建筑物拆迁等,因此建模之前需对地形数据分析和检查。

通过 BIM 软件列出地形曲面中的全部高程点,显示各高程点的编号、坐标和高程,可以检查发现并删除陡坡可疑数据。通过高程彩色三维图对高程进行分析,不同颜色反映地形曲面起伏情况。

场地具有现状建筑物信息属性,将现状居民建筑、工业建筑和商业建筑形状、地理位置和层高等数据转为三维模型,为设计人员提供直观的现状地形、地物情况,提高设计方案的真实性和准确性。

4. 方案比选

在设计方案比选阶段,创建并整合方案概念模型和周边环境模型,利用 BIM 三维可视化的特性展现道路设计方案。同时对多套道路方案进行可视化、可量化的比选,并根据比选结果,方便、快捷地实时动态调整设计方案。

5.3.2 初步设计阶段

1. 路线设计

在道路线形设计阶段,需要考虑圆曲线最小半径、缓和曲线最小长度、最大超高横坡度、公共交通站距、各条车道宽度等一系列数据,以此来满足其设计车速和设计通行能力,并且需要满足规范值。实际设计过程中,设计师可采用 BIM 技术的 Civil 3D 进行设计规范及路线其他信息的定义,如图 5-7 和图 5-8 所示。在原有规划路线的基础上,点击"从对象创建路线"命令,在此之前预先在"路线特性—设计规范"对话框内选中使用规范文件的选项,生成设计路线 1,观察生成路线的图形,在路线元素上显示黄色叹号,表明路线不符合设计规范要求,如图 5-9 所示。此步骤适用于存在原有规划路线的情况,只需将存在的路线导入 Civil 3D 中进行后续的设计。

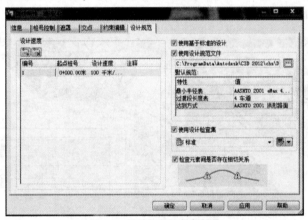

图 5-7　设计规范的预定义图

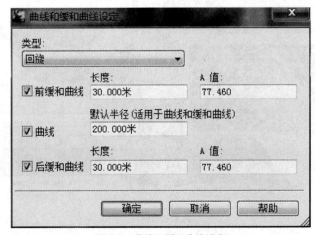

图 5-8　曲线和缓和曲线设定

打开"路线布局参数"对话框,对不符合设计规范的路线进行修改直至符合要求,或者在保留原有规划路线直线的基础上进行设计,创建设计路线2,如图5-10所示。此步骤适用于处理完地形曲面后开始的设计。

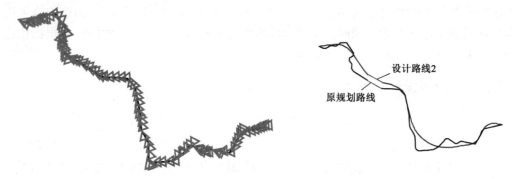

图5-9 设计路线报错图 　　　　　　　　　图5-10 两条设计路线对比

道路工程路线设计的方法主要有曲线法和导线法,在 BIM 理念的设计中同样适用。示例将使用山区地形,公路沿山谷布线,以多条转向相反的圆曲线为平面线形。在用导线法设置多个交点以及圆曲线、缓和曲线参数的同时,在数字地面模型环境下,可以直接查看三维视图下的路线与周围地形,并且动态显示地面线。图5-11 所示的就是在变换导线交点位置时,实时变化的地面线信息和三维模型。

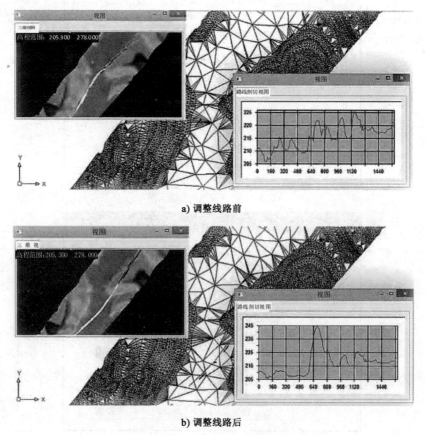

a) 调整线路前

b) 调整线路后

图5-11 地面信息和三维模型

通过导线法、曲线法和单元接线法(基本线元法、扩展线元法)对道路路线进行设计。赋予每条路线基本属性,包括路线名称、起始桩号、断链、等级和类型(各级公路、城市道路、匝道等)、自然条件(高原、冰冻严寒、干旱少雨)、设计时速、标注样式等数据信息。标注样式可以设置标注内容和字高、颜色,包括桩号、断链、特征点、长度、曲率半径、A值。

2. 横断面设计

横断面装配对不同路段选择不同的路幅形式,例如三块板路幅,包括机动车道、非机动车道、人行道、绿化带和分隔带。对车行道、人行道路面结构的材料类型、结构层厚度和层宽度及坡度等属性进行定义,对平侧石规格、道牙高度、路拱、坡度类型等属性进行定义。针对设计要求对上述参数进行精确定义,可对道路横断面进行准确装配。

在横断面设计阶段,Civil 3D对复杂的横断面设计具有非常大的优势,能体现 BIM 应用的优势,即利用横断面编辑器进行各个部件的灵活装配,横断面与道路模型有着互相关联的关系,保持动态更新,横断面一旦有所改变,道路模型也随之更新。其中的数据也相应发生变化,而不必因为横断面的变更而对相关的每张图纸进行繁琐的更改,省去设计人员大量时间精力。软件提供的横断面部件如图 5-12 所示。

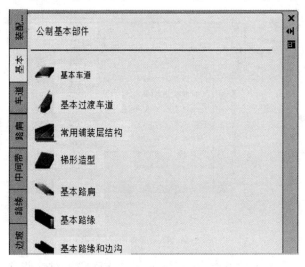

图 5-12 横断面部件编辑器

运用 Civil 3D 软件进行横断面设计时,每个横断面中的点与线都由代码来表示,沿着路线将点连起来即成为要素线,沿着路线将线连起来即成为曲面。需要注意的是,代码集的管理非常重要,后期需要借助代码来完成各要素线与曲面的相应操作,比如提取行车道曲面进行施工模拟,则可以直接对表示行车道的代码进行操作。若是代码混乱,后期的工作会变的繁琐。

部分代码与实际意义对应关系汇总如表 5-3 所示。

代码及其含义 表 5-3

代　码	表　示	代　码	表　示
Back curb	路缘外侧	ETW	行车道边缘
Crown	两条行车道之间位于完工坡面处的路拱点	ETW Base	位于底基层上的行车道边缘

结合设计好的道路中心线、纵断面设计线和横断面装配,利用软件生成道路模型,就是集

成了许多信息的面向对象的三维模型,之后对土方量的计算、平面出图等都需要借助这个模型。

3. 纵断面设计

路线设计完成之后,需要进行纵断面的设计。在此之前,需要生成原曲面纵断面,选择设计路线,并赋予其数据源为原地形曲面,即可生成地形曲面纵断面,因为数据源为原地形曲面,所以在此基础上的数据处理与分析相较以往更为精确。地面线具有自动更新的特点,道路中心线一旦修改,地面线也随之更改。

在空白处将纵断面图绘制出来,这时的图中只包含一条由设计路线在地形曲面上割出的纵断面线,以此为基础,综合考虑多方面因素,进行纵断面线形的设计。

单击纵断面布局工具栏中的"纵断面栅格视图"选项即可查看自动生成的竖曲线半径、坡度、变坡点高程等指标,如图 5-13 所示。

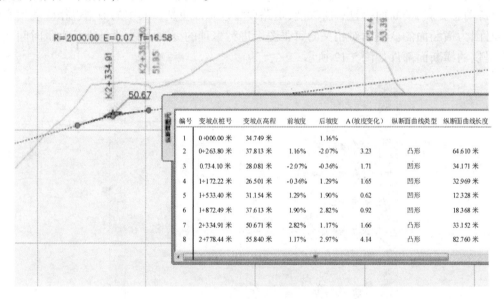

编号	变坡点桩号	变坡点高程	前坡度	后坡度	A(坡度变化)	纵断面曲线类型	纵断面曲线长度
1	0+000.00 米	34.749 米		1.16%			
2	0+263.80 米	37.813 米	1.16%	-2.07%	3.23	凸形	64.610 米
3	0.734.10 米	28.081 米	-2.07%	-0.36%	1.71	凹形	34.171 米
4	1+172.22 米	26.501 米	-0.36%	1.29%	1.65	凹形	32.969 米
5	1+533.40 米	31.154 米	1.29%	1.90%	0.62	凹形	12.328 米
6	1+872.49 米	37.613 米	1.90%	2.82%	0.92	凹形	18.368 米
7	2+334.91 米	50.671 米	2.82%	1.17%	1.66	凸形	33.152 米
8	2+778.44 米	55.840 米	1.17%	2.97%	4.14	凸形	82.760 米

图 5-13　纵断面栅格视图

此时若发现设计线不满足规范要求,需要在"全景窗口"里对这些参数进行修改。也可以直接对纵断面进行拖拽操作,拖动夹点改变变坡点位置等。数据会在"全景窗口"中更新,纵断面标签也会随之同步更新。

在绘制完成纵断面设计线之后,纵断面标签已经自动添加在模型中,设计人员可以更改纵断面标签默认设置,以此达到不同的出图效果。

通过 BIM 软件提取道路设计线所在地形中的自然高程,设置路线和地形曲面关联,路线改动或地形曲面变化后自然纵断数据自动更新。同时对每条路线的自然纵断和设计纵段赋予名称和分段信息,并定义路线的地质概况信息,最后按照道路标准拉坡,完成纵断面设计。自然纵断数据和设计纵断数据也可直接通过 txt、bgz 等数据文件导入。

纵断面设计中,设计人员根据路线起终点高程、大中桥梁高程、相交道路高程等各种约束条件,在满足行车安全和工程经济性的条件下,调整变坡点。传统的道路设计软件是首先生成地面线文件,然后绘制出地面线,在这个基础上绘制拉坡线,再用拉坡线文件与地面线文件生成道路纵断面设计图。在基于 BIM 理念的道路设计中,地面线是直接在数字地面模型中获取的,随道路中心线的变化而改变。变坡点可以直接自由选取,在拉坡过程中,可以通过填挖视图和三维模型掌握工程量的变化。

4. 超高与加宽

当平面曲线的设计长度小于不设超高的最小半径时,需要进行超高设置。Civil 3D 软件提供了对超高的计算与编辑功能。在"创建超高"对话框中选择道路类型,并选择绕内边缘旋转或是绕中线旋转,计算超高后,结果显示在"超高表格编辑器"中,如图 5-14 和图 5-15 所示。

图 5-14　超高的计算

超高曲线	起点桩号	终点桩号	长度
曲线.1			
渐入区域	-0+363.80米	0+053.71米	417.508米
渐出区域	0+284.26米	0+284.26米	0.000米
曲线.2			
渐入区域	0+470.38米	0+470.38米	0.000米
渐出区域	0+442.76米	0+442.76米	0.000米
曲线.3			
渐入区域	0+870.11米	0+870.11米	0.000米
渐出区域	1+500.20米	1+500.20米	0.000米
曲线.4			
渐入区域	1+872.94米	1+872.94米	0.000米
渐出区域	2+027.69米	2+027.69米	0.000米
曲线.5			
渐入区域	2+423.36米	2+423.36米	0.000米
渐出区域	2+460.17米	2+460.17米	0.000米
曲线.6			
渐入区域	2+858.01米	2+858.01米	0.000米
渐出区域	3+129.85米	3+428.36米	298.508米

图 5-15　超高表格编辑器

当圆曲线半径等于或小于250m时,需要对道路进行加宽设计,软件提供"偏移路线"功能来完成此部分工作。Civil 3D 创建的偏移路线始终与路线中心线绑定并且同步更新,能方便直观地控制道路占地。在道路中可以拓宽车道作为车辆临时停靠点、交叉口加减速车道。

5.3.3 深化设计阶段

1. 设计变更与标签定制

一旦发生设计变更,例如从桩号 K0+284.26m 到 K0+334.26m 段的缓和曲线长度值需要由 50m 改至 80m,则设计师必须在修改平面图纸的同时,修改纵断面图纸以及路基横断面设计图,如此一来产生的时间增加将会影响到施工进度并且间接增加了成本。而运用 BIM 于设计中,所有数据都直接来自于模型,这些数据之间并不是相互独立的,设计师处理设计变更仅需修改变更发生所在的图纸,其他图纸相应进行自动更新,省去了不必要的麻烦。流程如图 5-16和图 5-17 所示。

编号	类型	参数约束	长度	方向	米	终点桩号	增量角度	起点方向	终点方向
1	直线	两点	3.705 米	N12° 42′ E	0+000.00 米	0+003.71 米			
2	缓和曲线...	前缓和曲...	50.000 米		0+003.71 米	0+053.71 米	7° 10′	N12° 42′ E	N53° 2′ E
2	缓和曲线...	前缓和曲...	230.551 米		0+053.71 米	0+284.26 米	66° 03′	N53° 2′ E	E60° 31′ W
2	缓和曲线...	前缓和曲...	50.000 米		0+284.26 米	0+330.28 米	7° 10′	E60° 31′ W	E67° 41′ W
3	直线	两点	17.132 米	E67° 41′ W	0+334.26 米	0+351.39 米			
4	曲线	半径	210.36 米		0+351.39 米	0+561.75 米	60° 16′	E67° 41′ W	N7° 25′ W
5	直线	两点	260.536 米	N7° 25′ W	0+561.75 米	0+822.44 米			
6	曲线	半径	725.414 米		0+822.44 米	1+547.88 米	83° 08′	N7° 25′ W	N75° 43′ E
7	直线	两点	275.081 米	N75° 43′ E	1+547.86 米	1+822.94 米			
8	缓和曲线...	前缓和曲...	50.000 米		1+822.94 米	1+672.94 米	7° 10′	N75° 43′ E	N68° 33′ E
8	缓和曲线...	前缓和曲...	154.753 米		1+872.94 米	2+027.69 米	44° 20′	N68° 33′ E	N24° 33′ E
8	缓和曲线...	前缓和曲...	50.000 米		2+027.66 米	2+071.69 米	7° 10′	N24° 33′ E	N17° 03′ E
9	直线	两点	266.338 米	N17° 03′ E	2+077.66 米	2+344.03 米			
10	曲线	半径	195.46 米		2+344.03 米	2+539.43 米	37° 20′	N17° 03′ E	N54° 23′ E
11	直线	两点	266.519 米	N54° 23′ E	2+539.43 米	2+808.01 米			
12	缓和曲线...	前缓和曲...	50.000 米		2+808.01 米	2+858.01 米	4° 46′	N54° 23′ E	N49° 37′ E
12	缓和曲线...	前缓和曲...	271.837 米		2+858.01 米	3+129.85 米	51° 55′	N49° 37′ E	N2° 18′ W
12	缓和曲线...	前缓和曲...	50.000 米		3+129.85 米	3+179.85 米	4° 46′	N2° 18′ W	N7° 05′ W
13	直线	两点	156.44 米	N7° 05′ W	3+179.85 米	3+336.29 米			

图 5-16 路线栅格视图

一旦设定好之后,后面再进行道路设计时,出图就无须再重新定制,只需沿用先前定制好的标签类型就可以了,这大大减轻了以往平面标注的工作量,如图 5-18 和图 5-19 所示。

2. 辅助出图

道路辅助出图以剖切道路专业三维设计模型为主,二维绘图标识为辅,局部借助三维透视图和轴测图的方式表达各设计阶段的需求。考虑到目前 BIM 应用的普及性仍不如二维设计,为了后续施工等方便性,仍需进行二维图纸出图。同时可减少二维设计的平面、立面、剖面的不一致性问题,并尽量消除与其他专业设计表达的信息不对称问题,为后续设计交底、深化设计提供依据。

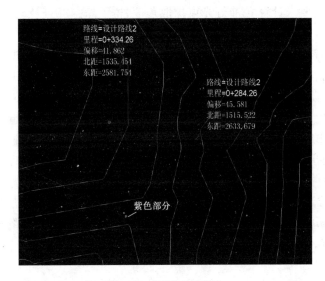

图 5-17　查看修改后路线

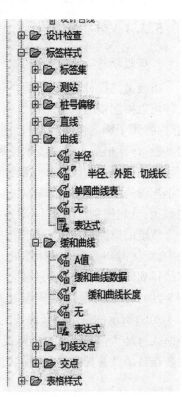

图 5-18　标签样式列表

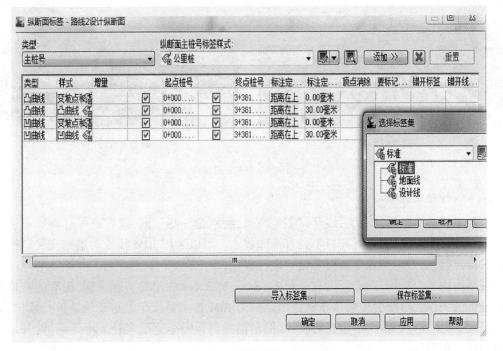

图 5-19　标签集选择与定制

根据需要通过道路模型生成或更新所需的二维视图,如平面图、立面图、剖面图等,应满足相应阶段规定,符合行业习惯的设计图纸。

5.3.4 分析和优化

1. 视距分析

市政道路设计过程中,需要对平纵线形可能影响行车视距路段进行视距分析验算。BIM软件可以根据视距、坡差、视线高(凸竖曲线视距计算或凹竖曲线跨线桥下视距要求计算)、车前灯高(用于满足夜间行车前灯照射距离要求计算)、前灯光束扩散角度、桥下净空、障碍物高等参数,计算出最小竖曲线半径和最小竖曲线长度。

即使道路平面设计和纵断面设计都符合规范要求,平、纵线形组合不良时仍可能会造成视觉不连续的立体线形。车辆高速行驶时,驾驶员的空间分辨能力降低。随着车速增加,视认距离缩短,空间辨别范围缩小,导致行车危险性提高。

传统的道路设计由于都是二维图纸,对于平、纵线形组合的把握只能建立在经验和空间想象中,无法得到直观的设计效果。基于BIM的道路设计可以在平面设计和纵断面设计完成后直接得到即时的仿真,通过视觉分析找出视距不良、视觉不连续的路段。在本工程实例中,图5-20a)所示的是道路转弯处左侧山体对视线的遮挡,驾驶员无法获知对向车辆的情况。图5-20b)所示的是道路竖曲线的顶部位于小半径平曲线上,这种视觉使驾驶员无法获知前方平面线形是否存在转弯。道路视觉情况可直接在设计图中获知。BIM软件可根据已定义的路线数据自动计算视距并对视距进行检查。

a) 视距受限　　　　　　　　　　　　　　　　b) 线形指引不明

图 5-20　视觉分析图

2. 车辆行驶轨迹模拟

市政道路具有路况复杂、沿线开口多等特点,特别是一些厂区、搅拌站等有特殊车辆出入的地块,对道路交叉口或沿线开口半径有特殊要求。可以采用BIM技术对道路交叉口或地块开口进行建模,通过对特殊车辆行驶轨迹进行模拟,确定合适的转弯半径。

以某地块开口为例,某工厂内有总长24.84m、宽2.6m的罕见实际车辆,现有的开口半径和侧分带端头位置可能会影响该车辆进出。采用BIM技术对该车辆行驶轨迹进行模拟,分析结果显示,该车辆可以由快车道正常驶入,但车辆驶出至慢车道受半径大小影响,对开口半径提出合理变更意见。

3. 拆迁分析

新建及改扩建工程可能会遇到建筑物拆迁情况,统计复杂情况下的建筑物拆迁是一项比较繁琐的工作。通过 BIM 技术对场地进行三维模型搭建,在模型平面上指定拆迁区域或默认道路范围为拆迁区域,定义拆迁范围后,根据拆迁范围从当前实际建筑模型中查找拆迁建筑物,并自动统计拆迁建筑物面积、基层面积等数据,提高设计人员的工作效率。

4. 交通分析

在市政道路 BIM 模型基础上,建立交通标志标线模型,并在交叉口设置红绿灯。为使车辆在交通路线上得到相应的红绿灯信号控制,需要把交通路线与指定的交通信号灯相关联。当车辆行驶到交通路线上某个关联信号灯的停止线时,将按照当前的交通信号决定通行或等待。通过 BIM 技术,可以分析路段和交叉口交通组织方式和红绿灯设置的合理性,对道路断面、交通组织等设计方案提供更合理的建议。

5. 反坡分析

市政道路设计过程中,会遇到道路横坡变化段落,对于直线段和固定坡度的路段,可以通过线性内插法推算横坡过渡段每个桩号的坡度,而对于平曲线或竖曲线这种非线性变化的路段,推算过渡段坡度有一定误差,通过 BIM 对坡度过渡段进行分析,可以为施工方提供更加准确的放样数据。

6. 方案优化

市政道路,特别是桥梁(高架桥、立交桥、人行天桥)、隧道、涵洞、挡土墙、地下过街通道等市政基础设施设计方案的确定需要多方面论证,而一些空间关系比较复杂的项目,如果只通过二维图纸进行设计或做出决策,难免会影响设计人员对方案的准确定位。

可以通过 BIM 技术解决这一空间问题,通过对不同设计方案建立 BIM 三维模型,清晰展示周边地块、高压铁塔等现状地物对建设项目的影响,为设计人员合理调整设计方案提供准确信息。

5.4 BIM 平台设计成果交付

1. BIM 平台设计

基于 BIM 平台,道路设计行业 BIM 技术应用主要表现为以下几方面:

(1)强大的三维图形处理能力

通过强大的三维建模功能,使用 BIM 技术,如常用的由 Autodesk 公司推出的 Civil 3D 软件,可以很容易地进行三维地形图绘制,使地形的高程等信息得到形象的表达;绘制道路中心线,通过对市政规划线位的拟合,对道路的曲线长度、半径及缓和曲线等要素进行优化;进行道路纵向断面设计,通过完善断面数据库后,可以依据道路中心线非常简单地完成各处的断面编制;在完善数据库后,可以以较传统方式极简单地完成三维图形的设计工作。进行道路建模时,选择道路下拉菜单中的创建道路,出现道路创建的提示后,根据提示完善相关参数,选择道路的规划线路、标准横断面和纵断面。在之后弹出的关于道路组件逻辑目标的对话框,以道路各处的宽度数据创建出区域,然后加入道路组件,并为其指定逻辑目标。相对于二维设计,使用 BIM 技术对图纸进行修改也非常简单,大大提高了工作效率。

(2)能够准确表达设计理念

随着科技的发展,再加上施工环境的复杂,影响道路设计的因素众多,利用传统的二维设计无法满足市政道路设计的需要,还会造成一些设计数据的丢失,造成无法把设计师的设计效果图完整地展示出来,甚至还会造成设计理念的随意理解。但是把 BIM 技术应用到市政道路设计中,其通过模拟系统展示出来的模型就是以后设计出来的模型,可以准确把设计师的设计理念表达出来,并且模型中的各部分构件及其属性也会准确地体现出来。此外,BIM 技术还可以通过设定自定义参数对市政道路进行模型设计,无论面对多么复杂的问题,都能有效地解决。

(3)很强的分析能力和模拟能力

BIM 技术的模拟能力是指借助 BIM 技术设计出来的道路模型与建设出来的实际道路状况完全相同。所以,能够根据 BIM 技术的这一特点对设计方案进行分析或者进行方案调整,能够及时发现在市政道路设计中的不足并及时地采取有效措施进行改正,有利于提高工作效率,提高工程质量,确保工程的顺利实施,避免在市政道路项目施工过程中出现问题,有效地避免了重新设计的风险。

(4)能够正确计算工程量

使用以往的二维设计方法在设计市政道路时,是在断面方法的基础上对道路工程建设中的实际工程量进行估算,容易使道路的土方工程、路面工程等工程量在进行计算时产生误差,并且误差还会很大。但是把 BIM 技术应用到市政道路设计中,通过利用 BIM 技术的三维立体设计,就能够非常准确地了解到长度、面积及体积等工程量,能够准确计算出道路的土方工程、路面工程等工程量,进而能够及时准确地对市政道路施工工程中的工程量进行合理改变,有效减少施工人员的工作量,提高工作效率。

(5)多领域协作便捷

市政道路设计涉及众多专业的内容。采用传统的二维方式进行设计时,通常各个专业通过使用不同的图层,加载与本专业需要依附的图层,以此为基础进行本专业的相关设计。这种设计模式导致依附的图层发生变化时,如果不及时更新会导致本图层的设计出错,同时对于不同专业设计内容的干涉等进行检查较复杂,需要加载不同的图层进行比对,很容易出现遗漏之处。而使用 BIM 技术进行三维建模,多专业可以同时开展作业,出现修改或不同专业间干涉,可以及时发现。同时,市政道路的规划和设计需要经过大量相关部门的审批,而相关部门经常会提出各种各样的意见。鉴于 BIM 技术强大的三维展示能力,可以使相关部门随时对设计中的模型进行审核,及时发现各种问题,及时进行修改,有效减少设计后期的修改量和避免施工时出现修改。

2.BIM 平台设计成果交付

(1)方案展示

利用 BIM 技术可加强项目参与方的协作与信息交流的有效性,使决策有准确依据并提高决策效率。BIM 技术所输出的可视化成果可分为视频、三维效果图和类似 Roadleader 场景发布等不同种方式,三种输出方式相辅相成,均可为业主提供直观、真实的决策平台,使设计方案更加人性化、合理化。

通过 Roadleader BIM 建模软件搭建模型,通过 fbx 格式导出模型、材质、动作和摄影机等信息,通过辅助建模软件对模型进行部分修复、材质区分等操作,再通过 fbx 格式导入虚拟场景建模软件,经过虚拟场景建模,进行视频、BIM 效果图渲染,可在方案汇报、投标等重要复杂项目中发挥重要作用。

(2)工程量计算

市政道路工程量是在断面基础上对各项内容进行的估算,会导致设计方提供的土方工程、路面工程、路基工程等工程量与施工实际产生的工程量有出入,而且工程量计算往往会占用设计人员很多时间和精力。利用 BIM 对市政道路的精准建模技术,能准确计算工程所产生的土方量、路面材料、平侧石等所有模型装配中的工程量,并输出路面工程数量、土方工程量、边坡和护坡工程量、交通标线工程量、占地面积等工程数量表,可对设计人员计算的工程量进行复核,也可直接用于工程预算。

5.5 BIM 模型技术标准

5.5.1 上海市工程建设规范《市政道路桥梁信息模型应用标准》

上海市《市政道路桥梁信息模型应用标准》规定,市政道路项目全寿命期过程可分为规划方案比选阶段、初步设计阶段、施工图设计阶段、施工图深化设计阶段(施工准备)、施工阶段以及运维阶段。

1. 规划方案比选阶段

(1)规划方案比选需准备的数据资料宜符合下列要求:

①电子版地形图宜包含周边地形、建筑、道路等信息模型,其中,电子版地形图为可选数据。

②图纸宜包含方案图纸,周边环境图纸,如周边建(构)筑物相关图纸、周边地块平面图和地形图,勘探图纸和管线图纸等。

(2)规划方案比选的工作流程宜符合下列要求:

①数据收集。收集的数据包括电子版地形图、图纸等。

②根据多个备选方案建立相应市政道路信息模型,模型宜包含市政道路项目各方案的完整设计信息,创建周边环境模型,并与方案模型进行整合。

③校验模型的完整性、准确性。

④生成市政道路项目规划方案模型,作为阶段性成果提交给建设单位,并根据建设单位的反馈修改设计方案。

⑤生成市政道路项目的漫游视频,并与最终方案模型一起交付给建设单位。

(3)规划方案比选的成果宜包括市政道路项目的方案模型、漫游视频等。

2. 初步设计阶段

1)管线搬迁与道路翻交模拟

(1)管线搬迁与道路翻交模拟需准备的数据资料宜符合下列要求:

①电子版地形图宜包含周边地形、建筑、道路等信息模型,其中,电子版地形图为可选

数据。

②图纸宜包含管线搬迁方案平面图、断面图,地下管线探测成果图,障碍物成果图,架空管线探测成果图,管线搬迁地区周边地块平面图、地形图,管线搬迁地块周边建筑物、构筑物相关图纸,道路翻交方案平面图、周边地块平面图、地形图等。

③报告宜包含地下管线探测成果报告、障碍物成果报告、架空管线探查成果报告等。

④规划方案阶段交付模型。

⑤管线搬迁与道路翻交方案宜包含方案图纸和施工进度计划等。

(2)管线搬迁与道路翻交模拟的工作流程宜符合下列要求:

①数据收集。收集的数据包括电子版地形图、图纸、报告、施工进度计划以及规划方案阶段交付模型。

②施工围挡建模。根据管线搬迁方案建立各施工阶段施工围挡模型。

③管线建模。根据地下管线成果探测图、报告以及管线搬迁方案平面图、断面图建立现有管线和各施工阶段的管线模型。

④道路现状和各阶段建模。根据道路翻交方案,创建道路现状模型与各阶段道路翻交模型。模型能够体现各阶段道路布局变化及周边环境变化。

⑤周边环境建模。根据管线搬迁地区周边地块平面图、地形图创建地表模型,根据市政道路项目周边建(构)筑物的相关图纸创建周边建(构)筑物模型。

⑥校验模型的完整性、准确性及拆分合理性等。

⑦生成管线搬迁与道路翻交模型视频。视频反映各阶段管线搬迁内容、道路翻交方案、施工围挡范围、管线与周边建(构)筑物的关系及道路翻交方案随进度计划变化的状况。

(3)管线搬迁与道路翻交模拟的成果宜包括市政道路项目的管线搬迁与道路翻交模型、管线搬迁与道路翻交模拟视频等。

2)场地现状仿真

(1)场地现状仿真需准备的数据资料宜符合下列要求:

①电子版地形图宜包含周边地形、建筑、道路等信息模型,其中,电子版地形图为可选数据。

②周边环境图纸、市政道路项目构筑物总平面图。

③场地信息。

④现场相关图片。

⑤管线搬迁与道路翻交模型。

(2)场地现状仿真的工作流程宜符合下列要求:

①数据收集。收集的数据包括电子版地形图、周边环境图纸、场地信息、现场相关图片以及管线搬迁与道路翻交的成果模型。

②场地建模。根据收集的数据进行市政道路项目周边环境建模、构筑物主体轮廓和附属设施建模。

③校验模型的完整性、准确性。

④场地现状仿真模型整合。整合生成的多个模型,标注市政道路项目构筑物主体、出入口、地面建筑部分与红线、绿线、河道蓝线、高压黄线以及周边建(构)筑物的距离。

⑤生成场地现状仿真视频,并与场地现状仿真模型一起交付给建设单位。

(3)场地现状仿真的成果宜包括市政道路项目的场地现状仿真模型、场地现状仿真视频等。

3. 施工图设计阶段

1）管线综合与碰撞检查

（1）管线综合与碰撞检查需准备的数据资料宜符合下列要求：

①土建施工图设计阶段交付的模型。

②室外市政管线设计图纸。

（2）管线综合与碰撞检查的工作流程宜符合下列要求：

①数据收集。收集数据包括土建施工图设计阶段交付的模型、室外各专业市政管线信息等。室外各专业市政管线信息包括平面布置图纸、高程埋深信息等。

②搭建市政管线模型。根据室外市政管线设计图纸，基于土建施工图设计阶段交付的模型搭建市政管线模型。

③校验模型的完整性、准确性。

④碰撞检查。利用模拟软件对市政道路信息模型进行碰撞检查，生成碰撞报告。

⑤提交碰撞报告。将管线碰撞检查报告提交给建设单位，报告需要包含碰撞点位置、碰撞对象等。

⑥生成管线优化平面图纸。根据管线综合优化模型，生成管线综合优化平面图纸，并将最终成果交付给建设单位。

（3）管线综合与碰撞检查的成果宜包括市政道路项目的管线综合与碰撞检查模型、碰撞检查报告、管线优化平面图纸等。

2）工程量复核

（1）工程量复核需准备的数据资料宜符合下列要求：

①道路施工图设计阶段交付的模型。

②分部分项工程量清单与计价表。

（2）工程量复核的工作流程宜符合下列要求：

①数据收集。收集的数据包括投资监理提供的分部分项工程量清单与计价表以及各专业施工图设计阶段交付的模型。

②调整市政道路信息模型的几何数据和非几何数据。根据分部分项工程量清单与计价表，调整土建、管线等模型的几何数据和非几何数据。

③校验模型的完整性、准确性。

④生成工程量统计模型并转换成算量软件专用格式文件，提交给投资监理单位。

⑤投资监理单位接收BIM实施单位提交的算量软件专业格式文件，并导入算量软件，生成算量模型。

⑥生成BIM工程量清单。投资监理单位从算量模型中生成符合工程要求的工程量清单，并复核投资监理计算的工程量清单。

（3）工程量复核的成果宜包括满足招标要求的BIM工程量清单。

4. 施工图深化设计阶段

1）大型设备运输路径检查

（1）大型设备运输路径检查需准备的数据资料宜符合下列要求：

①道路施工图设计阶段交付的模型。

②大型设备相关图纸。

③设备安装检修路径方案。

（2）大型设备运输路径检查的工作流程宜符合下列要求：

①数据收集。收集的数据包括大型设备图纸、大型设备安装及维修路径信息、道路施工图设计阶段交付的模型。

②整合模型。将市政道路项目已有模型导入模拟软件进行整合，并设定大型设备安装检修路径。

③校验模型的完整性、准确性。

④路径检查。利用模拟软件对市政道路信息模型进行设备安装检修路径检查，生成大型设备运输路径检查报告。

⑤提交路径检查报告。将路径检查报告提交给建设单位，报告需要包含运输碰撞点位置、碰撞对象等。

⑥运输路径模拟视频。根据大型设备运输路径生成运输路径模拟视频，并将最终成果交付给建设单位。

（3）大型设备运输路径检查的成果宜包括市政道路项目的运输路径检查模型、运输路径模拟视频等。

2）施工方案模拟

（1）施工方案模拟需准备的数据资料宜符合下列要求：

①施工方案。

②施工图纸。

③施工图深化设计阶段交付的模型。

（2）施工方案模拟的工作流程宜符合下列要求：

①数据收集。收集的数据包括市政道路项目施工方案、施工图纸以及施工图深化设计阶段交付的模型。

②调整模型。根据施工方案调整市政道路信息模型，创建施工方案模型。

③整合模型。将市政道路信息模型导入模拟软件，补充相关施工设施设备模型，并根据施工方案整合至施工方案模型。

④校验模型的完整性、准确性。

⑤施工方案检查。利用模拟软件对市政道路信息模型进行施工方案可行性检查。

⑥生成施工方案模拟视频。根据施工方案模型生成模拟视频，视频能够阐明施工方案的工艺细节。

（3）施工方案模拟的成果包括道路项目的重要和复杂节点施工方案模型、施工模拟视频等。

5.5.2 《重庆市市政工程信息模型实施指南》

《重庆市市政工程信息模型实施指南》对道路工程项目规划设计阶段、初步设计阶段的相关要求与上海市《市政道路桥梁信息模型应用标准》类似，具体参见《重庆市市政工程信息模型实施指南》，对道路工程项目的设计校核及辅助出图作出了明确规定，具体如下。

1. 设计校核

（1）设计校核工作宜符合下列要求：

①收集数据，并保证数据的可靠性。数据包括道路设计模型，如有必要，对模型进行整合。

②模型完整性校核。即道路模型中所应包含的模型、构件等内容是否完整，道路模型所包含的内容及深度是否符合交付等级要求。

③建模规范性校核。即道路模型是否符合建模规范。如建模方法是否合理，模型构件及参数间的关联性是否正确，模型构件间的空间关系是否正确，语义属性信息是否完整，交付格式及版本是否正确等。

④设计指标、规范校核。即道路模型中的具体设计内容校核。结合国家和行业主管部门有关道路设计规范及合同要求，同时利用三维可视化、信息化优势，对模型进行校核，以保证设计的规范性和合理性、模型的规范性与可交付性。

校核内容包括且不限于以下几点：

a. 设计参数校核。与二维设计相似，同样需要对道路设计参数进行校核检查。如平、纵、横等设计参数，挡土墙等构筑物设计参数。

b. 视距校核。若道路两侧地形对视距有影响，则需要对两侧地形进行改造以满足视距要求。利用三维信息模型的可视化特点则能模拟车行视角中的视距区域，校核是否影响视距的建筑或地形等不利因素，并进行相应调整设计，或通过路标等方式进行改善。

c. 线形组合合理性校核。包括平面线形组合、纵断面线形组合、平纵线形组合。二维设计中的线形组合通常通过满足规范要求来保证其合理性。如平纵组合需满足"平包竖"等要求。但在市政道路信息模型中，通过三维可视化可直接模拟校核行车过程中是否出现"陀峰""暗凹""流形"等不利的视觉现象。

d. 模型及构件的几何信息与非几何信息校核。如模型及构件的几何尺寸、空间位置、类型规格等是否符合合同及规范要求。

e. 碰撞检查。应用三维模型，可以检查道路与周边构筑物及其他专业构件（如管网等）间的碰撞，检查类型分为硬碰撞与间隙碰撞，硬碰撞用于检测两个几何图形间的实际交叉碰撞，间隙碰撞用于检测制定的几何图形需与另一几何图形具有的特定距离，如净距、净空等。通过碰撞检查，可减少返工和重建，并最大程度减少工程量，更加经济和高效。以净空检查为例，可以快速准确地测算出道路与相交道路、铁路或高压线等其他构筑物间的净空大小，以判断是否满足规范要求，并判断在满足最小净空的前提下是否有优化空间，为设计优化提供可靠依据，最大程度地减小工程量。碰撞检查是一个反复的过程，需要不断检查校核—调整—检查，直到最后满足设计与施工要求。

f. 构筑物平面、立面、剖面检查。对整合后的模型产生平面、立面、剖面视图，并检查三者的关系是否统一，修正相应模型的错误，真到三者的关系统一准确。

设计、规范方面的校核较为繁杂，设计人员应在熟悉规范的基础上，充分利用建筑信息模型的优势，对设计模数进行校核，以减少返工与重建，保证道路设计的科学合理性。

⑤模型协调性校核。即模型及构件是否具有良好的协调关系，如专业内部及专业间模型是否存在直接的冲突。安全空间、操作空间是否合理等。这需要与其他专业协同合作，以避免冲突。

⑥按照统一的命名规则命名文件。保存修改后的整合模型文件与各类构件。

（2）设计校核成果宜包括修改后的道路模型，并在模型中标注出最不利位置及校核数据及设计参数表。

2. 辅助出图

道路辅助出图以剖切道路专业三维设计模型为主，二维绘图标识为辅，局部借助三维透视图和轴测图的方式表达各设计阶段的需求。考虑到目前 BIM 应用的普及性仍不如二维设计，为了后续施工等方便性，仍需进行二维图纸出图。同时，可减少二维设计的平面图、立面图、剖面图的不一致性问题，并尽量消除与其他专业设计表达的信息不对称问题，为后续设计交底、深化设计提供依据。

根据需要通过道路模型生成或更新所需的二维视图，如平面图、立面图、剖面图等，应满足相应阶段规定，符合行业习惯的设计图纸。

（1）辅助出图工作流程宜符合下列要求：

①收集数据。主要包括相应设计阶段的道路模型，并确保数据的准确性。

②校审模型的合规性，并把其他专业提出的设计条件反映到模型上，进行模型调整和修改。

③通过剖切模型创建相关的施工图，如平面图、纵断面图、横断面图、结构图、局部放大图等，保持图纸间、图纸与道路模型间的数据关联性，达到二维图纸交付内容要求。

④对于最终的交付图纸，可将视图导入二维环境中进行图面处理，辅助二维标识和标注，使之满足相应设计阶段的设计深度。对于局部复杂空间宜增加三维透视图和轴测图辅助表达。部分设计阶段中有些不作为 BIM 交付物的局部详图，可在二维环境中直接绘制。

⑤复核图纸、确保图纸的准确性。

（2）辅助出图工作成果包括符合相应模型深度和构件要求的道路模型，满足规范要求与行业习惯的相应阶段图纸深度要求的二维图纸。

5.6 BIM 应用的局限和相应建议

1. BIM 应用的局限

建筑工程设计中采用 BIM 技术进行 3D 设计工作，可以实现多人参照统一的标准进行协同作业，创建出带有各种信息的 3D 建筑模型。在应用于市政道路设计时，主要有以下难点：

（1）BIM 应用于建筑设计时，建筑是一个相对独立的、受外界影响较小的个体。而道路桥梁工程所涉及的施工范围较大，各地区的地质条件、地貌特征复杂，而且这些数据的准确性都难以保证，而道路的结构形式需要适应所处环境的具体特点，因此很难按照统一标准进行设计。特别是涉及复杂地形处的边坡防护、涵洞、隧道时，用 BIM 技术进行设计效率很低。

（2）BIM 原是为建筑工程服务，最近几年刚刚延伸到道路设计中。长期以来，道路施工使用的图纸为二维图纸，因此市政道路的设计和出图主要由二维软件完成，而使用 BIM 进行设计，设计人员在进行 3D 建模的同时还要兼顾二维图纸的工作，使设计人员的工作量增加很多。而且 BIM 暂时无法在道路设计中很好地实现协同设计，因此在效率方面的优势不明显。

（3）BIM 工具平台不够完善统一。当前在进行道路设计时需要考虑的因素较多，除了因为地质地貌问题无法实现协同设计外,道路工程设计时还要考虑大量的额外因素和其他市政服务设施,如夜间照明、绿化带、排水管线、电力线路、通信线路及设施、燃气管线及设施等,当前的 BIM 软件还不能很好地对这些进行处理。

(4)缺乏相关标准。BIM 技术在建筑领域有较成熟的 IFC 标准,但是在道路设计中应用时间和案例明显不足,设计结果难以评定,出图缺乏统一或标准的接口,与其他软件的兼容性较差。而且各个单位自行开发的接口缺少统一性,使 BIM 技术的推广受到限制。

2. BIM 应用的相应建议

BIM 技术最早应用在建筑工程,随着 BIM 技术的不断发展,其应用在道路工程已然成为一种必然趋势,但缺乏相关标准和人才,BIM 在市政道路设计中的应用存在很多障碍,需要不断探索和完善。

(1)行业相关标准的建立

当前我国各设计部门的 BIM 软件种类众多,而且各自开发了不同的接口和插件,使彼此之间进行交流非常困难,对设计结果的评定也缺乏相关的标准。有必要在行业内挑选几种较先进的 BIM 软件,并定制接口和插件的输出形式和相关标准。

(2)相关行业的应用或兼容

对于道路设计的地形地貌及与其他市政设施易冲突的问题,急需其他部门如市政设计、规划等也应用 BIM 软件,便于各种相关数据顺利对接。同时道路设计对地形地貌特征等数据的精度要求较高,可以提高 BIM 技术的兼容性,能够与 GIS 技术有机融合。

(3)加快相关人才的培训

由于 BIM 技术在市政道路设计应用的时间较短,行业内在编制标准的同时应加大对人才的培养,通过多种渠道提高道路设计人员的 BIM 应用水平,同时通过职称评定等手段激发设计人员对 BIM 技术的重视程度,使 BIM 在行业内得到有效的推广和应用,并对 BIM 进行改进,使之更好地为道路设计服务。

5.7 应用实例

5.7.1 应用实例1

项目名称:BIM 技术在高速铁路设计中的应用——西部某高速铁路三维设计。

1. 项目概况

西部某高速铁路项目设计速度为 250km/h,横跨三省十一县,正线长度约 515km,其中特大桥 14 座,特长隧道 180 座,总桥隧长度约 405km,桥隧比 81%,线路跨越中国西南山区的崇山峻岭,地形和地质条件都非常复杂,设计和施工难度很大。

中铁二院将 BIM 技术应用于站前多专业的协同设计,三维设计周期为 2012 年 1 月到 6 月。

2. 项目挑战及解决方案

作为一个高速铁路项目,本项目面临的挑战包括:项目整体线路较长,在平面选线和路基横断面设计上的影响因素很多,工作量很大。与此同时,项目设计周期却相对较短,只有大约6个月,与同等规模的项目相比,只占其50%。项目中的一大挑战就是要在有限的项目设计周期内完成多个方案的比选,并生成高质量的横断面设计图纸,且业主期望以更为直观的方式获取设计最终效果。

基于以上项目挑战,中铁二院组建了一支BIM设计小组,将BIM技术应用于该项目,从而实现了专业之间数据的协同与共享,提高工程设计质量,为业主提供更为直观的交付方式。

3. BIM技术在线路、路基协同设计的应用

本次三维设计中,首先运用基于三维GIS平台的空间选线系统规划铁路的线路通道,为后续设计研究奠定基础。系统利用三维GIS平台,获取地形高程数据、影像数据及相关地理信息,直接进行铁路线路规划设计,并进行方案综合展示、构建沿线铁路三维场景及线路方案比选。

在线路规划完成后,设计人员将线路平、纵数据直接导入AutoCAD Civil 3D软件,并根据初步选定的装配,快速创建铁路路基三维模型。AutoCAD Civil 3D强大的参数化铁路路基建模和动态更新的特性帮助线路和路基专业设计人员高效率地完成了工作,通过对路线平纵断面的调整,可以实时观察到路基模型的更新和土方量的变化。

由于线路穿越山区,地形起伏很大,因此横断面的变化也很多。在传统的设计手段下,这部分的工作通常需要花费大量时间和人力。一般来说,10km的路基横断面需要大约5天。利用AutoCAD Civil 3D的智能路基横断面部件,如条件判断、部件等组成的装配可以很容易地应对横断面的变化。同时在AutoCAD Civil 3D中的横断面图纸和路基模型动态关联,任何对线路平纵断面和路基装配的修改,都可以实时精确地反映到横断面图纸上。

这就使设计人员可以集中精力在设计本身上。在本项目中,160km的铁路路基设计,设计人员花了大约10天时间来研究横断面的坡度、挡土墙和排水沟等细部问题,而只用了一小部分时间修改图纸。

4. BIM技术在桥梁设计中的应用

在铁路桥梁设计方面,设计人员使用Autodesk Revit Structure建立了大量的参数化桥梁结构族库,并定制了相关的视图样板和明细表模板。根据测绘、地质、线路等基础数据,设计人员利用参数化的族库,拼装成三维桥梁模型之后,便可快速得到二维图纸和混凝土工程量。同时,借助Autodesk Revit的API,桥梁工程师还开发出了桥梁下部结构的参数化钢筋配置模块,为每一种不同类型的桥墩和桥台快速布置实体钢筋,以便于钢筋图的生成和钢筋数量的统计。

5. BIM技术在车站设计中的应用

在车站设计方面,设计人员采用了基于BIM理念的Autodesk Revit系列软件。在传统工作方式下,不同专业之间的设计人员采用二维平面图进行交流,既不直观又容易出现不协调的情况。而设计中一个小小的专业间的碰撞就有可能在施工中带来巨大的成本追加。在本项目的车站设计中,设计人员使用Autodesk Revit的工作集和链接管理,将多专业的Autodesk Revit模型进行整合和冲突检测。其中的一个车站设计,共发现管道系统和结构构件之间的5处碰撞。根据碰撞结果,设计人员重新进行管线综合,在施工前将错误避免,同时也为业主提供了更为直观的最终成果展示。

6. BIM技术与成果展示

在展示交流方面,一方面设计人员将AutoCAD Civil 3D创建的三维铁路路基模型和地形通过AutoCAD Civil View导入Autodesk 3Ds Max Design进行铁路轨道线路的可视化展现,如图5-21和图5-22所示,以便于方案沟通。之前,建模工作需要在Autodesk 3Ds Max中完成。路基的台阶式边坡和高度变化的挡土墙通常需要花费大量时间和人力,而且模型精度不高,只是一种示意。现在,AutoCAD Civil 3D精确的三维模型可以无缝导入到Autodesk 3Ds Max Design中来,并使AutoCAD Civil 3D模型和Autodesk 3Ds Max模型保持一致的更新关系。不仅真实地反映了工程,更省去了重复建模的时间。多媒体制作人员可以集中精力完成后期的渲染表现和动画制作,而不是花费精力在建模工作上,如图5-21所示。

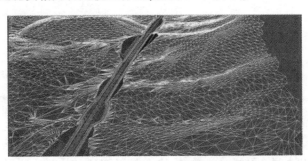

图5-21 在Autodesk 3Ds Max导入的道路局部模型

另一方面,项目完成之后,多媒体部门将欧特克软件生成的路基、桥梁和车站等信息都导入到自主研发的可视化系统中,并结合测绘、地质等基础数据,进行整个项目全线的展示汇报,以及相应的设计数据管理,如图5-22所示。

图5-22 高精度三维虚拟地形场景

在该高速铁路项目上,项目团队使用了欧特克工程建设行业的大部分主流软件。在项目的各个不同阶段开展工作,应对设计挑战,在有限的项目设计周期内高质量地完成了设计任务。同时,由于应用了BIM技术,各个阶段的设计数据也得到了有效传递和继承,为后期的建设施工和运营维护提供了宝贵的资料。

5.7.2 应用实例2

项目名称:攀枝花西区至凉山盐源县高速公路工程BIM设计。

1. 项目概况

项目起于攀枝花西区,接丽攀高速公路,止于渔门镇,项目全长 36.81km,为双向四车道高速公路,设计速度 80km/h,路基宽度 24.5m,桥梁长度 10.35km,隧道长度 15.653km,工程总造价为 61.1 亿元,平均每公里造价为 1.66 亿元。本项目向北连接西昌至香格里拉高速公路,并通过西昌至香格里拉、丽江至攀枝花、西昌至昭通以及宜宾至攀枝花高速公路形成高速公路环线,拓展攀枝花城市发展空间。本项目环绕攀西经济区腹地,可以进一步完善经济区内部路网,有效提升攀西经济区发展潜力。项目全线位于少数民族聚集区,沿线连接多个少数民族乡,对于加快少数民族地区建设,实现区域和谐稳定发展具有重要意义。项目难点主要是:

(1)沿线地势复杂。

(2)不良地质多。

(3)特长隧道、桥梁占比高。

(4)传统设计模式难以实现参数化设计,存在严重的重复工作量。

(5)各专业间协调困难。

鉴于项目的复杂性和重要性,四川交通设计院仔细分析了该项目的特点。首先,项目地处攀西高原,沿线地势复杂,项目早期进行测绘工作量巨大;其次,传统的设计很难实现参数化设置,方案的反复调整导致设计无法按预期完成;最后,项目涉及路线、路基、路面、桥梁、隧道等多个专业,专业间难以协调。经过分析总结,决定采用 BIM 技术进行设计,以解决传统二维设计中方案阶段测绘基础数据获取时间长、专业协调能力差、设计调整后重复工作量大等问题,从而提高整个设计的效率和品质。

2. BIM 应用流程及成果

攀枝花西区至凉山盐源县高速公路项目 BIM 设计的特点有以下几方面:首先 BIM 应用专业广,几乎涵盖了公路设计所有专业;其次,在设计过程中形成大量的三维可视化成果资料,减少沟通环节成本;同时,在设计过程中实现了参数化设计,为设计调整节约了大量的时间,大大提高了设计效率。

(1)工程可行性研究阶段使用 Autodesk Civil 3D 结合 Autodesk Infraworks 360 进行智能三维选线。

在工程可行性研究阶段,根据卫星图片和地理信息空间云数据结合,应用 Autodesk Infraworks 360 生成直观的数字地形模型,并应用 Autodesk Infraworks 360 进行三维选线、分析和优化工作。在 Autodesk Infraworks 360 中进行视距分析,可以很直观地反映不满足视距要求的位置,调整相关参数,以满足设计要求。项目在规划及前期设计过程中存在大量的沟通、交流和汇报环节,而听取汇报方往往并非专业人士,常规的图纸无法清晰表达规划和设计意图。

项目实施 BIM 技术后,可以真实直观地对项目进行展示和阐述,降低专业门槛,提升决策的科学性和效率。同时,对于专业人员,三维可视化技术能够提高专业间的相互理解和沟通,无论设计、施工还是项目管理人员,都能够从宏观和微观层面全方位理解设计的真实意图,减少沟通环节成本。

(2)路线专业应用 Autodesk Civil 3D 完成平纵图绘制。

通过 Autodesk Civil 3D 快速绘制项目平面图、纵断面图,并通过相关参数调整完成路线设计,生成路线直曲转角表、纵坡竖曲线表和路线平纵面设计图纸,如图 5-23、图 5-24 所示。

图 5-23　GIS 模型

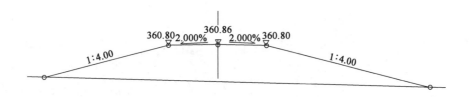

K0+36.55

H_s=385.53m	挖方面积A_w=0.00m²
H_d=360.86m	填方面积A_i=34.62m²
H=−2.33m	

左车道宽=3.00m　　　右车道=3.00m

图 5-24　纵断面图纸

（3）路基专业应用 Autodesk Civil 3D 实现道路模型自动生成,自动生成横断面图并完成路基相关工程量统计。

路基专业通过 Subassembly Composer 参数化路基标准横断面,为各结构层赋代码,在 Autodesk Civil 3D 中直接生成道路模型,自动生成全线的横断面图纸,并输出土石方工程数量表。减少横断面手动修改的工作量,提高工作效率。

（4）桥、隧专业使用 Autodesk Revit 软件实现参数化设计并完成工程量统计和出图工作。

针对装配式 T 梁及箱形钢筋混凝土拱桥上下部结构,建立了丰富的族模型文件,如 T 梁族、下部结构族、拱圈族、拱座族等。桥梁上下部族文件实现快速参数化设计,提高了工作效率。通过 Autodesk Revit 结构配筋对桥梁上下部结构及附属工程三维配筋及钢筋工程量统计。基本实现简支 T 梁、箱形钢筋混凝土拱桥二维出图。对于隧道专业,通过部件编辑器创建隧道标准横断面,通过设计平曲线、竖曲线结合隧道横断面,在 Autodesk Civil 3D 中生成隧道模型,并将隧道 Autodesk Civil 3D 模型输出到 Autodesk Revit 中进行详细设计,包括隧道部分的路面构造、排水管道布置、机电模型设计、配筋、相关工程量统计等。

（5）互通立交设计。

全线设置两座互通立交,互通立交的设计采用部件编辑器创建分离式路基标准横断面,在

AutodeskCivil 3D 中建立曲面、选线、装配材质等工作,最终完成互通立交设计,如图 5-25 所示。

图 5-25　半边街互通

第6章

隧道设计阶段的 BIM 应用

建设工程项目的设计阶段是整个生命周期内最为重要的环节,这一阶段直接影响着建设成本和运维成本,与工程质量、工程投资、工程进度,以及建成后的使用效果、经济效益等方面都有直接的联系。从方案设计阶段到施工图设计阶段是一个变化的过程,是工程项目逐渐过渡到细节的一个过程,同时在这个进程中需要对设计进行必要的检查、完善与管理。由于隧道工程与建筑工程有很大的区别,地质条件更加复杂,因此基于 BIM 技术可以在设计阶段通过在隧道工程中模型的创建、三维管线综合及碰撞检查、工程量统计等方面的应用,达到最终设计要求。设计阶段中应用 BIM 技术的最终目的是提高项目设计的效率与设计质量,强化前期决策的及时性和准确度,减少后续施工期间的沟通障碍和返工,保障工程项目建设周期。

6.1　BIM 技术在隧道设计阶段的应用现状

BIM 技术引进我国的时间相对较晚,相对于国外发展并不是很成熟。但是近年来随着计算机技术的发展,在工程技术上 BIM 技术的应用越来越广泛。尤其是 BIM 技术在建筑行业的应用逐渐成熟,随后 BIM 技术也开始应用到隧道工程、桥梁工程、道路工程等项目中。BIM 技术的应用目前主要以设计为主,通过在设计阶段的应用带动 BIM 技术在后续的施工阶段和运维阶段的探索与应用,但在信息流和管理方式上的优势还很难得到发挥。目前,国内一些工程建设单位已经将 BIM 技术应用到隧道工程的设计、施工以及管理等各阶段。

6.1.1　隧道工程项目中 BIM 技术的应用特点

1. 包含内容特殊

不同于建筑领域,隧道工程项目中 BIM 的概念还包含有 GIS,三维模型建立还包含有三维地质信息模型、三维地理信息模型以及隧道结构三维模型。同时也需建立相应的规范,从而使专业与阶段之间所形成的信息壁垒逐渐消失。

2. 对设计模型兼容性增强

隧道工程项目分为线上和线下两部分,按照工程特点之间的差异,设计人员也需要使用相应的应用平台,由于应用平台之间存在差异,因此对模型的兼容性有更高要求。不仅如此,设计环节以及施工环节都需兼容各种类型的设计模型,这也代表平台之间能够协同工作,同时还可以完成格式转换。

3. 可视化管理

隧道工程项目中含有多个系统,超前地质预报以及监控量测等数个系统,这也证明了隧道工程项目建设对施工安全以及质量的要求极为严格。施工企业在利用 BIM 技术的过程中,需充分集成不同种类的安全质量管理平台,对各项信息数据实施集中可视化管理。

6.1.2　隧道工程应用现状分析

隧道工程不同于工业、民用建筑工程,有其自身的特点。首先,隧道呈带状分布,长度从几百米到几十千米,这与工业、民用建筑位于一个集中的区域截然不同;其次,隧道位于地下,与地质关系密切,往往地质勘察的准确度决定了隧道设计质量;再者,由于与工民建工程内容和属性截然不同,导致建筑编码分类不能涵盖隧道工程。因此不能直接照搬工业、民用建筑的BIM 技术路线。

6.1.3　不同隧道工程应用现状

本小节主要介绍 BIM 技术在山区隧道工程、地铁隧道工程、市政隧道工程中的应用现状。

1. BIM 技术在山区隧道工程的应用现状

在山区修建隧道会遇到很多复杂的问题,地质条件较房屋建筑等其他工程要复杂得多,这就导致 BIM 技术在隧道设计中应用很少。通常山区隧道长、埋深大,体量很大;地质条件复杂,并且可能遇到断层、破碎带、节理密集带,也可能遭遇岩溶、滑坡等不良地质;设计多以新奥法理论为基础,施工方法复杂,洞口和浅埋段主要采用明挖法;深埋段主要采用三台阶法、三台阶临时仰拱法、双侧壁导坑法、四步 CD 法等。DBB 模式在隧道工程项目管理上的应用较多,当前 BIM 技术在隧道工程中应用较少的最大原因是工程地质的复杂性以及项目管理模式上存在的问题。

中铁四院采用 Autodesk 平台,以 Professional inventor 和 Civil 3D 为核心建模软件,探索铁路隧道工程施工图设计阶段 BIM 技术应用的解决方案,编制了隧道 BIM 设计的企业级实施标准,提出了山岭隧道施工图 BIM 设计技术路线,并以全长 8199 m 的福平铁路新鼓山隧道为试点,全专业参与完成了隧道 BIM 设计。精细的隧道 BIM 模型如图6-1 所示。

2. BIM 技术在地铁隧道工程的应用现状

地铁隧道工程的施工环境也很复杂,且施工的空间较山区隧道工程要小得多。但是随着我国城市交通系统的不断发展完善,大、中、小城市之间的交通联系加强,加之企业的积极倡导,BIM 技术在轨道交通项目的应用得到了更多的发展。在一些经济发达的城市已经把 BIM 技术应用在了地铁隧道工程中,比如上海、北京、长沙等地都在

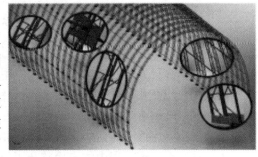

图6-1 格栅钢架模型

不同程度上应用了 BIM 技术。这大大提升了工程建设的质量,降低了成本,在项目管理上也更加方便。

目前多数地铁的 BIM 应用研究主要集中在车站方面,地铁业内对地铁区间隧道 BIM 应用研究很少。在上海轨道交通 12 号线某区间施工中,试点应用施工三维可视化平台。该平台将项目与 BIM 模型及周边 GIS 数据进行整合,在 web 监测平台上以三维可视化的形式展示,并将重要信息实时发送至管理人员邮箱,辅助建设单位和施工单位及时掌握相关信息并做出应急反应。

3. BIM 技术在市政隧道工程的应用现状

随着交通系统的不断发展,城市交通拥堵问题越来越严重。市政隧道工程项目是解决这一问题的较好方法,但是区别于以上两种隧道工程,市政隧道工程会遇到地下管线、重要建筑物的基础等,同时还要确保地表的沉降在控制范围内。针对这些特点,我国各级政府部门、相关单位、各行业专家等都非常重视并积极推广 BIM 技术,逐渐明确了我国 BIM 技术的发展目标,在隧道工程中要掌握并实现 BIM 技术,并与企业管理系统和其他信息技术相结合,形成一体化集成应用。

国内一些设计院根据地下工程实际情况和特点,分析了在隧道工程总承包中 BIM 技术的应用,根据 BIM 技术的特点——设计可视化、施工可视化、模型可视化、施工进度模拟、施工仿真、可出图性、机电管线碰撞检查及工程量统计等方面——做了很多的研究。

例如,上海市城市建设设计研究总院根据上海陈翔路地下工程的特点,分析了 BIM 在工程总承包中的应用,对 BIM 技术在模型可视化、施工进度模拟、出图、碰撞检查及工程量统计等方面的应用做了相应的研究。陈翔路地下隧道结构模型和地质模型如图6-2 所示。

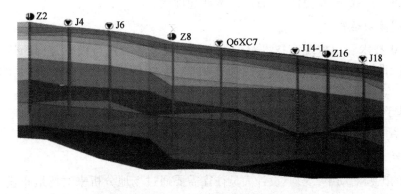

图6-2 上海陈翔路地下隧道结构模型和地质模型

6.2 BIM技术在隧道设计阶段的应用前景

BIM技术在隧道工程技术的信息化应用是今后的重要发展趋势。BIM技术在隧道工程设计中的应用将信息化和数字化相结合,为后续的不同施工阶段以及不同施工方之间的相互协调提供保障。能够有效提高设计的准确性和精度,在一定程度上能够提高后续施工效率,避免工程事故发生。方便了后期的运营管理,同时响应了隧道施工环保的要求等。

BIM技术在隧道工程中的应用整合了设计的流程,真实的BIM数据和丰富的构件信息给各种分析软件以强大的数据支持,保证了结果的准确性。BIM技术具有某些特性,可以对分析的结果有非常准确和及时的反馈,有助于工程师在方案设计阶段和初步设计阶段做出相关的准确决策。而且BIM技术的应用提供了可视化的模型和准确的信息统计,整个模型更加立体、直观。设计者的意图能够更加直观、真实、详尽地展现出来,为后续的施工奠定了坚实的基础。

BIM技术在项目设计阶段的工作应用前景主要体现在以下几个方面。

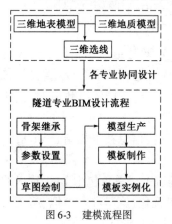

图 6-3 建模流程图

1. 基于BIM技术建模

BIM技术能够构建出准确的三维实体模型,通过创建模型,可以更好地表达设计意图,突出设计效果,满足业主需求。应用BIM技术在隧道工程项目中构建BIM模型,工作量相对较大,建模的难度也较高,所以在建模时通常将隧道工程项目按照不同的地质情况和地段情况划分为不同的部分,然后在划分的不同段上构建BIM模型。所有不同段的模型建立好后,隧道工程中不同线路的地理位置、地质条件以及隧道的里程参数等可以作为模型整合的依据,将所有模型整合到一起从而达到很好的设计效果。设计阶段建模流程如图6-3所示。

2. 利用模型进行专业协同设计

利用建好的模型进行各专业的协同设计,可以减少设计错误。通过碰撞检查,把类似空间障碍等问题消灭在出图之前。通过可视化的设计会审和专业协同,基于三维模型的设计信息传递和交换更加直观、有效,有利于各方的沟通和理解。

3. 效果图及动态展示

基于BIM技术和虚拟现实技术对工程实际情况及环境进行模拟,出具高度仿真的效果图。这样就使设计者的设计意图能够更加直观、真实、详尽地展现出来,为后续的施工奠定坚实的基础。

另外,基于已有的BIM模型可以在短时间内修改完毕,效果图和动态图也能及时更新,对不合理的方案可以及时进行修改和补充。

4. 隧道岩土工程条件的模型概化

在当前的工程活动中,规划、设计人员往往需要通过场地分析来对场地布置、环境规划等影响因素进行评价。传统方法中,利用二维平面地质、高程等数据时,往往不够直观,场地定量分析不充分,无法处理大量的信息且易受主观因素影响。基于 BIM 技术的应用,由工程人员采集并建立场地三维数字地形图,可以方便规划、设计人员较直观地确定总体布置方案。尤其在一些山区、丘陵等地势起伏相对较大的场地,对于隧道工程表现最为突出。隧道工程复杂的地质条件带来的困难,在 BIM 技术岩土工程条件模型概化的应用中也得到了很好的解决。

5. 强化三维地质模型,助力地下空间开发

一般的三维地质模型,是将勘察获取的一组点状的勘察孔地层资料处理成三维模型,体现地层结构空间的情况,信息较为单薄。戴一鸣等探讨了 BIM 在岩土工程勘察领域应用的可行性,提出了一些实现途径和分阶段的解决方案。为了充分发挥 BIM 信息涵盖面广、与设计施工等深度融合的特点,除基本的地层分布资料外,还应将勘察获取的特性指标、参数等信息整合进模型中,形成概括了完整岩土工程条件的基于 BIM 的三维地质模型,在参建单位间形成共享,便于设计人员直接与地下结构融合进行数值分析与计算。这对地下结构基坑支护、降水设计优化、保证施工安全顺利实施等有重要意义。

6. 建模效率的提高

目前,各软件商所提供的系列软件在实际设计应用中,即使只考虑完成软件可以完成的工作内容,其工作效率也无法满足生产需要。在隧道工点设计中,传统的设计每个工点设计时间大约为 2～4 天。如果按照 BIM 软件同等精度进行传统建模,所需时间将会呈倍数增加,无法满足时间要求。

造成这一结果的原因主要有两点:第一点是软件在铁路行业的参数化、自动化程度不足;第二是由于 BIM 设计精度重复程度高于传统二维设计。以变形缝防水为例,在传统二维设计过程中,只在设计图中表明变形缝的位置,而变形缝的防水措施则有专门图纸。而在 BIM 设计当中为了后期工程量的计算,初步计划是需要建立每一个变形缝。因此对于具有复杂地质条件的隧道工程来说,应用 BIM 技术能够大大提高建模的效率。

6.3　BIM 技术在隧道设计阶段的应用

利用 BIM 技术,工程师可以在设计过程中赋予所创建的虚拟模型大量信息(几何信息、材料信息、构件属性等)。只要将 BIM 模型导入相关的性能分析软件,就可以得到相应分析结果,原本在 CAD 时代需要专业人士花费大量时间输入大量专业数据的过程,现在可以自动轻松完成。从而大大降低了工作周期,提高了设计质量,优化了为业主的服务。并且,利用 BIM 可视化的模型数据分析,为方案设计阶段方案的选择提供依据。

6.3.1　BIM 技术的总体应用思路

1. 方案设计阶段

以三维可视化的形式展现各方案的优缺点,同时辅助线路走向,协助建设单位、设计单位进行方案比选、整体优化,并最终确定方案。

应用 BIM 技术可以加强设计方案的表现,这是基于设计方案所创建的 BIM 模型,以三维

可视化的形式展现方案的设计理念、设计思路和细节表现,辅助政府相关部门、建设单位、设计单位协调沟通。由此来检查方案的可行性,预测方案实施的重点难点,为实际施工提供技术指导。

2. 初步设计阶段

利用 BIM 技术还可以实现场地现状仿真。首先,根据场地现状创建 BIM 模型,检查施工场地的布置是否合理。其次,基于 BIM 技术创建三维地质模型及其他方面的应用,利用创建的模型辅助设计人员进行项目方案的局部优化,并利用其可视化的优点直观展现隧道工程的设计过程。

3. 施工图设计阶段

设计人员分别创建结构、给排水、暖通和电气专业的 BIM 模型,并将各专业模型整合成一个完整模型。设计人员基于此模型,在三维虚拟环境中,及时发现管线与结构构件之间的碰撞、各专业的管线碰撞等问题。根据碰撞检查结果进行分析并生成协调数据,解决设计图纸中可能存在的"错漏碰缺",优化设计图纸质量,避免后期的设计变更及施工返工。

BIM 技术可以实现装修设计的模拟仿真。根据二维装修设计施工图创建 BIM 模型并进行场景模拟,对 BIM 模型对象赋予材质信息、颜色信息以及光源信息,模拟场景效果,生成效果图,辅助建设单位和设计单位沟通并优化装饰方案,提高装修设计效率。

经过初步设计阶段、施工图设计阶段不断完善的 BIM 模型,包含丰富完整的设施设备几何和非几何信息。基于如此精细的 BIM 模型,可以进行准确的工程量统计工作,提供满足招标要求的土建、机电、装修工程量辅助统计表,包括标准构件及典型结构的钢筋用量及含钢量分析,辅助项目投资监理精确复核工程量,节省项目成本,具体在各设计阶段的应用介绍如下。

6.3.2 BIM 技术在方案设计阶段的应用

项目评价是对规划的目的、执行的过程、效益、作用等方面进行系统分析。在方案的设计阶段,应用 BIM 技术进行设计方案比选的目的是选出最佳的设计方案,为设计阶段提供对应的设计方案模型。基于 BIM 技术的方案设计是利用 BIM 软件,通过制作或局部调整方式,形成多个备选的设计模型,进行比选评价,使项目方案的沟通、讨论、决策在可视化的三维场景下进行,实现项目设计方案决策的直观和高效。

BIM 技术拥有强大的建模、渲染和动画技术,通过 BIM 可以将专业、抽象的二维图形描述通俗化、三维直观化,使业主等非专业人员对项目功能性的判断更为明确、高效,决策更为准确。这样就使设计者的设计意图更为直观、真实、详尽地展现出来,既能为投资方提供直观的感受,也能为后续的施工提供很好的依据。

6.3.3 BIM 技术在初步设计阶段的应用

1. 地形地质模型的建立

由于隧道工程项目在不同地段的地形、地质情况各不相同,基于此,对地形模型、地质模型和隧道模型应进行分别建模。其中,地形、地质模型用于支持虚拟场景布置和设计优化,隧道模型主要用于支持施工管理和过程模拟。建模完成后,通过线路的里程和地理坐标关系,将隧道模型放置于地理空间中,进行模型整合,即可建立逼近真实的虚拟施工环境。之所以分别建模的另外一个原因是隧道的地质信息很丰富,若整体只建立一个 BIM 模型,信息量会非常大,不利于计算机操作。

隧道工程建设以地形、地质条件为背景,精确的地形、地质模型的创建是整个隧道建模的基础。地形、地质模型是根据地形数据构建三维地形模型,并根据隧道地质测绘资料及已有的纵横断面构建地质模型,以不同颜色、花纹和图片代表不同时代地层,并用现场实际图片进行地层处理,使模型与实际相符。

在隧道模型建模初期,首先确定坐标系统、高程系统,列出隧道起点与终点的坐标信息、高程信息,在地形、地质模型中精确定位。其次,通过对项目范围内等高线数据进行修正和补全,在 Bentley Geopak Rebar 中将等高线数据处理成为数字三角网,进而形成数字地面模型。建模流程如图6-4所示。在 Geopak Rebar 软件环境中将处理完的不同层级地质模型以及该地区所在的断层、滑坡体等信息整合为一体,形成整体的模型。

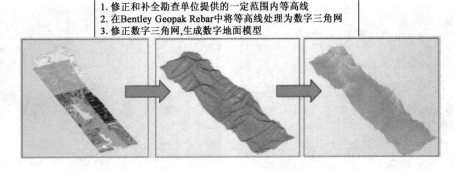

1. 修正和补全勘查单位提供的一定范围内等高线
2. 在Bentley Geopak Rebar中将等高线处理为数字三角网
3. 修正数字三角网,生成数字地面模型

图6-4 数字地面模型创建流程

2. 隧道三维建模的应用

1)建立控制参数及草图设计

控制参数基于结构的基本属性建立,只有建立足够、合理的参数,才能实现模型的参数化驱动修改。草图设计是三维建模的基础,草图必须为全尺寸约束。根据铁路隧道相关规范对净空、限界、时速等要求,利用 CATIA 草图设计功能绘制轮廓草图,并通过公式编辑器将建立的参数与尺寸约束链接,配套修改参数便可实现草图尺寸和位置的协同变化。下面以Ⅴe-Ⅱ和Ⅴe-Ⅳ衬砌形式为例进行说明,如图6-5所示。

2)建立三维模型

BIM 三维模型在参数化草图轮廓的基础上,继承线路、地质等信息作为输入条件,运用平行、拉伸、切割、偏移等命令建立模型。完成一类构件中的一个模型后,应用知识工程阵列等功能生成所有三维实体模型。以初喷混凝土三维模型的建立为例,说明 BIM 三维设计(建模)中的应用。

(1)建立与初喷混凝土有关的参数。

(2)设计初喷拱顶混凝土的一环,即形成初喷混凝土的设计过程。

(3)定义用户特征,运用 CATIA 知识工程阵列生成整个隧道初喷拱顶混凝土(图6-6)及全部初喷混凝土(图6-7)。

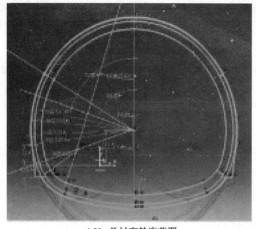 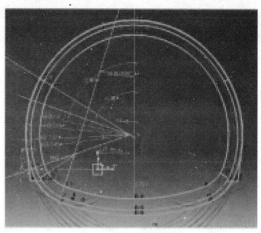

a) Ve-Ⅱ衬砌轮廓草图　　　　　　　　　　b) Ve-Ⅳ衬砌轮廓草图

图 6-5　衬砌轮廓草图

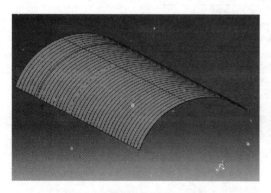 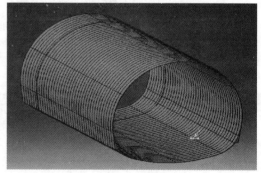

图 6-6　隧道初喷拱顶混凝土模型　　　　　图 6-7　隧道初喷混凝土模型

重复上述步骤,得到全隧复喷混凝土。依照上述建模步骤可建立隧道施工精度的其他模型。

3)信息附加

本例的模型附加信息,包括属性信息、描述信息、参数设置等。通过参数驱动建立的模型本身已包含了几何属性,配合数据库配置和二次开发,为隧道模型附加其他属性,如初喷混凝土的属性信息。

3. 创建隧道钢筋模型

BIM 钢筋模型是对结构施工的一次"预演",建模过程也是一次全面的模型校审过程。在此过程中可以发现大量设计施工问题,提前细化钢筋的下料排布,建模完成后利用已建 BIM 模型进行施工模拟辅助施工,也可以通过钢筋模型计算工程用量并生成用料清单列表,便于编写物资采购计划,加强工程钢筋用量控制。

三维钢筋布置主要依托于三维模型的结构面,用户可以在三维模型中,选取一个或多个结构面后指定钢筋的布置范围、保护层厚度、间距、钢筋类型、直径等信息,通过创建好的钢筋模型,可以提取钢筋的属性参数,如钢筋的根数、长度、重量、总重等生成 Excel 文件。

市政工程的项目钢筋种类与数量比较庞大,不宜采用传统的手工建模方式,耗费大量的时间精力,效率不高,容易发生错误。可以通过 CATIA 的产品知识模板(Engineering Template)及 Engineering Rule Capture 两个模块,快速阵列钢筋模型,具体的执行操作如下:

（1）提取隧道结构模型的外表面作为钢筋模板的输入条件。

（2）设定钢筋保护层的厚度,并发布成参数。

（3）通过 CATIA 二维线框命令草绘不同类型钢筋的大样图。

（4）利用 CATIA 提供的扫掠命令生成钢筋的三维模型,并作为钢筋模板的源文件。

（5）通过 EKL 语言快速生成三维模型。

（6）生成钢筋模型及钢筋统计表。

4. 施工过程的模拟

通过利用 BIM 技术建立的模型,对施工过程中的步骤规划进行模拟,可以更加直观地展现施工的各阶段,检验施工阶段的组织是否合理。通过 3D 的视角呈现场地的支挡、机械布置以及各工序的安排分配等。利用 BIM 技术进行工程的动态分析调整,实时调整施工中不合理的地方,保证关键的节点施工进度,比如在隧道工程中的隧道盾构等工作。

首先,建立虚拟仿真环境,通过 Autodesk Navisworks 导入模型 NWC 文件,得到虚拟仿真环境下的模型。其次,利用 Timeliner 模块添加施工步序时间任务项数据源 CSV 文件,生成虚拟环境下的时间任务项,并使用规则自动附着于模型,使每一施工步序的时间任务项与模型构件一一对应。最后,模型赋予时间属性后,生成虚拟仿真环境下由时间驱动的 4D 动态模型,从而可进行施工方案的虚拟推演。

5. 隧道结构模型的分析

结构设计负责人创建隧道围护、内部结构、地下人行通道的模型等,建筑设计负责人创建雨水泵房、消防泵水、污水泵房、配电间等建筑模型,机电专业设计负责人创建机电的模型。通过这样的方式可以满足不同专业之间的人员基于一个模型同步展开设计工作,有利于及时发现不同专业间的模型是否存在干涉现象、设计是否存在缺陷。

结构性能分析主要包括了以下几个方面:

（1）耗能分析:对能耗进行计算、评估,进而开展能耗性能优化。

（2）光照分析:在工程中采光的性能分析是一个重要的环节,应利用 BIM 技术进行可视化的分析。

（3）设备分析:管道、通风、机电等在设计中的计算分析模型输出,冷热、负荷计算分析,舒适度模拟,气流组织模拟。

（4）环境分析:规划设计方案与分析,节能设计与数据分析,隧道内部自然通风分析,防火,疏散通道以及工程周围环境的分析等。

图 6-8 和图 6-9 所示为对隧道结构模型和隧道机电模型的分析。

基于 BIM 技术的结构分析主要包括以下方面:通过 IFC 或者 Structure Model Center 数据计算模型,对抗震、抗风、抗火等结构性能设计。分析得到的结果存储在信息管理平台中,方便后续的应用。

6. BIM 隧道结构模型计算

隧道中有许多暗埋段和敞开段,设计人员可以利用 BIM 建立模型所用的软件,如 Revit,利用其楼板、圆柱体以及墙体等建立该隧道的整体物理结构模型。除了建立三维立体物理模型之外,BIM 技术还可以帮助设计人员建立结构分析模型,设计人员利用 Revit Structure 可以建立构件边界条件、梁体分析模型以及柱体分析模型等,含有上述数据信息的模型便是结构分析模型。事实上,Revit Structure 软件本身并不具备结构分析的功能,需要设计人员结合 Robot 实现结构分析。

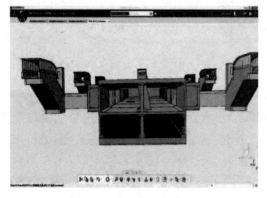

图 6-8　隧道结构模型　　　　　　　　　图 6-9　隧道机电模型

结构分析模型是 Revit 软件传输数据的主要载体,Revit 不仅建立了实体模型,同时也会建立同实体模型完全一致的结构分析模型,利用一定可见性设置,施工人员便能够对分析模型进行检测及完善。从而便于检测人员对隧道工程的位置等进行确认。

7. 基于 BIM 技术的工程算量

按照技术实现方式区分,基于 BIM 技术的算量分为两类:基于独立图形平台的和基于 BIM 基础软件进行二次开发的。基于 BIM 技术在隧道工程中工程算量的优点,工程算量主要用在以下方面的工程算量:

(1)土建工程算量

土建工程中各构件关系错综复杂,工程量的统计工作繁杂,传统的手算列表分类汇总十分麻烦。为了更高效地管理造价基础数据,尝试改变传统的算量编制工作模式,引入 BIM 技术,利用 BIM 软件来取代传统手算列表算量模式。具体过程为:

①造价建模员把土建算量所需的构件清单名称、属性特征等信息录入模型中。

②根据计价规范、合同清单,由造价建模员设置编辑计价规则,设置构件的分类、构件属性及对应清单子目。

③BIM 软件按照设置形式自动汇总计算,输出工程量计算结果,所得结果直观且可直接使用。

(2)钢筋工程算量

在传统钢筋工程量的计算中,造价人员需要不断查看图纸,还要查看图集,查看钢筋的锚固、搭接长度、钢筋节点等。利用 BIM 技术计算钢筋的用量就可以解决人工计算复杂、工作量大的问题。具体过程为:

①在软件中设置设计规范、计算规则、混凝土标号等信息。

②对照施工图纸,在 BIM 钢筋算量软件中输入各类构件的属性,把电子 CAD 图纸导入 BIM 钢筋算量软件,识别生成图元,整体模型等都能清晰展现。

③创建完成钢筋工程模型,软件便按照设置形式,自动汇总统计钢筋工程量。

(3)混凝土构件算量

BIM 软件能够精确计算混凝土构件的工程量且与国内的工程计量规范基本一致。对于单个混凝土构件,BIM 能够通过表单得出相应的工程量。

使用 BIM 软件内修改工具中的 Join 命令,然后根据构件类型修正构件的位置,并通过连接优先顺序扣除实体交接处重复的工程量,确保主工程构件的工程量。次要构件的统计参数修正为扣减后的精确数据,达到构件工程量统计的准确性,避免出现增加或减少的情况影响工程造价。

(4)机电等设备安装工程算量

将机电安装各系统电子施工图导入 BIM 算量软件,识别生成各种图元,或是通过构件点、线、面的绘图布置方式生成各种系统模型。由机电安装建模团队合力将各系统的模型形成一个区域机电安装模型。

为了保证计量结果的准确性,将机电安装模型导入 Naviswork 软件中检查浏览,并编制图纸疑问清单及时反馈给业主,由设计单位回复后及时修正工程量,以确保工程量清单的准确无误。

6.3.4 BIM 技术在施工图设计阶段的应用

1. 二维管线综合设计局限

传统二维管线综合设计的局限性:在隧道工程传统设计流程中,通过二维管线综合设计来协调各专业的管线布置,但这一方式仅仅是将不同专业的平面管线布置图进行简单的叠加和断线,然后按照一定的原则确定出管线间的相对位置,进而制定出各管线的原则性高程,最后针对关键部位绘制出局部剖面图。二维管线综合设计存在的局限性主要体现在以下方面:

(1)管线交叉的地方仅通过管线高程变化关系,难以进行全面的观察及分析,碰撞无法完全暴露及避免,因此就无法完全发现并解决碰撞隐患。

(2)管线交叉的处理均为局部调整,很难将管线系统的连贯性考虑进去,容易顾此失彼,解决了一处碰撞,又引发出新的未预见到的碰撞。

(3)传统二维管线综合设计图纷繁复杂,虽然在管线叠加处为表现上下层关系,采用了多层剖切的方式,但是其结果仍不够直观,给专业间的配合、图纸审查和施工都带来一定困难。

2. 三维管线综合设计优势

基于 BIM 的三维管线综合设计的优势:BIM 模型是对整个模型、结构、机电系统设计的真实展示,同时也是全面的"三维审核"过程。基于 BIM 的三维管线综合设计应用于隧道工程,具体优势可体现在以下方面:

(1)BIM 模型将所有专业放在同一模型中,对专业协调的结果进行全面检验,专业之间的冲突、高度方向上的碰撞是考量的重点。模型均按真实尺度建模,传统表达予以省略的部分均得以展现,从而将传统设计中存在却未被发现的深层次问题暴露出来。

(2)土建及设备全专业建模并协调优化,全方位的三维模型可以观察并调整该处管线的高程关系。

(3)BIM 软件可全面检测管线之间、管线与土建之间的所有碰撞问题,并反馈给各专业设计人员进行调整,理论上可消除所有管线碰撞问题。除了传统的图纸表现,再辅以局部剖面及局部轴测图,管线关系一目了然。三维的 BIM 模型还可浏览、漫游,以多种手段进行直观的表现。由于 BIM 模型已集成了各种设备管线的信息数据,因此还可以对设备管线进行精确的列表统计,部分替代设备算量的工作。

3. 管线碰撞检查

在传统的二维设计中,设计师大多都是通过绘制剖面来完成管线综合图,这些剖面只解决

图6-10 某隧道口附加导线安全距离的检查

了该位置的管线排布,而实际情况中管线都是连通的,一个位置的排布合理不能代表所有其他位置的排布也是合理的。通过利用BIM技术创建现状的市政管线模型,进行各专业之间及专业内部的碰撞检查,能够提前发现设计中可能存在的碰撞问题,减少施工阶段因设计"错漏碰缺"而造成的损失和返工工作,提高设计质量和施工效率。例如,在某隧道工程中的碰撞检查应用如图6-10所示。

4. 地下结构防水设计及优化

地下结构的防水设计,在一定程度上依赖于结构的抗裂设计。所以在上述的裂缝优化措施和设计的基础上,对施工缝要加设止水钢板,或留置凹凸型施工缝;对结构薄弱区增加构造钢筋;对预留孔洞设置带止水板的钢套筒;对有可能开裂的部位同时也是水压力大的部位要设置双层结构等。此外,地下结构的防水设计,对于浅埋结构是"堵排结合",对于深埋结构是"防堵为主"。所以目前地下室外墙防水都设置排水板或排水槽,来降低地下水的影响,而深埋结构一般采取内衬和外衬两层结构来抵抗地下水的渗入。

5. 管线优化设计

通过上一步骤的碰撞检查能够及时发现实际工程中会存在的管线问题,从而对不合理的地方进行修改调整。管线优化设计这一步骤就是要根据发现的问题将施工图设计阶段完成的机电管线等进一步综合排布,使各系统的使用功能效果达到最佳。使用BIM模型技术改变传统的CAD叠图方式进行管线的优化设计,发挥软件的优势把不同的专业协调起来,及早发现碰撞冲突点并处理。

例如,在深圳地铁9号线设计中,利用BIM技术在施工图设计阶段进行碰撞检查。在完成车站的整合模型后,进行碰撞检查时发现多处各专业管线之间的碰撞。如图6-11所示,给水管与风管产生了碰撞,利用BIM技术建模发现这一碰撞问题,在安装时将水管向上绕过风管进行安装,避免了后期安装的碰撞问题。进行调整后水管翻过风管安装,避免了管线之间的碰撞,这样避免后期施工时产生碰撞,提前解决了问题。

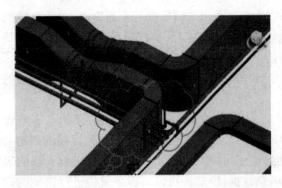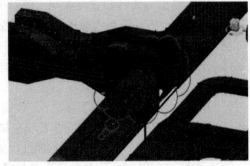

图6-11 碰撞检查调整前后水管和风管布置图

6. 虚拟现实

采用虚拟现实技术,展现建成后的工程,通过场地仿真、场地漫游实现与周围环境匹配协调以便优化方案。在 BIM 中加入材质信息、颜色信息以及光源信息,模拟场景效果,通过云渲染技术直接生成装修设计的预期效果图,提高设计表达性和设计品质。例如,某山区隧道和地铁隧道的预期效果图如图 6-12 和图 6-13 所示。

图 6-12　某山区隧道预期效果图

图 6-13　某地铁隧道预期效果图

6.4　BIM 平台设计成果交付

由于采用了三维的方式进行设计,BIM 技术提交成果的方式与传统的设计成果交付存在较大的区别。此外,BIM 技术的设计成果交付应该满足一定的标准,这样可以形成一个具有可操作性的、兼容性强的统一标准,各阶段数据的建立、传递和解读,尤其是各专业的相互协调,工程设计参与各方的协作以及质量管理体系中的管控等过程均可以实现统一。本小节主要介绍隧道工程 BIM 设计成果交付的内容和要求等内容。

6.4.1　设计成果交付的内容

1. 二维施工图输出方式

尽管三维 BIM 模型可以对工程的整体及细节有直观的展示,但在具体细部尺寸的表达上二维图纸却无可代替。二维的表达方式,即管线综合平面图、剖面图和局部详图。此外,对于管线关系较复杂的局部,则可辅以三维轴测图。

为符合行业规范和施工图出图习惯,项目组为各系统增添了标注族,包含了专业代码、管线尺寸、管线层数和底高程。为设备族添加了二维图例,实现了三维模型在平面视图下显示图例的表达方式。调整了视图,结合了企业 ERP,实现对整个施工图设计流程的管理。

2. 效果图和漫游动画输出方式

通过对模型材质编辑设定,用渲染的方式可以表达出更真实的设计效果。云渲染是通过远程服务器来实现的渲染方式。用户终端通过 Web 软件并借助高速互联网接入访问资源,指令从用户终端中发出,服务器根据指令执行对应的渲染任务,而渲染结果画面则被传送回用户终端中加以显示,渲染效率大大提高。

与上面的二维出图方式相比,通过三维这样的输出方式具有更大的优点。应用 BIM 技术,在 Navisworks 中生成漫游动画。通过漫游动画,观察者能够在一个虚拟的三维环境中,用动态交互的方式对周边环境进行身临其境的全方位的审视;可以从任意角度、距离观察场景;可以选择并自由切换多种观测模式,例如行走、驾驶、鸟瞰等,并可以自由控制浏览的路线。在漫游过程中,还可以实现多种设计方案、多种环境效果的实时切换比较,从而获得身临其境的人机互动体验。

3. 工程量和工程造价计算交付

从模型数据库中导出数据,并对这些数据进行分组、排序、过滤、总计等编辑,导出各种工程的总量和计价,最终以通用的 Excel 格式输出各类工程量及造价的明细表。

6.4.2 交付要求

为保证交付模型中构件名称的统一性,按照隧道工程各构件的特性,标准规定构件的命名应由构件的名称、围岩分级、衬砌类型三部分组成。模型交付时,需要注意建模的软件格式及版本的问题,避免出现模型文件不能正常打开的状况,所交付的模型数据应同时包含 RVT 和 NWD 两种格式。

模型的交付物除了包含 BIM 模型及构件资源库外,还应包含工程视图、工程量明细表、碰撞检查报告及模型说明书。工程视图和工程量明细表都宜由模型全部导出,应采用 DWF、PDF 或者其他不可编辑的格式提交。对于非 BIM 模型导出的数据应有特别的注明。

6.4.3 交付标准

交付标准也是设计成果交付的重要依据,应保证所有交付的模型统一和完整,适应以模型为载体的 BIM 应用需求。内容包括模型范围、专业分类、几何信息、非几何信息和深度等级等。专业分类主要为:环境、道路、结构、通风、给排水、供电、照明、监控等。几何信息主要是定位、尺寸、位置信息。非几何信息又包括:设计参数、施工参数、设备参数、运维信息和其他信息等。模型深度等级划分参照美国建筑师协会(AIA)LOD 概念,定义 100～500 共 5 个等级。

例如,图 6-14 是以管片为例的各阶段模型深度等级与信息要求的关系图。

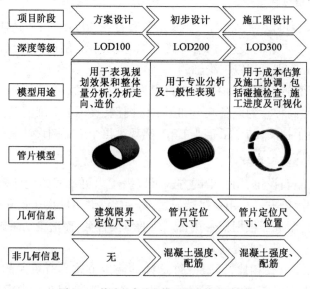

图 6-14 管片的各阶段模型深度等级示意图

6.5 BIM 模型技术标准

6.5.1 BIM 应用标准

基于 BIM 技术在隧道工程项目中系统性指导应用、成果评估监督等考虑,BIM 应用标准的主要内容包括:项目 BIM 策略、协作式 BIM 数据共享、模型拆分方法、模型深化方法、文件夹结构和命名规范、资源等。

对于标准框架,根据 CBIMS《中国建筑信息模型标准框架研究》,标准框架分为三个层次:核心层、应用需求层和约束层。核心层又包括模型交付标准(标准核心)、行为标准和资源标准。行为标准是建模、分析、应用和协同设计的规范,交付标准规定模型深度、广度、交付物内容等,资源标准对软硬件设备要求、系统配置要求、人员要求等进行规定。

1. 分类编码标准

分类编码标准是一个基础性标准,主要用于解决信息的互通共享和交流传递。分类编码标准的意义在于使建筑工程中涉及的构件、产品、材料以及各种行为都具备一个数字化的编码,能够实现有序的分类、检索和管理,确保信息在传递中的准确性。

2. 构件创建标准

BIM 在项目实施过程中产生大量的构件,其中绝大部分构件经过加工处理,可以实现重复利用,这将大幅降低 BIM 的实施成本。企业需要对这部分构件进行合理的创建与管理,开发建立构件库是对构件进行有效管理的途径。通过对构件库持续的维护和管理,使得构件库成为企业的信息资产。对构件的创建需要统一的标准进行约束,这就需要制定相应的企业标准,如大部分企业在实施 BIM 过程中运用 Autodesk 公司的 Revit 来完成建模工作,相应的企业标准则需要建立族创建标准。

6.5.2 相关规范要求

基于 BIM 技术的模型设计应当满足相应的规范要求,在国标《建筑信息模型应用统一标准》(GB/T 51212—2016)条文说明中也对模型做出了相应的规定,其中在 6.3 模型创建这一部分规定如下:

模型创建前,应根据工程项目、阶段、专业、任务的需要,按照所选择 BIM 应用方式和环境条件,对模型及子模型的种类和数量进行总体规划。其中对子模型可支持的应用功能、数据交换需求以及各子模型间相互关系的确定,可参照 buildingSMART 发布的 IDM 和 ISO 29487 标准,并综合考虑我国建筑相关的标准规范、工作流程以及后续任务需求。

模型创建时,各相关方应共同制定模型创建规程或信息互用协议,建立统一的模型创建流程、坐标及度量单位、信息分类、编码和命名等模型创建和协调规则。在模型创建中各方应严格遵循统一的规程和协议,并定期进行模型会审,及时协调并解决潜在的模型和专业冲突,确保各相关方采用不同方式、不同软件创建的模型,符合专业协调和模型数据一致性要求。采用数据格式相同或兼容的软件创建模型,可有效地保证模型数据互用的质量和效率。当采用数据格式不兼容的软件时,需要准备好数据转换标准或工具实现数据互用。

6.5.3 BIM 模型建模规则

为使 BIM 模型与施工图信息保持一致,并能满足后续施工管理需求,由设计单位与施工单位事先对隧道 BIM 的建模精度与构件信息粒度、构件命名与编码规则等建模标准及交付要求进行约定。隧道 BIM 建模深度达到施工图蓝图,模型精度可以支持施工工序管理。建模规则如表 6-1 所示。

隧道 BIM 建模规则 表 6-1

序号	构 件 名 称	建 模 单 元
1	导管、中空锚杆、砂浆锚杆	采用一榀的组件形式,相邻两榀呈梅花状布置
2	型钢钢架、格栅钢架	采用一榀的组件形式,包含锁脚;锚杆、节点连接板、节点螺栓等
3	喷混凝土、钢筋网	采用循环开挖进尺长度,不同围岩级别的循环开挖进尺长度差别较大,一般为 0.5 ~ 3.5m
4	仰拱填充、底板、仰拱及仰拱部防水板	采用仰拱台车或模板的模筑长度,一般为 6 ~ 8m
5	无砟轨道基础、中心盖板沟、侧沟沟槽等	采用模板的模筑长度,一般为 6 ~ 8m
6	拱墙及拱墙部防水板	采用二衬台车的模筑长度,一般为 10 ~ 12m
7	复合式衬砌隧道轮廓设计	由多个圆构成,即圆的数量一般为 3 ~ 4

6.5.4 模型精度与信息粒度

构件单元表示构件在模型中的建模精度,宜结合施工工序管理要求,考虑建模难度,采用榀、纵向长度等单位。模型的信息粒度应符合模型精细度等级的规定,应包含几何信息和非几何信息,其中几何信息应进行参数化设计。模型的信息粒度与建模精度可不完全一致,应以模型信息作为优先的有效信息。由于技术条件的限制和实际操作的需要,模型的信息不一定能够全部以几何方式可视化表达出来。例如,钢筋混凝土可以省略钢筋构件,但其对应的属性信息可具备更加丰富的信息内容,包括钢筋的型号、配筋率、混凝土的体积、强度等级等。此类情况下,应以模型所承载的信息作为优先的有效信息。

例如,基于 BIM 技术在设计阶段的应用,针对铁路矿山法隧道建模的具体标准见表 6-2,主要要求如下:

(1)超前小导管、中空锚杆、砂浆锚杆、锁脚锚杆、管棚的构件单元,宜按一榀的组件形式,相邻两榀呈梅花状布置。几何信息应包括轴向长度 L_a(m)、钢管型号(mm)、外倾角 θ(°)、榀间距 L_d(mm)。非几何信息应包括类别、类型、代码、工程量(m)、钢管质量(kg)、钢型号 H、里程。

(2)钢筋网的构件单元,宜按一榀的组件形式。几何信息应包括环向长度 L_c(m)、钢筋型号(mm)、网格间距 L_s(mm)。非几何信息应包括类别、类型、代码、工程量(kg)、钢型号、里程。

(3)型钢钢架、格栅钢架的构件单元,宜按一榀的组件形式,且包含节点连接板、节点螺栓等细部构件。几何信息应包括环向长度 L_c(m)、榀间距 L_d(mm)。非几何信息应包括类别、类型、代码、工程量(kg)、型钢型号、钢型号 H、里程。

（4）喷射混凝土的构件单元，宜按循环开挖纵向长度，不同围岩级别差别较大，一般为0.5~3.5m。几何信息应包括纵向长度 L(m)。非几何信息应包括类别、类型、代码、工程量（m³）、混凝土强度等级 C、里程。

（5）仰拱构件单元，宜按模筑纵向长度，一般为6~8m。几何信息应包括纵向长度 L(m)、厚度 δ(cm)。非几何信息应包括类别、类型、代码、工程量（m³）、混凝土强度等级 C、钢筋型号（mm）、钢型号 H、配筋率 ρ（kg/m³）、里程。

（6）仰拱填充、底板的构件单元，宜按模筑纵向长度，一般为6~8m。几何信息应包括纵向长度 L(m)、厚度 δ(cm)。非几何信息应包括类别、类型、代码、工程量（m³）、混凝土强度等级 C、里程。

（7）拱墙构件单元，宜按模筑纵向长度，一般为10~12m。几何信息应包括纵向长度 L(m)、厚度 δ(cm)。非几何信息应包括类别、类型、代码、工程量（m³）、混凝土强度等级 C、钢筋型号（mm）、钢型号 H、配筋率 ρ（kg/m³）、里程。

矿山法隧道设计模型建模精度与信息粒度　　　　　　　表 6-2

隧道	BIM 模型构件	构件单元	几何信息	非几何信息
超前支护	超前小导管	一榀	1. 长度 2. 截面尺寸 3. 几何特征	1. 类别 2. 类型 3. 代码 4. 工程量 5. 里程 6. 材质 7. 贴图
	管棚	一榀		
	喷射混凝土	纵向长度 $L=0.5~3.5m$		
	中空锚杆	一榀		
初期支护	砂浆锚杆	一榀		
	钢筋网	一榀		
	型钢钢架	一榀		
	格栅钢架	一榀		
二次初砌	仰拱	纵向长度 $L=6~8m$		
	底板	纵向长度 $L=6~8m$		
	拱墙	纵向长度 $L=10~12m$		
防水板	仰拱部防水板	纵向长度 $L=6~8m$		
	拱墙部防水板	纵向长度 $L=10~12m$		
	仰拱填充	纵向长度 $L=6~8m$		
中心盖	沟槽身	纵向长度 $L=6~8m$		
板沟	盖板	纵向长度 $L=6~8m$		
侧沟	沟槽身	纵向长度 $L=6~8m$		
沟槽	盖板	纵向长度 $L=6~8m$		

6.6 BIM 应用的局限和相应建议

BIM 技术已经给隧道工程带来了前所未有的机遇，但是 BIM 技术在引进和应用过程中也遇到了多方面的阻碍。一方面，BIM 的引进遇到诸如培训时间和费用、软件系统不成熟、BIM

专家较少、在软件硬件上的投资费用、外部动机、知识产权保护和相关法律的缺失、政府的宣传力度、经济回报不明显等客观问题;另一方面,BIM的实施也遇到诸如设计师设计思维及方法的转型障碍、设计企业短视现象严重以及业主变革驱动力不足等主观因素。此外,BIM技术在隧道工程中的应用也存在一些其特有的难点和障碍。

6.6.1 BIM技术应用的局限

1. 标准问题

BIM标准的制定直接影响到BIM的应用和实施。没有标准的BIM应用,将无法实现BIM的系统优势。BIM技术在隧道工程中的应用目前还处于探索阶段,没有BIM标准可供行业采用。

2. 软件平台问题

现有的软件平台都没有针对隧道BIM设计的模块,只能借助建筑BIM设计软件或者制造业软件。正因如此,隧道BIM技术应用平台并不一致,有基于AutoDesk平台、达索系统和Bently系统等的应用探索。而不同的平台必然导致模型互导和数据交互的困难。此外,目前采用的BIM软件多是国外软件,未考虑国内的设计流程、设计规范、设计习惯等,本地化水平较低,需要做大量的二次开发工作,这无疑加大了BIM技术推广应用的困难。

3. 项目管理模式

目前,大多数的隧道工程仍然采用传统的DBB模式,这种模式最大的缺点是设计与施工分离,限制信息交流,而这种分离给BIM的应用带来了重重阻碍,在这种模式下,BIM的应用往往只能局限于项目的某一阶段,无法将BIM技术应用于项目全生命周期。

4. 地质问题

对于市政隧道或地铁区间隧道,地质情况相对简单,通过现有的BIM软件可以建立地质实体模型。但是对于长大山岭隧道,地质模型庞大,往往有断层、破碎带等复杂地质构造,常规的BIM设计软件很难建立精确的模型,必须依靠专业的地质软件完成建模,然而专业的地质软件与现有的BIM软件并不完全兼容,因此造成了地质模型放入整合系统后无法编辑,以及与隧道结构模型不能做布尔运算等问题。此外,目前地质模型的建立方法并未与当前普遍采用的地质钻孔相联系,这也导致了地质模型与现有的地质勘察相脱节。

5. 与GIS的结合

隧道工程呈带状分布,长度从几百米到几十千米,项目的地理信息极为重要,因此,BIM与GIS的集成与融合带来的价值将是巨大的,方向也是明确的。目前有许多这方面的尝试,例如,新鼓山隧道在出口附近上跨温福、福厦联络线,为了清晰表达复杂的空间关系又不至于过分加大工作量,将Google-Earth地形导入Infroworks中完成BIM模型创建,很好地展示了项目的三维关系。厦门轨道交通线路规划直接采用GIS平台,可以清晰展示线路与周围建筑物的关系。然而目前无论在技术上还是在管理上都还有许多需要讨论和解决的困难和挑战,简单的在GIS系统中使用BIM模型或反之都不是解决问题的办法。

6.6.2 BIM应用相应的建议

针对以上隧道工程BIM技术应用的局限性问题,提出以下几点建议:

1.建立隧道工程 BIM 标准体系

BIM 标准框架体系包括信息技术本身的标准也包括针对企业信息技术应用的标准。现阶段,在铁路领域,中国铁路工程总公司已经着手研究 BIM 技术标准并取得了突破性的进展,目前已经完成铁路工程 EBS 分解和分类编码标准。企业级标准是 BIM 标准体系的重要基础,当前,一些大型铁路设计企业也开始制定本企业的铁路 BIM 设计标准。同时,BIM 标准体系的制定也是解决软件平台问题的重要基础。

2.加快隧道 BIM 应用软件开发的步伐

目前的隧道建模平台、地质建模平台和 GIS 平台都还很不成熟。只有将 BIM 软件与我国的隧道工程规范、BIM 设计标准相结合,隧道工程的 BIM 应用才能最终落地。

3.改变管理模式

IPD 管理模式是最大化实现 BIM 应用价值的项目管理模式,其一体化团队协作的模式克服了传统建设项目管理模式项目各参与方处于对立位置的不利局面。传统的管理模式是制约隧道 BIM 技术应用发展的因素,只有革新管理模式,才能最大化实现 BIM 应用价值。

6.7 应用实例

6.7.1 应用实例1

项目名称:中铁二院宝兰客专石鼓山隧道。

1.项目简介

宝兰客专石鼓山隧道位于宝鸡市渭滨区渭河南岸的石鼓镇杨家山的黄土残塬区,起讫里程 DK639+430~DK643+760,全长 4 330m,为双线隧道。隧址区地形起伏较大,地面高程 624~766m,相对高差 142m,最大埋深 133m。隧道进出口段位于曲线上,纵坡三处坡度分别为 3/1720m、5.3/1200m、20/1410m。隧址区地层岩性差,有膨胀岩、湿陷性黄土、松软土等特殊岩土,地表水发育。结合隧道所处地形、地质条件,考虑施工工期、施工条件及运营期间救援疏散要求,采用 2 座无轨运输斜井辅助施工。

隧道洞身下穿茵香河、张家沟、刘家河三条较大沟谷,加之围岩条件极差,施工难度大、不可预测因素多,因此采用具有多维化、可视化等特点的 BIM 技术设计。项目利用 BIM 技术实现了隧道三维虚拟展示、施工工法转换三维模拟、施工组织动态模拟、工期预测、三维工程量计算及展示等,为石鼓山隧道建设质量、安全、投资、环境等目标的实现提供了技术保障。

2.平台选择

BIM 技术的应用需要若干软件相互协作共同完成,要求模型及信息能在各软件之间无损交换、无缝链接,因此建议选择同系列的软件相互配合以实现 BIM 技术的应用。目前国际上较为完善的软件公司主要有欧特克、达索、奔特力和图软,本项目在综合考虑各方面因素的基础上,选择达索系列软件作为技术支持平台,如图6-15 所示,简述如下:

(1)ENOVIA:协同管理平台,负责全生命周期内信息协调和数据管理。

（2）CATIA：产品设计平台，用于设计阶段三维模型的建立。

（3）DELMIA：仿真应用平台，用于施工阶段的施工动态仿真、施工组织计划。

（4）3DVIA：三维展示平台，用于全生命周期模型展示、信息浏览使用，可将交付成果作为独立输出结果分发并使用免费高性能 3DVIA Player 进行查看。

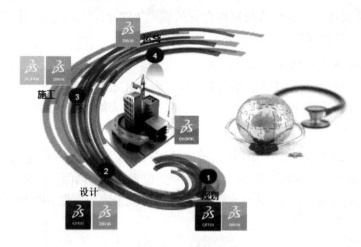

图 6-15　达索系列软件

3. 软件应用技术路线

铁路隧道工程是极其复杂和重要的基础工程，对其规划、设计、施工、运营维护的全寿命周期进行综合规划和设计优化具有重要意义。基于 BIM 模型数字化、可视化、多维化、协调性、可操作和全过程的特点，拟将 BIM 技术的应用贯穿于铁路隧道工程全生命周期，利用 ENOVIA、CATIA、DELMIA、3DVIA/GIS 等软件平台分别实现铁路隧道数据协同管理、隧道三维设计、隧道动态施工模拟、三维展示及信息浏览等。并可将三维设计模型导入 ANSYS 等有限元软件进行数值分析。此外，对 BIM 软件平台的二次开发还实现了二维出图、工程量计算及数字交付等方面的功能。

4. 三维地表建模

首先，对地形影像数据处理，根据获取的石鼓山隧道区域 10×4km 的测绘数据，制作正射影像（DOM）和数字高程模型（DEM）。其次，对背景数据处理，最后基于 Skyline 软件，通过金字塔技术将 DOM 和 DEM 集成，生成精细的三维地形模型，如图 6-16 所示。

图 6-16　数字高程模型（DEM）

5. 三维地质建模

地质建模过程主要是根据石鼓山隧道地质调绘资料及已有的纵横断面构建地层面,用建立好的地层面来剖切拉伸体以生成地质体,具体地质模型如图 6-17 ~ 图 6-19 所示。

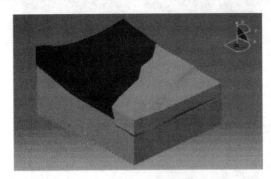

图 6-17 进口段三维地质模型

图 6-18 出口段三维地质模型

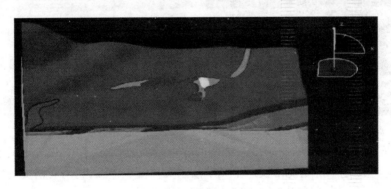

图 6-19 洞身明洞段三维地质模型

6. 隧道三维建模

隧道专业在三维地质模型和线路模型主设计骨架的基础上,结合围岩分级、施工工法、衬砌形式等因素,划分出各隧道段落的二级骨架,为隧道三维设计提供定位支持。利用 CAITA 建模功能(如草图绘制、知识工程阵列等)建立参数化、可联动修改的隧道三维模型,并附加必要的非几何信息,利用 CATIA 知识工程模板功能将建立的模型封装为模板,在后续遇到同类型隧道建模时实例化模板即可。

依托石鼓山隧道工程,初步建立了部分暗洞、明洞、附属洞室、防排水、洞门等模型。以 V 级 e 型暗洞衬砌三维建模为例,详细介绍隧道三维建模的全过程:

(1)模型架构:结合制定的命名规则,暗洞洞身模型主要由超前支护、初期支护、二次衬砌和防排水构成。

(2)骨架信息:根据骨架设计的理念,需要定义与暗洞洞身相关的一系列骨架信息,如起始里程、终止里程、平面线本段、空间线本段等,同时还需绘制一系列模型草图。例如骨架继承示意如图 6-20 所示。

(3)模型建立:在草图绘制的基础上,根据需要设置参数,按照设计要求利用 CATIA 的拉伸、扫掠、剪切、结合等功能制作知识工程模板,再利用知识工程阵列建立参数化的、可联动修改的隧道三维模型,如图 6-21 ~ 图 6-23 所示。

图 6-20 骨架继承示意图

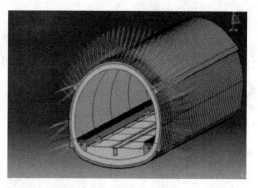

图 6-21 洞身整体模型

图 6-22 锚杆支护模型

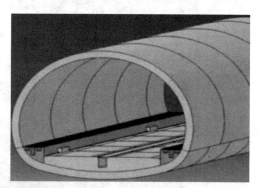

图 6-23 二次衬砌模型

（4）模板实例化：建立起规范、标准、科学的隧道模板之后，利用 CATIA 知识工程模板模块中的文档模板、超级副本等功能可快速生成本段的文档模板，然后利用文档实例化功能并设置合适的输入参数，即可快速建立起同类型的隧道三维模型。

（5）工程量计算与二维出图：利用 BIM 隧道三维模型实现了二维出图以及工程量计算（表 6-3）、模型附加信息等方面的功能。

钢架工程量统计

表 6-3

编 号	型 号	单位长度（mm）	数 量	总长（mm）	单重（kg/m）	总重（kg）	合计（kg）
N1		3 048.00	2	6 096.00	31.10	189.59	
N2		4 633.00	5	23 165.00	31.10	720.43	
N3	110	3 264.00	2	6 528.00	31.10	203.02	1 419.16
N4		3 262.00	2	6 524.00	31.10	202.90	
N5		3 319.00	1	3 319.00	31.10	103.22	
N6	290×320×15	—	10		20.70	207.00	
N7	290×700×15	—	2		16.16	32.31	251.74
N8	290×290×16	—	2		6.22	12.43	
螺栓	M24×65 螺栓					56 套	56 套

7. 参数设置

通过隧道施工甘特图可以形象地表示隧道的工序安排、衔接、持续时间等施工要素。利用网络分析制订计划并对计划予以评价，协调石鼓山隧道整个施工组织计划的各道工序，合理安排人力、物力、时间、资金。利用 DELMIA 的参数定制功能自定义一系列参数,更好地动态展示施工过程。利用施工动态模拟直观、形象地展示整个施工过程,并对施工过程中的人员、设备进行碰撞检验。

8. 成果交付

(1)规划与设计的交付

本项目没有涉及该阶段,因此无相应交付成果。

(2)设计与施工的交付

项目实施过程中设计单位交付于施工单位的成果主要有:二维施工图(AutoCAD)、施工精度的三维模型(CATIA、Composer)、附属信息文件(SQL Server/Excel)。

9. 案例小结

通过在石鼓山隧道工程中设计阶段的 BIM 应用,充分体现了铁路隧道工程中基于 BIM 的建设管理信息化技术,并取得了一定的经验和成绩。可以推广到其他形式的隧道,进一步延伸至其他专业。BIM 技术与传统的二维设计相比较,首先能够实现专业间、专业内的设计协同管理,提升管理效率;其次可以进行设计方案的碰撞检验,实现附属洞室、防排水、钢筋的精确计算、洞门里程的可视化定位等的设计优化;值得一提的是,其模型可与数值计算软件进行信息交互,可以实现结构受力分析;最重要的是其强大的联动模拟能力能够进行施工工法、施工组织的动态模拟及模型的三维展示等。

由于 BIM 建模技术经验总结及沉淀时间不够,在三维线路和三维地质建模中面临数据量大、精度要求高等方面的问题。目前,BIM 三维建模缺乏统一标准,尤其是 BIM 技术在铁路行业中的应用尚处于探索阶段,因此编制铁路行业 BIM 三维标准是当务之急。BIM 技术应用结合软件的二次开发实现了二维出图、工程量统计、信息附加等,加强二次开发的持续推进也将是必然趋势。

6.7.2 应用实例2

项目名称:上海轨道交通 12 号线西段项目。

1. 项目概况

申通地铁集团作为我国城市轨道交通项目开发的领头企业,在项目建设上率先引进了 BIM 技术。最近几年开展的项目如上海轨道交通 9 号线、11 号线迪斯尼段、12 号线、13 号线等,都采用了 BIM 技术来辅助项目的设计及施工,提升了项目整体建设水平和质量,大大地减少了项目变更,降低了项目建设成本。上海轨道交通 12 号线是上海市轨道网络中主要骨架线之一,线路从城市的西南向东北方向行走,穿越了闵行、徐汇、黄浦、静安、闸北、虹口、杨浦及浦东新区 8 个区,起点七莘路站,终点金海路站。正线全长约 40.417km,共设 32 座车站、1 座定修段、1 座停车场。

本项目为上海轨道交通 12 号线西段部分工程(6 站 3 区间),BIM 应用过程中,项目工程组建了由多名资深轨道交通行业专家组成的标准编制组,积极调研设计、建设、运维等各方面需求,率先编制了城市轨道交通建筑信息模型系列标准,通过标准的落地执行,指导 BIM 应用,提高了项目的设计质量和项目建设管理水平。借助 Autodesk Revit API 接口,定制开发了 Autodesk Revit 效率工具包,提高了建模效率。同时,整合 Autodesk Infraworks 和 Autodesk Navisworks软件进行管线综合碰撞检查、地下区间三维设计、装修效果仿真及大型设备检修路径复核等应用。通过web平台进行三维可视化展示及提前预警。

2. 项目难点

与民用建筑及一般的市政建设项目相比,轨道交通项目具有点多、线长、面广、规模大、投资高、建设周期长的特点,且机电系统复杂设备繁多,建设、运营风险高,社会责任大,对建设和运营特别是运营提出了很高的要求。另外BIM技术的应用将改变传统项目建设流程和组织架构,BIM应用也会涉及各专业和各个过程,相关方的实施及应用流程需要有统一的标准,以实现统一的数字化表达。

3. 解决方案

在12号线项目中,由业主方牵头,建立起基于三维协同的工作机制。主要的BIM应用包括:三维协同设计、工程算量和施工监测管理及施工复核。

4. 项目统筹

在项目开始阶段,主要进行了以下三方面工作:组建团队、标准编制、二次开发。

(1)组建团队

从各专业抽调精干力量,组成上海轨道交通12号线西段工程工作组。项目团队共有15人:工程管理2人,软件工程师2人,建筑工程师3人,结构工程师4人,MEP工程师4人。

(2)标准编制

推广应用BIM技术首先须解决的问题就是BIM标准的问题,国外的标准研究和编制起步较早,已经初具雏形,国内也已及时跟进。该项目组建了由多名资深轨道交通行业专家组成的标准编制组,积极调研设计、建设、运维等各方面需求,率先编制了城市轨道交通建筑信息模型系列标准。截至2014上半年,上海申通地铁集团完成了第一期三本BIM标准的编制工作,具体为《城市轨道交通设施设备分类与编码标准》《城市轨道交通工程建筑信息模型建模指导意见》《城市轨道交通建筑信息模型交付指导意见》。

(3)二次开发

借助Revit的API接口,自主开发了Revit的插件,建立了满足上海轨道交通设计建模标准的族库,如图6-24所示,大大提高了建模效率。

图6-24　自主开发的BIM工具集

5.地下区间三维设计

在初步设计阶段,进行了区间环境仿真。在区间建模方面,不仅建立了区间盾构的模型,还通过软件建立了地层的信息模型(图6-25),为后续的施工管理监测提供了模型基础。

6.三维管线综合

在施工图设计阶段,设计人员分别创建建筑、结构、给排水、暖通和电气专业的BIM模型并将各专业模型整合成一个完整模型,如图6-26所示。设计人员基于此模型,在三维虚拟环境中,对车站机电管线进行"预装配",及时发现管线与结构构件之间的碰撞、各专业的管线碰撞等问题,根据碰撞检查结果进行分析并生成协调数据,解决设计图纸中可能存在的"错漏碰缺",优化设计图纸质量,避免后期的设计变更及施工返工。

图6-25 地下区间三维设计

图6-26 三维管线综合

7.装修方案设计

在施工图设计阶段,对模型对象赋予材质信息、颜色信息以及光源信息,进行装修效果模拟(图6-27),达到所见即所得的目的。通过漫游动画,使决策者和设计人员置身其中,对于优化设计方案,呈现设计效果,稳定装修方案,起到了很大作用。

8.工程量辅助复核

在施工图设计阶段,很重要的一个工作就是提供满足招标需求的施工工程量。经过初步设计、施工图设计阶段不断完善的BIM模型包含丰富完整的设施设备,几何和非几何信息,基于如此精细的BIM模型可以进行准确的工程量统计工作,提供满足招标要求的土建、机电、装修工程量辅助统计表,包括标准构件及典型结构的钢筋用量及含钢量分析,辅助项目投资监理精确复核工程算量,节省项目成本。

图6-27 装修方案设计

9.大型设备检修路径复核

在施工图设计阶段,该项目进行了大型设备检修路径复核模拟。以前的施工运维过程中,经常会出现由于设计不合理导致大型设备检修时出现设备无法运送的问题,或者设备空间不能满足检修需要的情况。现在通过BIM技术,在先期阶段就在三维空间中模拟了大型设备的运送检修路径,充分避免了设计不合理导致的后续问题。

10. 三维施工信息管理平台

在项目的施工阶段,该项目整合利用 BIM 技术、GIS 技术及物联网技术,搭建项目施工信息管理平台(图6-28),提高项目施工管理水平。在 12 号线汉中路—嘉善路区间施工中就试点应用施工三维可视化平台,该平台将项目实时施工进度、隧道结构变形数据、地面沉降数据、建筑物沉降倾斜数据等实时变形监测信息与 BIM 模型及周边 GIS 数据进行整合,在 Web 监测平台上以三维可视化的形式展示,并将重要信息实时推送至管理人员邮箱,辅助施工单位和项目公司及时掌握相关信息并做出应急反应。

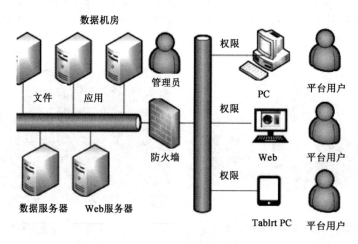

图 6-28　信息管理平台构建图

11. 案例小结

将 BIM 技术运用到上海轨道交通 12 号线工程中,通过在设计阶段建立项目的三维信息模型,继而录入施工过程中项目的土建、机电设备等相关信息,打造了一个建设全过程的数字化、可视化、一体化系统信息管理平台,为后期运营维护信息化打下了坚实的基础。

第 7 章

项目施工阶段的 BIM 应用

国外,在建筑市场和政府的极力促进下,BIM 技术大量普及,在实践中遇到了大量的问题,针对这些问题进行深入研究,研究内容不断加深,研究范围逐渐拓宽。国外不仅对在项目施工过程应用完整的 BIM 解决方案进行研究,更进一步深入研究 BIM 如何影响项目组织关系。由于在工程建设项目生命周期内各个阶段的主题具有分散性,如何将工程建设过程中参与者连接起来形成一个网络成为 BIM 应用研究的方向。BIM 技术在现今技术发展下早已不局限于单一性,BIM 技术在不断通过与其他技术共同使用来完成建筑过程,在建筑全生命周期充分应用该技术,实现了新技术的集成运用。其中,有通过与游戏的结合反映建筑相关信息的应用,有结合云计算来优化 BIM 信息交换的应用,加拿大渥太华大学与美国佐治亚工学院最近提出了通过 BIM 与 GIS 集成来加强建设供应链管理(CSCM)可视化监控的改进等。根据国外的研究以及应用现状可知,国外 BIM 技术不仅在工程本身突破了时间、工程量的维度,形成了多维度的综合利用和发展,更重要的是已经开始研究工程所有环节所需要参与的人、材、物,通过 BIM 思想和技术形成集成化的模式。

BIM 技术进入我国的时间相对较晚,所以国内的技术发展落后于发达国家。21 世纪初,该技术逐渐引入我国,但由于国内经济水平、计算机水平以及从业人员知识与能力水平的限制,到 2010 年前后才引起相关学者重视,在建筑市场以及相关研究单位掀起一场 BIM 热。在国家《"十一五"国家科技支撑计划》和《"十二五"建筑业信息化发展纲要》中也将 BIM 技术纳入研究内容。

不同类型的建筑项目都能够通过 BIM 的理念和技术平台来解决问题。在欧美国家,应用 BIM 的项目数量已经超过传统项目。近年来,我国也有一些建筑案例运用 BIM 技术,如北京奥运会水立方、上海中心大厦、北京中国尊等。北京奥运会水立方作为大型场馆,BIM 技术主要应用于钢结构设计中,实现了设计内容协同一致,充分有效利用项目信息,缩短了建设周期。上海中心大厦属于超高层建筑,作为上海的地标性建筑,其建设过程异常复杂,各专业的协调量非常大,该项目在全寿命周期基本推行了 BIM 技术的应用,更好地实现了其建筑理念和建筑目标。综上可知,国外已经开始注重应用 BIM 技术来加强参与者之间的沟通与交流,而国内的研究和应用还停留在如何反映工程情况及建筑施工方式等层面。虽然国内已经有相当多的示范工程,但是 BIM 技术仍然没有广泛推广,这其中存在着错综复杂的关系和各种因素的影响。

7.1　BIM 在工程施工中的应用现状

BIM 技术在国内的发展相对落后,但是随着 BIM 技术在房屋建筑方向较成熟的应用,近年来 BIM 技术的应用也逐渐往桥梁、道路、隧道方面发展。目前,BIM 技术在国内施工中的应用主要体现在利用模型进行直观的"预施工",预先知道施工的难点,更大程度上消除施工的不确定性,最大可能地降低施工风险,保证施工的安全、合理。在设计的模型基础上进行施工深化设计,更直观、更切合实际地对现场进行技术交底。最后利用模型进行施工质量检查等。

以下介绍 BIM 技术在建筑、桥梁、道路、隧道我国现阶段的应用现状。

(1)在建筑工程的施工过程中,BIM 技术已对基础工程、钢筋工程、混凝土工程、砌筑工程各个分部分项工程进行了详细的研究,目前国内对以上这些分部分项工程都有了详细的施工规范和标准,所有工艺流程和标准通过三维的建筑信息模型,用形象的建筑信息模型展示出来,工程项目技术交底更加便捷,施工工艺更加规范,施工管理更加高效。

(2)在桥梁工程的施工过程中,当前 BIM 技术在桥梁施工阶段的主要研究方向是实现三维技术交底、物料加工制造、施工过程模拟、施工进度管理和项目成本控制等。BIM 技术在桥梁工程中的发展应用相对比较滞后,应用实例非常少。如何将 BIM 技术与我国桥梁行业实际情况相结合找到结合点和应用点,成为我国桥梁行业从业人员关注的问题。

(3)在道路工程的施工过程中,BIM 技术可以对道路交通建设施工进行模拟,对道路交通的规划和施工方案进行对比,以此选择最佳的道路规划和施工方案。BIM 技术在道路交通建设应用的过程中,对设计和现实环境进行对比,分析道路交通规划方案的精准性,避免了规划设计方案与现实施工发生不符的现象,提高了建设的质量。另外,BIM 技术也可以对工程的总预算进行一定程度的计算,并且具有较高的精准度,对建设施工的工程量进行统计,并对道路交通施工进行全面的管理,为工作人员在规划和设计的过程中,提供了极大的便利,减轻了工作量。

(4)在隧道工程的施工过程中,BIM 技术应用是建筑 BIM 技术应用的拓展延伸,而且隧道工程中常常会遇到很复杂的地质问题,比如滑坡、塌方等,因此隧道 BIM 技术的应用要复杂于建筑行业。

隧道工程中通常施工复杂、长度大,在隧道工程中的应用 BIM 技术设计时首先应该进行合理的分工;其次 BIM 技术在隧道工程中的应用主要是设计阶段的可行性方面和碰撞检测方面,虽然在隧道工程中应用还处于初级阶段,但是已经逐渐在市政隧道工程、地铁区间隧道工程中利用。BIM 技术和隧道工程的结合可以减少不必要的损失,减少工程中出现的错误,提高管理的效率。这些优点在 BIM 技术的信息化管理中可以体现出来。随着应用的逐渐成熟,这将是工程行业的一种趋势。

7.2 工程施工 BIM 应用的整体实施方案

BIM 技术的特点是给工程施工建设参与各方,在进度管理、成本控制、资源协调、质量跟踪、安全风险管控等多个方面带来不同的价值。主要包括:基于 BIM 模型的可视化施工决策;基于 BIM 模型与参建各方的可视化交互;通过 BIM 模型的模拟性和优化性,持续改进施工方案和组织设计;与现有施工管理信息化技术手段进行深度整合,借助远程 BIM 云数据库与现场智能设备的数据交互,通过移动互联网实施施工监控和动态管理,大大提高信息化管理水平。

具体项目施工阶段的 BIM 应用情况如表 7-1 所示。

施工阶段的 BIM 应用表 表 7-1

BIM 应用	应用内容描述
工程施工 BIM 应用	工程施工 BIM 应用价值分析
施工招标的 BIM 应用	3D 施工工况展示; 4D 虚拟建造
支撑施工管理和工艺改进的单项功能 BIM 应用	设计图纸审查和深化设计; 4D 虚拟建造,工程可建性模拟(样板对象); 基于 BIM 的可视化技术讨论和简单协调; 施工方案论证、优化、展示以及技术交底; 工程量自动计算; 消除现场施工过程干扰或施工工艺冲突; 施工场地科学布置; 有助于构件预制生产
支撑项目、企业和行业管理集成与提升的综合 BIM 应用	4D 计划管理和进度监控; 施工方案论证、优化、展示以及技术交底; 施工资源管理和成本核算; 质量安全管理; 协同工作平台
支撑基于模型的工程档案数字化和项目运维的 BIM 应用	施工资料数字化管理; 工程数字化交付、验收和竣工资料数字化归档; 业主项目运维服务

7.2.1 在建筑施工方面的整体实施方案

BIM 建模的先后顺序和施工现场布置方案设计的先后顺序是相同的,重要的优先建模。

BIM 布置的一般顺序是先垂直运输,然后是临时设施,接着是运输道路,最后完成水电管网的布置。这样的建模流程科学直观,大大提高了施工现场布置方案的设计成功率,有很好的实用价值。

(1)第一步,在 BIM 的三维模型可视化界面里,我们从 GIS(地理信息系统)中导入场地信息,将建筑物 BIM 模型放入场地中。然后根据施工方案等其他影响因素来布置垂直运输,选择相应的垂直运输机械插入到现场模型中。利用 BIM 进行碰撞分析,不断优化设计,尽量减少因图纸的局限导致的错误和损失。

(2)第二步,在垂直运输布置完后,进行临时设施的布置。这部分的设计需要结合施工进度,计算资源需求计划,再根据资源需求计算仓库和加工区的需求量,然后结合垂直运输范围、就近原则等进行临时设施的布置,并将其放入 BIM 三维模型中。

(3)第三步,临时设施布置完成后,结合主干道等永久道路的位置,选定好路线的出入口,进行运输道路的布置。在 BIM 软件中选择相应的图元构件,设定好道路参数,直接在指定的位置进行绘制即可。

(4)第四步,进行办公及生活用房的布置。一般情况下,办公用房靠近施工现场,常设置在工地入口。生活用房远离施工现场,常设置在工人集中的区域。在 BIM 软件中选择符合使用和入住人数的临时房屋构件图元,绘制在工地内符合要求的区域,完成三维模型。

7.2.2　在桥梁施工方面的整体实施方案

桥梁的施工往往会遇到施工周期长、施工工艺复杂、施工条件多样、安全事故多发及严重程度高等情况,其工程管理难度较大。在整体施工过程中,桥梁施工不同于普通房屋建筑项目之处主要在于以下几点:

(1)野外大型工程施工中,场地规划布置方案尤为重要,引入周围地形的管理,能够对施工场地、料场、预制件组装厂等场地的布置方案进行验证。需要至少支持周围几公里的复杂地形模型构建,确保场地规划信息完整。

(2)桥梁施工工艺和辅助措施的要求较高,如预制杆件的组装和骨架吊装是其重要的工序且十分复杂,施工 BIM 应用方案要能支持数万甚至数十万单元工程的零部件施工模型划分构建规模,其复杂程度远超普通的设计 BIM 模型和算量 BIM 模型。

(3)通常,一个施工企业的 BIM 施工管理平台要面对每年上百个投标项目、数十个执行项目和数个重大施工工程,对内涉及现场施工部、指挥部、子分公司和集团公司,对外要与设计院、业主、监理等各方信息分享和协商,是一个协同管理体系,要求在施工企业内应用一个统一的稳定平台,实现利用有效 BIM 协调流程进行协调综合,减少协调综合过程中的资源冲突或问题变更方案带来的项目成本和延期。

(4)从投标策划、项目策划、施工阶段到结算阶段的工程施工全生命周期管理,应用方案应支持跨阶段应用结构统一的 BIM 数据模型。

(5)通常,一个桥梁 BIM 施工模型有数十 GB 的大小,而且要求如此复杂的施工 BIM 模型应用方案应能够接受多个系统数据的输入输出,具备优异的三维轻量化显示性能。

7.2.3　在道路施工方面的整体实施方案

基于 BIM 技术的道路施工 BIM 解决方案有以下几种:

1. 工程量的自动分析方法

目前,我国的国省干线公路在实际的管理过程中,因为工程建设的复杂性,往往采取分标段管理的方法,将工程建设分为土石方、桥梁、隧道等工程进行施工管理。事实上,在施工过程中,建筑单位往往需要以工程量基础进行施工方法、施工进度安排以及成本预核算。基于此,就需要建筑单位在实际的施工作业过程中加强对工程量的分析及计算。BIM技术的出现在较大程度上推动了相关计算的准确性,并逐步实现了对工程量的自动化分析。事实上,该技术在对工程量计算过程中采用的方法与体积积分类似。即以平面网格模型和离散点数据库为依据,对顶面网格以及底面网格的模型进行计算,并将顶面与底面网格点的高程差值作为积分高度,并以此为基础进行工程量的计算,其数学表达式见式(7-1)和式(7-2)。

$$h(x,y) = Z_s(x,y) - Z_c(x,y) \tag{7-1}$$

$$V = \iint \sum h(x,y) \, \mathrm{d}s \tag{7-2}$$

2. 路基施工三维动态进度模型

此外,BIM技术在实际的管理过程中还能够实现对于核心模型以及相关数据库的构建。在这一过程中需要相关人员高效地利用GIS的数据融合分析功能,从而在构建国省干线公路施工信息数据库的过程中,实现对三维高精度地形可视化平台的构建。事实上,通过借助BIM技术构建相关的模型以及数据库的构建,能够在最大程度上实现工程建设的有序性,并推动相关的施工管理朝着信息化的方向发展。

3. 路面施工形象进度模型

在进行道路施工的过程中,需要作业人员加强对道路路面的建设和维护。而在这一过程中,相关人员借助BIM技术的使用能够高效地进行路面施工形象进度模型的构建,从而实现对沥青混凝土路面结构层的合理建设,推动路面排水、隔水、防冻、防污等作用的实现,实现工程建设的高效运行。

7.2.4　在隧道工程方面的整体实施方案

基于BIM技术的隧道施工整体方案如下:

1. 施工过程的模拟

在施工前期,通过BIM技术建立的模型对施工过程中的步骤规划进行模拟,更加直观地展现施工的各阶段,检验施工阶段的组织是否合理。通过3D视角呈现场地的支挡、机械布置以及各工序的安排分配等。利用BIM技术进行工程的动态分析调整,实时调整施工中不合理的地方,保证关键节点的施工进度,比如在隧道工程中的隧道盾构等工作。

虚拟施工。建立虚拟仿真环境,通过Autodesk Navisworks导入模型NWC文件,得到虚拟仿真环境下的模型。利用Timeliner模块添加施工步序时间任务项数据源CSV文件,生成虚拟环境下的时间任务项,并使用规则自动附着于模型,使每一施工步序的时间任务项与模型构件一一对应。模型赋予时间属性后,生成虚拟仿真环境下由时间驱动的4D动态模型,从而可进行施工方案的虚拟推演。

2. 施工场地布置模拟

施工场地布置是工程中的一个重要环节,合理的施工区域划分、合理的场地布置有利于施工现场有序进行各项工作,减少各项施工的相互干扰。

基于 BIM 技术的施工场地布置的构件库进行管理,用户可以用这些构件进行快速建模,体现出场地与周围的空间位置关系。

(1)环境模型的模拟

隧道初期支护和前方拱底土石方开挖,为仰拱与仰拱填充施工方案的前置施工工序。根据施工图,围岩衬砌断面,考虑施工工序划分原则,建立隧道初期支护与拱底土石方模型。需要注意的是,初期支护模型只需具有静态的施工环境布置特征,不参与施工方案虚拟推演过程。而拱底土石方模型,需要反映出动态开挖的过程,要赋予施工步序参数,构件的建模精度采用沿隧道轴向 6m 一段的划分原则。

(2)结构模型的模拟

根据施工图衬砌断面,考虑施工工序划分原则,建立隧道仰拱与仰拱填充模型,而且两者相对独立浇筑混凝土。模型构件赋予施工步序参数,建模精度采用沿隧道轴向 6m 一段的划分原则。

(3)施工设施模型的模拟

隧道仰拱与仰拱填充施工方案的施工设施模型,是指仰拱与仰拱填充快速施工台车(简称仰拱台车)设计,主要包括模板系统与行走系统两部分设备。由翻转组合式仰拱模板、端头模板、中心水沟模板构成的整体式模板系统和由一对自行式桁架梁组成的独立行走系统。

仰拱模板设计为左右两幅翻转式组合钢板,模板沿隧道轴向的长度为 6m,由固定部分(与刚性骨架刚接)和活动部分铰接组成,安装、定位、拆除操作简便快捷,尤其减少了固定部分钢板本身的变形损伤,可以很好地保证仰拱矮边墙线形控制。

端头模板由钢板和型钢梁组成,与仰拱模板和中心水沟模板活动连接,同时在移动运载模架系统时,使模板系统形成一个整体,定位准确,移动就位快捷。独立行走系统的动力设备包括电葫芦和卷扬机(固定在后支座上),由一对桁架梁为模架系统提供滑行轨道。

3.施工信息管理应用

(1)进度的管理

工程建设项目的进度管理是指对工程项目各建设阶段的工作内容、工作程序、持续时间和逻辑关系制订计划,并将该计划付诸实施。在实施过程中经常检查实际进度是否按照计划要求就行,对出现的偏差分析原因,调整、修改原计划,直至工程竣工,交付使用。BIM 在工程项目进度管理中的应用体现在项目进行过程中的方方面面,下面仅对其关键应用进行具体介绍。

施工进度计划编制的内容主要包括:

①依据模型确定方案,排定计划,划分流水段。

②BIM 施工进度编制用季度卡来编制计划。

③将周和月结合在一起,假设后期需要任何时间段的计划,只需要在计划中过滤一下就可以自动生成。

(2)BIM 施工进度 4D 模拟

目前常用的 4D－BIM 施工管理系统或施工进度模拟软件很多。利用此类软进行施工进度模拟大致分为以下五步:

①将 BIM 模型进行材质赋予。

②制订 Project 计划。

③将 Project 文件与 BIM 模型链接。

④制订构件运动路径,并与时间链接。

⑤设置动画视点并输出施工模拟动画。

通过 4D 施工进度模拟,能够完成以下内容:基于 BIM 施工组织,对工程重点和难点的部位进行分析,制定科学的对策;依据模型,确定方案,划分流水段;做到对现场的施工进度进行每日管理。其中运用 Navisworks 进行施工模拟技术路线如图 7-1 所示。

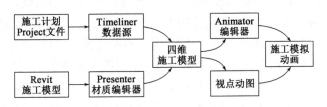

图 7-1　Navisworks 模拟施工技术路线

利用 BIM 技术进行施工信息的管理,建立一个隧道工程 BIM 管理平台。针对隧道工程中的施工材料、施工设备、质量监管、施工进度、工程量等方面进行高效的管理。利用互联网的优势建立隧道工程在全寿命周期的 BIM 管理平台,实现工程中信息的线上集成、可追溯,避免施工信息的传递出错和丢失。例如,隧道盾构管片的全寿命期信息管理,我们可以对各个阶段进行全过程的信息采集与跟踪。通过 RFID 芯片记录制造阶段的信息(进度信息、材料信息、检查信息等),施工阶段的拼装、养护等都可以通过信息管理平台进行管理。RFID 芯片与 BIM 建立的模型关联,将整个施工的信息动态直观地在模型上展示。这样就解决了传统的管理模式中收集信息难的问题,提高了在全寿命周期的信息管理能力。

7.3　BIM 工程施工应用

7.3.1　建筑施工现场布置中 BIM 的主要应用

1. 垂直运输布置

对于现场的垂直运输机械,主要布置包括机型的选择、机械组合与放置位置等三个方面。BIM 建模可以提供大量的建筑信息,可以结合这些信息,分析项目的特点和具体要求,合理布置垂直运输机械。项目中需要进行垂直运输的,主要是各种需要竖向运输的材料和现场施工人员,运输的材料主要包括预制件、模板、外墙材料等,而人员的安全也是重中之重。利用 BIM 建模技术,结合项目的实际情况,将施工常见的机械设备,包括各种起重机、升降机、提升机和外用电梯等垂直运输机械进行组合,配制出最适用的组合方案后,再确定起重机的具体型号。在 BIM 技术的支持下,机械设备的型号选择也变得更为科学直观。例如,在选择塔式起重机时,主要从起重量、起重高度和工作幅度这三个方面进行考虑。在 BIM 建模软件中列出所有型号的参数信息,结合起吊运输物的重量等条件确定起重机的起重量,结合建筑物的形状和施工要求等条件确定起重高度,结合工地的空间布局等条件确定起重机的数量与工作幅度,最终确定出起重机型号,并在 BIM 软件三维模型中对起重机进行布置。BIM 软件在垂直机械定位的过程中,能够提示起重机周边的设施情况,以及起重机与周边建筑物的安全距离,有助于在进行施工现场布置时尽可能避免风险。在 BIM 技术的辅助下能够较快地设计出多种方案,方便后期总体施工现场布置时进行方案的比选。

2.临时设施布置

现场临时设施的布置都是由企业自行决定的,普遍的做法是先进行功能分区,不同的分区内布置不同功能的临时设施。其中,用于进行施工作业的临时设施要优先布置,生活区域与施工设施分开设置,避免相互影响。首先,使用 BIM 平台查找机械、材料及钢筋加工厂和仓库等数量和类型信息,确定临时设施的类型。其次,输入相关设置的参数,就可以显示三维模型,并将模型放置到模拟的施工场地中。在三维视图下,在图纸上看不到的问题能很直观地反映出来。例如,主要材料仓库的位置是否设置在起重机的工作半径内,办公区域是否有高空坠物的风险,生活区域旁边是否容易受到化学污染等,利用 BIM 技术可以一目了然发现问题,并采取相应措施,最大限度降低风险。

3.运输道路布置

在施工现场布置过程中,当垂直运输和临时设施的位置基本固定之后,就要根据需求确定工地内的运输道路了。在尽可能利用已有道路的原则下,当现成的道路无法满足施工要求的时候,为了保证进出方便,应当铺设临时道路。通过 BIM 软件模拟出工地已有道路的布置情况,在绘制新的运输道路时,可以根据实际情况进行必要调整,方案更加科学合理。例如,规划的道路最好能围绕建筑物布置成环形路,路面在满足通行要求的前提下尽可能宽一些,在道路两侧结合地形设置排水沟。

4.临时水、电管网布置

临时水、电管网的布置需要满足多种条件,既要避免管道冲突,又要方便使用,经济实惠。在 BIM 三维模型中,水电的使用总量是可以进行自动统计计算的。既提高了方案设计的效率,又增加了准确性。在垂直运输、临时设施和道路布置基本完成的情况下,临时水、电管网的设计可以进行软件智能布置,快速绘制。

7.3.2 桥梁施工中 BIM 的主要应用

与我国其他工程项目相比,桥梁工程总体规模较大、结构体系更加复杂多变、易受外界环境影响,这些特点都会加大其施工难度,同时社会经济、文化水平的提高使人们对桥梁建筑有了更高的要求。显而易见,传统的施工手段已很难满足桥梁建设的发展要求,应当把握住信息技术带来的机遇,合理利用新型工程项目方式,提高效率,节约资源。例如,桥梁施工和拌和站安装拆除等,其施工工艺复杂,对施工组织管理要求高。采用 BIM 施工模型可以利用施工虚拟现场进行仿真的施工流程模拟,保证施工方案的可行性,提前发现施工方案的矛盾点,避免因施工员对施工工序理解不深入而导致的损失。

BIM 技术通过建立三维参数模型仿真模拟工程项目各项信息数据,实现信息共享和全寿命周期、全方位管理,使各方建设主体协同工作,从而有效地提高生产效率和降低工程造价。BIM 技术在我国桥梁工程应用的时间并不长,但已表现出了较强的应用价值。其可视性、模拟性、协调性和优化性的特点可以使工程项目的设计与施工更加完善。

1. 安全模拟施工

对于桥梁施工过程中安全隐患较大的项目,可以提前利用 BIM 技术进行可视化施工环境及施工工序模拟,以便及时发现潜在安全盲点并采取合理解决措施,从而降低施工风险。例如,利用 BIM 模型建立桥梁位移预警监控系统,将理论计算的桥梁内力、位移值与三维模型中输入的现场实测值进行比较,找出超过理论允许范围的值并做出警示。施工模板在吊装时会自由摆动,若摆动幅度过大导致坠落,就会影响相应作业人员的安全,这时如果利用 BIM 技术仿真模拟模板的摆动区域可以确定危险区域的范围,据此确保作业人员人身安全。

2. 协同作业

桥梁施工各参与者包括建设单位、设计单位、施工单位、监理单位、材料供应商、运营商等,各方如果沟通不及时,会严重影响工程的安全、进度、质量、成本等各方面。BIM 技术可以帮助各个参与方及时将项目相关资料输入到统一的管理平台,实现信息数据有效集成,同时各个参与方可以及时获取自身权限范围内的相关信息并进行归纳分析,从而做出更为准确的项目管理决策。因此,BIM 技术可以实现桥梁施工过程中各个参与方的协同作业,保证施工科学有序进行。

3. 交底可视化

桥梁施工时,传统交底方式以二维图纸和规范为主,这种方式可视化程度低,容易造成施工人员理解错误,从而影响施工进度、施工安全和施工质量。而 BIM 技术可以实现技术交底的可视化,以三维模型的形式更加直观形象地帮助施工人员理解设计思路和设计方案,避免实际施工方案与设计图纸有分歧,可大大减少误读,避免质量和安全问题,减少返工和整改。并且,施工单位可以根据自己的施工经验和施工要求发现设计中的"错碰缺漏"等问题,及时反馈给设计人员,从而减少因设计原因导致的返工情况。

4. 优化项目管理

桥梁施工相关的结构构件较多,施工工序也比较复杂,同时桥梁施工项目管理不是一个一成不变的过程,而是一个时刻都在变化的动态过程。传统的被动管理模式已不适用于桥梁施工的项目管理过程,BIM 技术可以建立施工过程中各阶段的三维模型,使施工过程的管理更加精细,施工管理人员可以进行更为合理的决策和安排。

利用 BIM 技术将施工进度表与三维模型相结合,模拟桥梁的整个施工过程和施工进度,实际进度与计划进度之间的不同可以非常直观地展现出来,方便项目管理人员根据进度偏差做出适当的调整,同时使项目管理人员对方案调整后的工程量和进度一清二楚。另外,还可以利用无人航拍技术实时掌控施工现场的实际进度,在进度控制的管理中把每天的航拍情况与模型中的进度进行反馈和比较。

BIM 模型可以模拟施工场地附近的地形地貌和地质情况,为施工场地的选址提供技术参考。施工场地较大时,为获得更优的人员工作路线和材料运输路线,可以通过 BIM 模型三维布置施工场地,使生产区、办公区和生活区等区域分布更为合理。

BIM 技术将传统的被动管理转变为主动管理,可以对桥梁施工进行更好的全过程动态精细管理,能够更好地实现安全管理目标、质量管理目标、进度管理目标和成本管理目标。

5. 实现资源优化配置

利用 BIM 技术的动态形式可以更加精细地管理施工材料、施工机械、施工人员,提高材料、机械、人员的利用率。例如,通过 BIM 模型可以随时读取桥梁施工过程中各部位、各阶段相应的钢筋用量和混凝土用量,进行数字化下料,为限额领料提供技术参考,便于节约成本、节约资源。另外,可以模拟施工工序调配相应机械共享施工空间,实现资源优化配置。技术人员对比材料实际消耗情况与模型中的使用情况,进行动态追踪,防止资源配置不足。

BIM 技术作为目前桥梁工程中最前沿的技术之一,应用效果突出、可视性、模拟性、协调性和优化性等特点势必让其在未来桥梁行业中扮演更为重要的角色。

7.3.3　道路施工中 BIM 的主要应用

1. BIM 技术对拌和站拆装、运作全过程的建模和模拟

众所周知,由于各种因素的影响,公路工程的前期筹备过程比传统的土建项目周期要长、过程艰难、复杂,尤其对于公路路面施工而言更甚。但业主要求却可以用"苛刻"二字来形容,从公路路面项目部的组建到现场试验段的正式铺筑,对这段施工准备期进行了近似于残酷的压缩,这就要求水泥稳定土拌和站和沥青拌和站需要及时而又高效地建设起来,以便满足现场施工要求。而"黑白"两个拌和站在公路路面施工中又起到了至关重要的作用,尤其沥青拌和站,被称为公路路面施工的"面子",其各个功能区、相似部件纷繁复杂,机械配合人工按图拼装时稍有不慎极易出现错误,造成返工现象时有发生,从而影响了施工生产的正常进行。

BIM 技术的应用与常规的拆装方式相比,将四维的拌和站模拟与建模信息相结合,通过它不仅可以直观地展现安装顺序,更能对机械配置、劳动力配置、安装时间进行调控,减少重复作业,节约机械使用和人力成本,缩短了大量安装时间。

在实际的应用过程中,BIM 制作人员首先进行详细的现场勘查,重点研究拌和站的整体规划、安装位置、料区位置、吊装位置及安装时较易发生危险的区域等问题,确保吊装拌和站各类构件时的安全有效范围作业。然后,利用建模模拟吊装过程、构件吊装路径、危险区域、构件摆放状况等,直观、便利地协助安全、技术人员分析场地的限制,排除潜在的隐患,及时调整可行的拆装方法,这样有利于提高效率,减少出现安全漏洞的可能,及早发现拆装方案、安全、技术交底中存在的问题,极大地提高了吊装安全性。并且将四维的拌和站模拟与建模信息相结合,通过它不仅可以直观地展现安装顺序,更能对机械配置、劳动力配置、安装时间进行调控,使各项工作的安排变得最为有效和经济。另外,将拌和站的运转流程等建立三维的信息模型后,对新进拌和站员工也起到了二维图纸和口教不能给予的视觉效果和认知角度,使得学习更直观、理解更容易、印象更深刻。

2. BIM 技术可以使施工协调管理更为便捷

通过 BIM 技术能够将公路施工中的各工区实时地连接在一起,方便各方的沟通。例如:在公路工程中有做路基的、做路面的、做绿化的、做配电的等,在整个工程中要协调的可能是 3 ~ 4 个工区,或者 7 ~ 8 个工区,每个工区都有自己的进度排布计划,或者因为其他的外力影响而导致个别工区的计划变更,这样,工序之间就难免出现重合作业、交叉作业、延误作业。通过建立施工现场的三维信息化模型,能让可能不懂其他专业的人员也能直观地了解整体工程的各项情况,是哪方面出现了问题,又该怎样解决,等于在项目各参与工区之间建立了一个信息交流平台,使沟通更为便捷、协作更为紧密、管理更为有效,减少了扯皮和交错施工的一些难题。

3. 分项工程施工技术交底、安全技术交底

在公路施工过程中,我们经常需要对班组和施工队伍进行具有可操作性、符合技术规范的

分项工程施工技术交底、安全技术交底。

(1)利用 BIM 虚拟施工

利用 BIM 技术的虚拟施工来展示,对安全隐患、施工难点提前反映,可视化的交底、教育等形式也更容易被施工人员所接受,直观形象地让施工人员了解施工意图和细节,就能使施工计划更加精准,统筹安排,提前做好安全布置及规划,以保障工程的顺利完成。

(2)BIM 可视化模拟应用

借助 BIM 的可视化模拟,对公路工程分部、分段进行分析,将一些重要的施工环节、工艺等进行重点展示,提高管理人员和施工人员对施工工艺的理解和记忆,并利用 BIM 技术规划施工现场各类安全设施的布置进行模拟,提高了施工的安全性和布置的合理性。项目管理人员也能非常直观地理解公路施工过程的时间节点和工序交叉情况,提高了施工效率和施工方案的安全性。

4. 基于 BIM 的施工安全管理

随着我国交通行业的发展,其对信息化技术的应用越来越深入,而信息化技术的应用也对我国的施工安全管理起到了巨大的促进作用,特别是基于 BIM 技术的高速公路施工安全管理,其通过全面的技术模拟,对当前我国高速公路施工中存在的问题进行了有效的总结,从而大大提高了我国当前高速公路的建设水平,保证了施工人员的生命安全。

(1)基于 BIM 技术的施工安全评估标准的建立

BIM 技术当前在我国高速公路施工安全管理中的应用越来越多,大大促进了我国高速公路施工的信息化建设,为了使高速公路施工具有较高的安全水平,在进行施工之前需要根据工程的具体要求制定全面的 BIM 评估标准。而一个全面的 BIM 安全评估标准的建立不是一朝一夕就能够完成的,因此,在进行安全评估标准的建立之前,需要对高速公路的整个生命周期进行全面调查和了解,然后在此基础上对整个施工进行全面准确的预算估计,通过这种实践调查,能够对整个工程施工有一个全面的了解,保证 BIM 的安全评估标准建设完成之后能够更加有效地保证建设施工的安全管理。

(2)基于 BIM 技术的施工方案防护性能的确立

对于高速公路来说,BIM 技术的应用能够对工程的生命周期确定起到巨大的促进作用,而且 BIM 技术的应用还能使整个施工过程中的安全防护工作得到有效的提高,保证施工人员的生命安全。通过 BIM 技术的应用,能够为高速公路施工创建一个高标准的防护性能方案,保证高速公路施工期间的各项作业在安全施工的范围之内。随着高速公路的发展,其对安全防护工作的要求越来越高,而 BIM 技术的应用则为这一要求提供了有效的技术保证。通过 BIM 技术的应用,使施工方案能够对施工过程中可能出现的各种影响因素进行全面考虑,从而在整体上提高高速公路施工的安全防护工作质量。在 BIM 技术方案的建设过程中,需要对整体施工方案中设计的内容,如高速公路生命周期和各个施工阶段中所采用的数据资料等进行全面覆盖,保证建设完成的 BIM 建筑模型能够对整体施工方案中涉及的所有问题有一个面的反映,促进高速公路施工过程中安全管理水平的提高。

(3)基于 BMI 技术的施工安全管理

BIM 技术在施工管理过程中还可通过自身虚拟建造技术,使高速公路在环境功能、外观特征以及施工等各方面直接显示在模型中。管理人员在施工前便可通过对虚拟模型的观察,分析施工中可能会出现的质量问题和安全隐患,采用针对性的预防策略,整个施工管理工作在虚拟环境中便可实现。此外,施工中的进度管理也是现代高速公路中关注的重要内容,包括施工方案、环境因素、技术应用等各方面都可能对施工进度产生影响。一旦实际施工进度与预期计划进度出现过大偏差,会导致工程质量无法保证且施工单位与业主发生矛盾;然而若一味追求进度,还会带来安全隐患。在高速公路施工的过程中引入 BIM 技术,其可直接进行 4D 施工模拟,主要将施工界面、顺序以直观形式展现出来,为总承包方与分包施工单位提供较为专业、清晰的施工工序,并将 4D 施工模拟结合施工组织方案和安全管理方案,这样施工管理中如机械排班、劳动力与材料的分配、安全管理流程更加明确。另外,近年来也有很多施工企业直接利用 BIM 技术中的 4D 施工模拟进行项目进度跟踪,防止因进度控制不合理而为施工带来更多安全隐患问题。

7.3.4 隧道施工中 BIM 的主要应用

1. BIM 技术应用步骤

BIM 技术在隧道工程中的应用主要包含以下几个步骤:在施工图的设计阶段,建设单位结合工程的实际情况制定出 BIM 的应用规划,设计单位结合规划的内容和要求建立 BIM 模型。当设计单位得到的 BIM 模型与实际的工程之间的差异不大时,施工单位根据 BIM 模型进行隧道工程的施工。为了保证工程的安全性,在施工前施工单位应该进行 BIM 模型的检查,比如可以进行碰撞检查、虚拟施工、施工隐患的排除等,具体的施工阶段运作流程如图 7-2 所示。

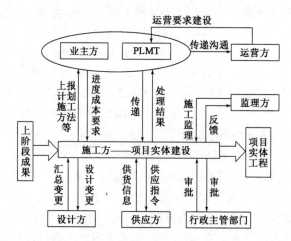

图 7-2 施工阶段运作流程

通过碰撞检查可以优化项目设计,减少隧道工程中可能存在的错误损失和返工的可能性,这样既加快了施工的进度又节约了工程的成本。虚拟施工中,运用碰撞检查后的方案,可以进行施工模拟,发现工程中的重难点和易出错的地方,以便施工单位在后续的施工中引起注意。运用 BIM 技术进行施工隐患的排除,对施工人员进行安全交底,形象、直观,让施工人员对安全隐患位置有较深的印象,确保施工过程不出安全事故。通过这些措施可以实现 BIM 技术可视化、协调性优势的发挥。

2. BIM 管理平台构建方面

BIM 管理平台软件能够充分发挥其可视化、可模拟的优点,基于网络及数据库的技术,将不同的 BIM 工具软件连接到一起,以此满足用户对于协同工作的需求。BIM 管理平台将模型数据存储于统一的数据库中，保证工程管理更加方便、更加高效化。在实际的隧道工程施工中，可以将BIM管理平台分为以下三个方面：

（1）直接面向隧道工程管理工作

例如在隧道工程中的4D模拟施工、可视化较低工作的管理、工程中材料设备的优化管理等方面，通过模拟施工及可视化较低可以提前发现工程的不足之处，并加以改正，施工人员也可更加直观地注意到工程中的重要部分及哪些地方需要重点关注。

（2）数据收集方面

在这一阶段主要负责从上一步骤中收集相应的数据信息，充分发挥BIM技术的数据集成功能，并将所得到的数据传输至BIM管理平台。例如，隧道工程中的施工进度、施工日报、施工质量以及工程量等数据信息的获取。

（3）数据管理方面

数据收集完后将数据传输至管理平台，数据管理平台将获得的非IFC格式数据，利用数据转换接口转换为IFC格式，然后再利用数据管理平台进行数据的分析处理。

3. BIM管理技术方面

隧道工程中BIM技术管理平台的好坏有时会直接影响工程的安全程度，高效准确地管理平台可以有效控制工程中的安全隐患，降低风险。BIM技术的引入不仅提供了一种可视化的管理模式，也能够充分发掘传统技术的潜在能量，使其更充分、更加有效地为工程项目质量管理工作服务。传统二维管控质量的方法是将各专业平面图叠加，结合局部剖面图，设计审核校对人员凭经验发现错误，难以全面。而三维质量参数化的质量控制，是利用三维模型，通过计算机自动实时检测，精确性高。二维质量控制管理与三维质量控制管理的优缺点对比见表7-2。

传统二维质量控制与三维质量控制优缺点对比 表7-2

传统二维质量控制缺陷	三维质量控制优点
手工整合图纸，凭经验判断，难以全面分析	计算机自动在各专业间进行全面检验，精确度高
均为局部调整，存在顾此失彼情况	在任意位置剖切大样及轴侧图大样，观察并调整该处管线高程关系
高程多为原则性确定相对位置，大量管线没有精确定高程	轻松发现影响净高的瓶颈位置
通过"平面＋局部剖面"的方式，对于多管交叉的复制部位表达不够充分	在综合模型中直观地表达碰撞检查结果

在质量与安全管理技术方面主要包括以下三个方面的内容：

（1）利用BIM技术根据隧道工程的实际地质条件，将隧道划分为不同的风险区域。施工过程中就以此为依据判断风险的大小，为施工人员提供了很好的参考依据，实现降低施工安全风险的目的。

（2）在实际的隧道工程施工中，可以将管理平台所得到的数据与施工监控很好地结合在一起。在隧道工程中通常会遇到拱顶下沉的情况，且不容易被发现，所以可以利用BIM技术对下沉的现象进行监控。当出现了下沉量大于安全标准时，BIM管理平台会发出警告，以此提醒工程人员及时处理，避免出现工程事故，将施工风险尽最大可能控制在很小的范围内。

（3）BIM技术在隧道工程中应用，可以发挥其可视化的功能。将隧道工程施工存在的安全隐患以可视化的形式展现出来,这样对于工程施工人员来说就更加方便、直观,从而提高了工程施工的质量,对施工的安全性也更有保障。

4. 深化设计的BIM应用

(1)管线综合和碰撞检查

在传统的二维设计中,设计师大多都是通过绘制剖面来完成管线综合图,这些剖面只解决了该位置的管线排布,而实际情况管线都是连通的,一个位置的排布合理不能代表所有其他位置的排布也是合理的。利用BIM技术创建现状的市政管线模型,进行各专业之间及专业内部的碰撞检查,能够提前发现设计中可能存在的碰撞问题,减少施工阶段因设计"错漏碰缺"而造成的损失和返工工作,提高设计质量和施工效率。综合管线深化设计的流程图如图7-3所示。

图7-3 综合管线深化设计的流程图

(2)工程量复核

利用BIM模型的属性信息,通过软件功能系统自动生成统计施工招标的工程计算量。首先在建模之前需要根据各专业分部分项,制定各项列表,并提供满足招标要求的土建、机电、装修工程量辅助统计,包括标准构件及特殊结构的钢筋用量及含钢量分析,并与投资监理算出的工程量进行对比,复核差异较大的项,提高工程算量的准确性。

(3)参数化、模板实例化设计

相比传统的二维设计,三维参数化设计的主要优势在于通过修改设计参数,可以直接驱动模型的更改,无须删除模型重新绘制,节省工作时间,提高工作效率。参数可以按照设计参数、计算参数、信息参数来定义,参数名称需要按规范来命名,方便后期的参数修改。

模板实例化是在项目中出现重复创建相同的模型时,可以将设计知识和流程集成到用户特征、超级副本和文档模板中,并参照相同的参考元素修改某些需要修改的输入参数,即能得到新的模型数据。对于隧道工程项目,通常会把底板、中、顶板、侧墙、沥青、侧石等构件做成文档模板。在建模的过程中,有了文档模板后,无须每次通过手动的方法创建模型,只需要从构件库中调用相应的模型并修改设计参数即可。

(4)骨架驱动模型

骨架设计指在对整个隧道工程的设计流程和结构充分理解后,结合实际项目的工程范围运用主要的线框控制元素对整个项目结构进行有效的总体控制,形成类似树干结构的骨架模型,并建立有效的参数信息传递框架及设计方法,将已完成的草绘、设计基准、几何特征、相关参数发布到模型树的相关节点下,确保能实现通过骨架线框驱动模型的功能。

(5)二维工程图纸

传统的二维设计中,无论是平面图还是立面图都需要手动绘制,通常需要花费大量的时间去完成。三维设计可以利用现有的三维模型,通过投影的方式很方便地得到任意的截面剖视图。如果三维模型进行了变更,系统会自动更新二维图纸的信息,极大地提高了工作效率。

7.4 BIM 模型的建立与质量控制

1. BIM 模型的质量控制目标

(1)BIM 模型是全生命周期中各相关方共享工程信息的资源,也是各相关方在不同阶段做出决策的重要依据。因此,模型交付之前,应对 BIM 模型质量进行有效的管控,以有效保证 BIM 模型的交付质量。

(2)为了保证 BIM 模型的信息准确、完整,在每一环节的模型发布和下一阶段的使用前,应对模型进行规范化和制度化管理。

(3)在设计阶段进行 BIM 模型的质量控制,对数据进行统一管理;设计进度、人员分工及权限;三维设计流程控制;模型检查、碰撞检测,分析模型的碰撞检测报告;通过专业的探讨反馈,优化设计、关键点的碰撞分析等。

(4)BIM 模型在施工阶段的质量管理。通过 BIM 模型的平台动态模拟施工技术流程,由各方专业工程师合作建立标准化的工艺流程,保证专项施工技术在实施过程中细节上的可靠性。再由施工人员按照 BIM 模型仿真施工流程施工,确保施工技术信息的传递不会出现偏差,避免实际做法和计划做法不一样的情况发生。这样可以减少施工过程的风险,提升施工质量。

2. 模型质量控制的一般要求

(1)每一环节模型质量应符合规定的深度要求,应达到符合要求的完整性、准确性、合规性。

(2)前一工序模型质量应能满足下一工序对模型进行深入加工的要求。

(3)设计单位、施工单位为模型主要建立方,应建立各环节内部模型质量保证机制,至少满足一次自校和自审,并应有记录上传到协同工作平台备查。

(4)监理单位为各环节模型的审核部门,审核通过以后方可传递到下一个环节,并应有监理单位审核记录上传到协同工作平台备查。

3. 模型质量控制流程

根据模型质量控制的一般要求,可以将模型质量控制流程分为以下步骤:

(1)BIM 工程师按项目阶段要求完成相应工作,并依据质量标准对成果进行自审。确认成果质量后,向专业负责人递交工作成果。

(2)专业负责人对成果文件进行专项审核,主要审核内容为:模型与图纸的一致性,是否符合项目建模标准,是否符合项目阶段要求,BIM 报告的完整性、专业性等问题。专业负责人确认本专业范围内质量无误,提请 BIM 专业总工程师进行质量审查。

(3)BIM 专业总工程师审核无误后,在 BIM 质量成果审核报告中签字确认质量,并将成果文件提交至项目经理。项目经理审核质量通过后交付给客户签收。最终项目总监对项目质量监察进行确认工作,审核质量管理流程的正确性,保障项目的质量。

4. 模型质量控制方法

(1)BIM 模型及成果管控要点

①提交内容是否与要求一致。

②提交成果格式是否与要求一致。

③BIM 模型是否满足相应阶段 LOD 精度需求。

④各阶段 BIM 模型是否与提交图纸相符,现阶段 BIM 模型是否满足下一阶段应用条件及信息。

⑤各阶段 BIM 模型应有符合当前阶段的基础信息。

(2)具体质量控制方法

①检查冲突,由冲突软件检测两个或多个模型之间是否有冲突问题。

②标准检查,确保 BIM 模型遵循团队商定的标准。

③元素验证,确保数据集没有未定义的元素。

7.5　BIM 工程监理应用

在现场施工过程中,监理方可以从设计图纸审查、特殊节点质量控制、质量通病的预控和解决、机电管线优化、辅助对现场节点核对验收、基于 BIM 的监理协同管理平台等几个方面进行 BIM 技术的应用。同时,随着大数据时代与云服务的挑战,为了加强监理工作中工程信息(信息流)的交换与共享,利用 BIM 技术开发监理协同管理平台,实现与各参建方的信息共享、协调管理显得尤为重要,也能极大地提升监理工作的效率和服务质量。

1. 应用 BIM 模型对设计文件进行审查

在建筑方案与结构设计阶段,结构尺寸对功能或美观效果的影响,一般在 CAD 的 2D 图纸中难以发现。监理方在督促施工方按图施工的同时,应具备提早发现图纸中的"错漏碰缺"并协调进行修改的预控能力。例如,某项目梯段净高不满足《民用建筑设计通则》要求,在 CAD 平面图中,楼层梁与楼梯梯段在不同的图纸中,无法直观地判断楼层梁至梯段的垂直距离是否满足要求。因此,一旦存在图纸失误极易造成后期的返工。监理方为业主做好增值服务工作,建立监理方的 BIM 模型,通过浏览模型事先发现问题,通过建设单位提交设计单位核定,并最终进行了相应修改。

2. 应用 BIM 对特殊节点进行质量控制

利用 BIM 的 3D 模型,监理方可对复杂节点和关键技术进行模拟,对施工方进行技术交底和过程检查。根据 BIM 提供的可视化的思路,将以往平面构件形成一种 3D 立体实物图形展示在技术工人面前,并且实现按步骤组装的讲解,提出质量控制关键点和技术要求,可大大减轻监理事中控制的工作量,帮助施工方一起保质保量地完成特殊节点的质量控制工作。例如,某项目屋顶的天窗由中国设计师设计,数量多达 27 处,大小不一、节点连接复杂,为非标构件。监理方利用 BIM 建模过程熟悉图纸,对施工技术人员进行专项技术交底,并在过程中对照模型进行检查督促,有效地促进了该复杂节点及相应关键技术的按图实施,得到了各设计师的一致好评。

3. 应用 BIM 有效控制质量通病的发生

施工过程中,如何有效预防和控制质量通病的发生,对监理的技术和管理能力是一种考验。钢筋分项工程中多条梁交叉部位钢筋安装完成后高程很难控制,控制不力将造成面筋割除、保护层厚度不足、漏筋等棘手的质量控制难题。监理通过应用BIM技术对多条交叉梁节点进行预安装,严格按照设计及图集要求对每条梁筋进行排布,重点对安装完成面高程进行模拟分析,向各参建方提出相应的技术咨询建议,如部分梁筋需要提前进行预弯等。虽然目前基于Revit的BIM技术对构件级的建模尚需耗费大量的人力物力,但不失为提高监理服务质量的一项突破技术。

4. 应用BIM技术对机电管线进行优化

通过监理人员在某项目的楼层内喷淋管线的BIM建模过程中发现,支管走向与框架梁垂直,喷淋管线需要不断地在梁下设置上翻下翻,建模及实际施工时工作量非常大。结合类似项目的经验,监理建议改变喷淋管线走向为纵向布置,重新建模提交各方进行论证,并最终被业主和设计采用。这一改变调整了相应的施工蓝图,在实际施工中节省了施工周期与成本,为工程按时竣工验收和投入使用提供了重要保障,取得了良好的经济效益和社会效益。

5. 应用BIM辅助监理的现场验收

施工过程中监理方对关键工序控制的过程及最终验收,在质量控制工作中所占比例较大。专业监理工程师辅助采用BIM技术,在建模过程中熟悉设计图纸,明确控制要点。在图纸会审与监理交底过程中,通过与施工技术人员沟通,更加直观地明确了验收要求。现场验收过程中,借助相应的平行检测仪器对照经过审查的BIM模型,可以有效地辅助验收工作,存在较严重问题则开具包含BIM内容的监理工程师通知单督促整改,提高了监理人员的专业技术能力,有效减少了后期的沟通工作。例如,幕墙施工托板安装验收,通过平面图纸难以正确地理解其结构构造,加之监理行业人员具有一定的流动性,对图纸的把握能力有待提高。利用BIM软件导入iPad,则能通过BIM模型进行对照,验收节点是否安装正确。监理人员利用导入的模型,配合使用激光测距仪对风管安装、楼层净高进行监理独立复核。

综上所述,BIM技术专业性较强,而监理过程中涉及的技术面则较广,因此监理需根据自身特点找好准确的定位。鉴于监理自身的协调和监管作用,监理在BIM技术管理上有着较大的挖掘空间,因此应更重视BIM技术的管理,协助业主做好BIM的管理工作,最大化实现BIM在工程中应用的优势。

7.6 BIM工程监理应用架构

项目管理工程中常见的监理咨询单位有监理单位、造价咨询单位和招标代理单位等,这里仅以与BIM技术应用更为紧密的监理单位进行介绍。

1. 项目管理中监理单位的各种特征

工程监理的委托权由建设单位拥有,建设单位为了选择有资格和能力并且与施工现状相匹配的工程监理单位,一般以招标的形式进行选择。工程监理的工作涉及范围大,监理单位除了工程质量之外,还需要对工程的投资、工程进度、工程安全等诸多方面进行严格的监督和管理。监理范围由工程监理合同、相关的法律规定、相对应的技术标准、承发包合同决定。工程监理单位在监管过程中具有相对的独立性,工程监理是施工单位和建设单位之间的桥梁,各相关单位之间的协调沟通离不开工程监理单位。

2. 工程监理的工作特征

从工程监理的工作特征看,监理单位是受业主方委托的专业技术机构,在项目管理工作中执行建设过程监督和管理的职责。监理业务包括了设计阶段、施工阶段和运维阶段,甚至包含了投资咨询和全过程造价咨询。

由于监理单位不是实施方,而 BIM 技术目前尚在实践、探索阶段,还未进入规范化应用、标准化应用的环节,所以目前 BIM 技术在监理单位的应用还不普遍。但按照项目管理的职责要求,一旦 BIM 技术规范应用,监理单位仍将代表建设方监督和管理各参建单位的 BIM 技术应用。

监理单位目前在 BIM 技术应用领域主要从两个方面开展技术储备工作:

(1)大量接触和了解 BIM 应用技术,储备 BIM 技术人才,具备 BIM 技术应用监督和管理的能力。

(2)作为业主方的咨询服务单位,能为业主方提供公平公正的 BIM 实施建议,具备编制BIM 应用规划的能力。

7.7 BIM 工程监理功能定位

BIM 工程监理以企业实际的管理流程为依据,包含项目全生命周期的项目要素,对项目质量、进度、人力资源、风险、文档等领域进行深入管理,帮助工程监理工作团队合理规划资源使用、跟踪项目进度、监控项目质量与风险,为项目组织中各个管理层级提供全生命周期的精细化工程监理。所部署功能结合管理的需求,将工程监理团队各级管理部门、项目建设方、设计方等多个层次的主体集合于一个协同平台上,及时对汇集的现场情况进行模型化比对,灵活适用于两级管理、三级管理、多级管理等多种模式。结合 BIM 信息模型,其主体功能体现在以下方面:

1. 项目资料无纸化管理

基于 BIM 技术的数字化工程监理模式,在实施过程中直接形成能被建筑模型识别成构件属性信息的文档。对档案进行集中式、全生命周期管理,从建档至归档实行自动化管理,避免资料遗失,同时还减少了项目竣工时资料整理工作的繁杂程度。规范的方案管理方法帮助项目部和公司对大量资料进行有效管理,节约了项目资料的整理时间。

2. 项目全局管理

系统功能包括项目时间、质量、人力资源、沟通、风险等管理要素。对各项目从信息获取、项目开工直至竣工验收的全生命周期进行详细管理。不仅可以管理单个项目,公司层面还可以实现多项目的统筹管理。建设监理 BIM 团队将实施计划用作协作工作模板,来确定项目标准。BIM 实施计划可以帮助各工作人员进行角色分工和责任分配,确定所创建、共享的信息类型、软件类型以及负责人。有利于各参与方更加顺畅地沟通,使监理在工程建设中对质量、工作内容和进度驾驭自如。

3. 项目质量和安全管理

以"制订质量安全计划—计划执行—监督反馈—整改检查"为管控手段,运用从工序质量到分项工程质量、分部工程质量。单位工程质量的系统控制过程,强调工程质量管理的计划性、可控性,使质量问题能得到及时发现和切实整改,最大限度地降低工程质量风险。利用项目的集成化BIM,迅速识别和解决系统冲突,对设计中存在的冲突和矛盾进行及时的修改。

4. 项目进度管理

BIM技术对进度进行动态管理,制订项目计划,合理配置资源,动态掌握项目实际进度,重点防范项目时间风险。不同的参与方以BIM作为沟通和交流的基础。在项目完成以后,各方发现了应用的优势所在,熟悉了应用的流程,为以后更好的合作奠定基础。

基于BIM的虚拟建造技术是将设计阶段所完成的3D建筑信息模型附加以时间的维度构成模拟动画,通过在计算机上的监理模型并借助于各种可视化设备对项目进行虚拟描述。其主要目的是按照工程项目的施工计划模拟现实的建造过程,在虚拟的环境下发现施工过程中可能存在的问题和风险,并针对问题对模型和计划进行调整和修改,进而优化施工计划。即使发生了设计变更、施工图变更等情况,也可以快速地对进度计划进行自动同步修改。BIM模型是分专业进行设计的,各专业模型建立完成以后,可以进行模型的空间整合,将各专业的模型整合成为一个完整的建筑模型。计算机可以通过碰撞检测等方式检测出各专业模型在空间位置上存在的交叉和碰撞,从而指导设计师进行模型修改,避免因为模型的空间碰撞而影响各专业之间的协同作业,继而影响项目的进度管理。

5. 项目风险管理

合理的风险管理可以减少项目损失,强调项目风险防范、主动风险预警,尽量在风险未发生或发生初期进行处理。利用质量、进度、投资控制模块,对所有系统模块进行有效控制。在该过程中,随着项目的进展,将产生各种合同文件、物资采购及调用记录、合同及项目设计等的变更记录以及施工进度、投资分析图等一系列文件。在有效使用范围内,项目参与方可以随时调用权限范围内的项目集成信息,有效避免因为项目文件过多而造成的信息不对称现象。

7.8 基于 BIM 技术的质量监管

传统的质量监管按照时间阶段分为施工过程中的监督抽查和竣工验收阶段的监督抽查。施工过程中的监督抽查按照监督抽查内容分为质量行为的监督抽查和工程实体质量的监督抽查。竣工验收阶段的监督抽查主要是对质量行为的监督抽查,主要通过抽查文书实现。以下结合施工过程和竣工验收阶段的监管方式,分析BIM技术的应用潜力,提出BIM与质量监督的可能结合点。

1. 施工过程中的质量抽检

(1)质量行为的监督

行为监督更多依据文书资料与现场落实情况的对比,现阶段强调监督信息与模型的关联,目前项目的实施环境尚未具备,且管理方式和工作习惯的转变尚未适应,BIM技术应用于质量行为监督缺乏结合点。

(2)工程实体质量的监督

实体质量的监督分为资料抽查和实体抽检。其中资料抽检中关于工程材料、构配件和设备质量等信息可以通过抽检 BIM 模型的构件属性实现。工程实体施工质量抽检,监管单位可利用移动终端、携带模型及相关资料,有针对性地进行现场工程实体和技术资料的抽查,尤其是质量控制重点和难点。

2. 竣工验收阶段的监督

竣工验收阶段的质量安全监督记录偏重文书资料、组织形式和流程的检查,如果与 BIM 模型关联,更多是电子资料与构件的关联和保存,需要通过平台实现。且电子版本的归档资料需要政府文件的要求和支持。考虑目前的实际情况,尽管存在潜在需求,但不建议对本阶段做强制性要求,建议在本阶段做好技术储备,初步建立平台,以备下一阶段投入使用。验收过程中监督人员可以通过便携式设备保存图纸、验收标准、BIM 模型,在现场开展模型与实物的比对,及时发现隐蔽工程验收中的细微差别,提高验收质量。

3. 安全管理

(1) 施工准备阶段安全控制

在施工准备阶段,利用 BIM 技术进行与实践相关的安全分析,能够降低施工安全事故发生的可能性。例如,4D 模拟与管理、安全表现参数的计算可以在施工准备阶段排除很多安全风险。BIM 虚拟环境的划分施工空间,排除安全隐患。采用 BIM 模型结合有限元分析平台,进行力学计算,保障施工安全。通过模型发现施工过程中重大的危险源并实现危险源自动识别。

(2) 施工过程仿真模拟

模拟在施工过程中不同时段的力学性能和变形状态,为结构安全施工提供保障。通常采用大型的有限元软件来实现仿真分析。在 BIM 模型的基础上,实现三维模型的传递,再加上材料属性、边界条件和荷载条件,结合先进的时变结构分析方法,便可以将 BIM 模型、4D 技术结合起来,实现基于 BIM 的施工过程结构安全分析,有效捕捉施工过程中可能存在的危险状态。

(3) 施工动态监测

对施工过程进行实时的动态监测,特别是关键的部位和关键的工序,可以及时了解施工过程中结构的受力和运行状态。建立工程结构的三维可视化动态监测系统就十分有必要了。

利用三维可视化虚拟环境、漫游来直观、形象地提前发现现场的各类潜在危险源,提供更加便捷的方式查看监测位置的应力应变状态,在某一监测点应力或应变超过拟定的范围时,系统将自动报警给予提醒。

7.9 基于 BIM 技术的管理协同

(1) 根据收集到的施工项目信息,结合设计施工计划表,确定项目的任务细节,在此基础上,建立项目工程文件,添加设计成员用户,并输入相关的属性信息。

(2) 制定施工项目的工作分解结构(WBS),从项目施工的整体阶段进行划分,逐层细化子任务,建立工程量大纲并关联至构件,同时进行编码。

(3) 在 WBS 的基础上制订施工进度计划,明确每一项施工项目的预期完成任务、交付工程量或里程碑、完成时间三类主要节点信息,并以时间为基本组织单元,存入数据库中。在系统中可对每一个具体的构件进行关联,获知每一个施工项目的持续时间及整个项目的生命周期。在每一个构件单元上,进行人员、设备、材料等资源的分配,同时关联时间信息,实现进度的控制。

(4)项目开始实施之后,根据施工现场移动设备提交的质量、安全、进度及施工工艺完成情况,审核各管理要素是否满足预期要求,如未能按期完成,则需进一步对进度计划进行调整或采取相应的整改措施,并重新检视整体施工计划。

(5)每完成一项施工工艺,则提交该工艺的完成时间,并将其对应的清单项状态设置为"完成"。当一个构件中的所有具体施工工艺均提交完成后,表示该构件处于"待审核"状态,此时将施工结果提交审核方或监理方,并进行现场审核。如审核通过,则将其关闭,表明该构件施工过程的结束。每个分项工程完成后,将其工程量清单和造价信息提交监理方和业主方进行确认,确认无误后,设置该分项工程状态为"完成"。在业务清单项上,挂接其开始施工时刻、完成施工时刻、工时、设计完成时刻、设计成本、实际成本、产值、关联构件等信息。实际施工项目所挂接属性值则由施工现场人员根据每天的工作进展情况通过现场移动设备提交到BIM系统中。

7.10　基于 BIM 技术的工程算量

按照技术实现方式区分,基于 BIM 技术的算量分为两类:基于独立图形平台的和基于BIM 基础软件进行二次开发的。基于 BIM 技术的工程算量具有以下的特征:

(1)基于三维模型进行工程量计算。在算量软件发展的前期,曾经出现基于平面及高速的 2.5 维计算方式,目前已经逐步被三维技术方式代替。为了快速建立三维模型,并且与之前的用户习惯保持一致,很多算量的方式依然以平面为主要视图进行模型的构建,使用三维的图形算法,处理复杂的三维构件的计算。

(2)按计算规则自动算量。基于 BIM 技术的算量软件与其他 BIM 应用软件的主要区别在于是否可以自动处理工程量计算规则。计算规则的处理是算量工作中最为繁琐及复杂的内容,专业的算量软件大多内置了各种计算规则库。同时,基于 BIM 技术的工程算量还可以提供计算结果的计算表达式反查、与模型对应确认等,这样,用户可以复核处理的结果。

(3)三维模型数据的交换。基于 BIM 技术的工程算量软件应用,包含建立三维模型、工程量统计、输出报表等。利用 BIM 技术计算工程量,进行信息共享可以减少重复工作,满足算量的基本要求。

7.10.1　基于 BIM 技术的三维工程算量研究

1. 国内 BIM 技术三维算量的发展现状

近年来,BIM 技术的逐步普及、计算机技术的快速发展和工程量精确度要求的不断提高,算量软件逐步发展起来。从最开始的全手工算量阶段(效率低、出错率较高、对工程量影响较大)过渡到 Excel 表格算量阶段,相对于全手工算量来说提高了工作效率,降低了出错率,可以进行修改,一次修改全篇修改,省去重新开始计算过程,节省时间,避免不必要的麻烦,但主要数据和计算公式等仍是人工输入,依然会导致错误且错误不易被发现。于是再逐步过渡到算量软件阶段,分为以平面扣减方式进行工程量计算的二维算量软件阶段和基于 BIM 技术的三维模型以三维空间自动扣减的三维算量软件阶段,本质区别在于图形维数不同。但在工程的具体实施中还未完全取代手工算量。

我国 BIM 技术较美国、英国起步晚,但发展速度迅猛,近几年我国部分地区已经使用 BIM 技术进行建筑建造,如苏州中南中心、珠海歌剧院——日月贝等。目前市场上常用的 BIM 全过程软件以国外软件为主,主要有 Autodesk Revit 系列、Benetly 系列、Archi CAD 系列等。常用的几种三维算量软件有广联达、鲁班、神机妙算和清华斯维尔。各软件特点鲜明,都能够进行自动算量,减少人为失误引起的误差。市场上常见的 BIM 技术三维算量软件对比分析见表 7-3。

BIM 技术三维算量软件对比分析 表 7-3

软件名称	优 势	劣 势
广联达	计算更加细致,更加程序化,计算速度快,界面清楚更易上手,与建模软件之间有接口	计算规则无法修改,三维显示不准确
鲁班	算量软件基于 CAD 平台开发,所保存的文件易被其他软件识别调用,计算规则开放	CAD 是否为正版影响软件使用,只包含算量软件,涉及面窄且计算速度较慢
斯维尔	安装算量软件与三维算量软件三维模型共享,完美模拟工程现场场景,直接指导现场施工	土建和钢筋算量整合在一个软件,界面复杂
PKPM STAT	软件自动计算,无须动手操作,可导入结构设计三维模型数据,三维渲染效果好	无钢筋图库,在构件划分和绘制方面未考虑造价实际应用,带来麻烦
新点比目云	集成在 Revit 平台上,最落地的 BIM 概念,具有辅助设计功能	构件筛选不够精细,目前只能自动套取 2008 清单规范
神机妙算	混凝土和钢筋量能一并算出	只有一个主程序,运行速度慢、系统不稳定、操作复杂、开发力量薄弱

通过表 7-3 分析对比,可以看出只有广联达算量软件与建模软件之间有自行研制的接口,所以本文以广联达算量软件为例进行工程量计算介绍。

利用 BIM 技术进行工程量计算,主要建立三维模型,目前各算量软件已经可以导入三维模型,避免二次建模,减少时间,可以清楚地展示构件的扣减关系以及属性信息,所见即所得。对于结构复杂的构件能够自动处理,更加直观,在导入三维模型过程中可以进行碰撞检查,容易发现错误并进行修改,能够及时更改属性信息,接下来才能套用清单。由此可以看出,基于 BIM 技术的三维算量软件是自动算量软件的主要发展趋势,在建筑信息模型的基础上进行工程量的计算,直接将模型导入三维算量软件中,一模多用,避免二次建模,有效提高算量效率,这是工程自动算量软件的发展方向。

我国建筑工程中经常会出现施工图滞后等问题,导致在招标预算阶段的算量精度与施工阶段不一致。算量人员建模时不熟悉建模规范也会造成人为误差。各阶段工程量的不一致导致工程造价相差较大,影响各方的经济效益。所以利用贯穿生命周期的 BIM 模型进行三维算量是相关行业比较关心的问题。

2. BIM 技术三维工程算量优势

与传统算量方式相比,基于 BIM 技术的三维工程算量具有明显优势:

(1)利用设计院深化设计后的三维模型可以直接得到工程量,避免二次建模,既提高效率,又节省时间。

(2)在构建房屋建筑模型过程中,标准层之间可以直接拷贝,非标准层可经过复制后再做修改,很大程度上提高了建模效率。

(3)实现相连构件衔接处的自动扣减,算量软件在进行工程量统计时,提供构建搭接常用方式,可依据图纸自行选择,避免人为计算,提高精确度。

(4)在完成工程量统计后,软件自行按照工程量分类进行汇总,汇总方式全面,可以按照楼层、材料等分类并输出项目工程量计算书。

(5)在招标阶段显著缩短算量周期,提高工程算量精确度,并随着 BIM 模型精细程度变化,随时进行工程量的更改。

然而,目前主流的建筑工程建模软件,如 Revit 系列受到我国各构件之间扣减规则制约,直接得到的量不能满足我国算量规则。针对上述现象已经研发出适用于创建的 Revit 模型与国内主流软件广联达土建算量 GCL 的数据接口,通过使用插件进行导入节约二次建模时间、降低成本,将在未来更多的工程中得到应用。

7.10.2 基于广联达 BIM 的三维算量应用

1. 工程简介

某实验综合楼案例为 6 层框架结构、西面有一个两层的配电室,无地下室,一层高度 4.3m,标准层 3.8m,建筑总高 23.6m,桩基 + 独立基础。工程体量小,结构简单,地理位置复杂,为全现浇钢筋混凝土框架结构。结合广联达软件进行算量分析,使用 Autodesk Revit 2014 软件建立三维模型,使用广联达 GCL 和 GGJ 软件进行工程量计算。主要操作流程如图 7-4 所示。

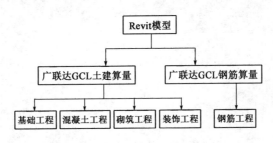

图 7-4　广联达三维算量操作流程

图 7-5 是使用 Revit 2014 建立的三维模型,导入广联达 GCL 后,三维模型展示如图 7-6 所示。

2. 工程算量

(1)基础工程

该实验楼基础为独立基础,基础工程主要涉及土方开挖回填、独立基础以及平整场地三大主要工序。该工程的挖土深度为 2.5m,土方开挖回填工程量计算时,采用基坑土方只需要输入工作面的尺寸以及边坡系数,该工程中工作面的尺寸依据独立基础尺寸设定,边坡系数依据地质等标准选定为 0.5,依据国内土方工程量计算方法,软件即可自动计算出开挖土方为 1 837.03m³,土方回填量为 1 501.775m³。进行独立基础工程量计算时,利用构建自带属性采用参数化设计提高工程量计算效率。对于平整场地的工程量计算主要依据模型中建筑物首层面积进行计算。

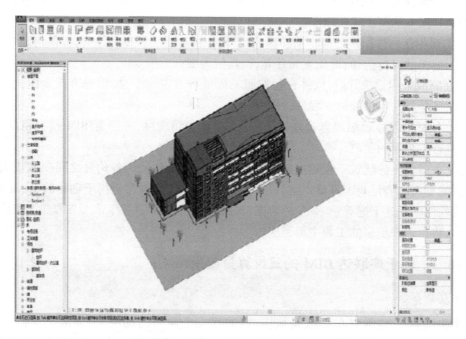

图 7-5 Revit 模型

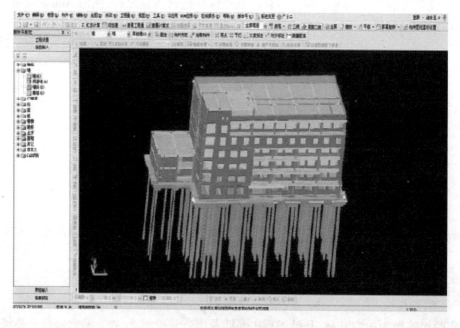

图 7-6 广联达 GCL 三维模型

（2）混凝土工程

混凝土工程包括混凝土模板和混凝土构件两大部分，该实验楼混凝土构件主要有梁、板、柱三大类型，采用广联达三维算量软件可以自动提取模板工程量，通过直接套取相应定额精确计算混凝土构件工程量，并保证计算结果满足要求。广联达软件的内置清单以及计算法则按照国内计量规范设置，在梁、板、柱交接处，按照柱、梁、板顺序依次进行扣减，即交界处柱工程量优先于梁、板，避免工程量的虚增或减少，增加工程量计算的准确性。

（3）砌筑工程

该实验综合楼的砌筑工程包含地上和地下两部分，每一部分的材质不同，在广联达软件中，依据内置算法计算砌筑工程的工程量。通过套用不同材质对应清单确定工程量，只需套用一个清单，利用软件自带做法刷功能完成相同材质、相同清单的其他墙体工程量的计算，提高了计算效率。

（4）装饰工程

广联达软件也能自动计算出装饰装修部分工程量。在本工程中主要做墙面抹灰、地面工程、门窗工程、吊顶工程、涂饰工程以及细部工程。其中墙面工程包含三种构造方式，即涂刷方式、在核心层上直接添加饰面构造层和单独建立饰面构造层。在实际工程中前两种方法准确率低，为保证工程量的准确性，常采用第三种方法，通过材料表单得出准确的工程量。对于地面以及门窗工程利用软件自带表单功能进行工程量统计。

（5）钢筋工程算量

本工程中广联达钢筋算量软件主要用于柱、梁、基础以及结构楼板工程量计算，调用系统钢筋族选择钢筋类型自动计算钢筋量。首先完成钢筋布置，在此基础上对钢筋进行清单套用，统计钢筋量。主要分两种计算规则：不计算弯曲和计算弯曲。在该工程中选择不计算弯曲进行钢筋量统计，不计算弯曲按照钢筋外包尺寸进行计算，计算弯曲采用钢筋直径完成计算，结果相差满足要求。在钢筋布置中，采用截面进行钢筋的配置，主要包含边筋、脚筋以及箍筋，在梁配筋的布置中还涉及架立筋、构造筋、抗扭筋等不同类型的钢筋构造，采用广联达钢筋算量软件进行钢筋量统计简单直观，能够做到所见即所得，且能够科学合理地处理各构件钢筋之间的搭接问题，提供交接处钢筋节点设置，通过选取不同的节点构造提高钢筋量的准确性。

3. 插件应用分析

广联达BIM技术的应用减少了二次建模时间，提高了工程量的计算效率，减小人为失误引起的错误概率。三维算量软件是基于BIM模型进行的，若BIM模型无法很好地传递，应用到下游，会对BIM的持续发展造成严重阻碍。

该综合实验楼使用广联达针对Revit系列最新研制的GFC插件进行模型的导入，依据该实验综合楼在Autodesk Revit和广联达GCL、GGJ中统计的各构件的工程量为基础数据，进行模型转换率以及工程量转换率分析，如表7-4和表7-5所示。

模 型 转 换 率   表7-4

序号	构 件	设计模型图元数	导入算量软件图元	模型导入率（%）
1	基础梁	41	41	100
2	桩	102	102	100
3	独立基础	30	30	100

续上表

序号	构　件	设计模型图元数	导入算量软件图元	模型导入率(%)
4	垫层	31	30	100
5	坡道	1	1	100
6	墙	1 642	1 642	100
7	框梁	213	213	100
8	井字梁	264	264	100
9	板	194	194	100
10	柱	501	501	100
11	构造柱	98	98	100
12	栏板	31	31	100
	合计	3 147	3 147	100

工程量转换率　　　　　　　　　　　　表 7-5

序号	构　件	GCL 工程量	模型工程量	量差	量差(%)
1	350×800 C35 梁	27.62	27.98	0.360	1.30
2	MU10 实心砖基础	66.30	67.80	−1.500	−2.21
3	150 厚砌块女儿墙	28.24	28.13	0.110	0.40
4	240 厚砌块	5.64	5.64	0.000	0.00
5	雨篷	2.68	2.683	−0.003	−0.11
6	C35 柱 700×700	120.44	119.53	0.910	0.76
7	150 坡道	0.84	0.84	0.000	0.00
8	110 厚 C30 有梁板	446.24	450.03	−3.790	−084

　　通过对比分析可以看出采用 GFC 插件可以将模型 100% 转换,工程量的转换率达到 99%,所以采用 BIM 技术进行三维算量不仅能提高计算效率,而且还能减少计算误差,满足要求。

第8章

项目其他阶段的 BIM 应用

8.1 项目勘察阶段的 BIM 应用

8.1.1 BIM 技术在勘察阶段的应用现状

工程勘察信息管理是建筑设计的基础环节,现有的工程勘察设计中的地质信息管理大部分还是基于传统 CAD 二维模型的建构,表现形式比较单一,可视化表现不够形象立体。而 BIM 技术提供一个存储、处理数据信息的平台,可以将土工试验以及现场勘察的数据输入到 BIM 软件,进行数据处理分析及可视化,为勘察设计提供一定的依据。

工程勘察阶段 BIM 应用的实践表明,利用 BIM 软件将工程勘察成果可视化,实现上部建筑与其地下空间工程地质信息的三维融合具有可操作性。目前,国内外已经出现了 GOCAD、Auto CAD Civil3D、Geo Mo3D 和理正地质 GIS 等三维地质建模软件,但针对岩土工程勘察领域而建立的地质三维模拟软件并不多,对地质建模与可视化分析针对性不强,难以满足专业功能需求。国内有单位自主开发三维岩土工程勘察信息系统,但无法实现与建筑结构等专业数据互通共享,难以进行各专业协同工作。

8.1.2 BIM 技术在勘察阶段的应用前景

任何建(构)筑物均是在特定的场地上进行建造和使用的。因此,岩土工程勘察提供的建设场地相关信息显然应该是 BIM 数据库中的一个重要的组成部分。鉴于场地岩土工程条件对于项目决策、方案选择、设计施工和工程造价有重大的影响,因此将建设场地的岩土工程勘察信息和各种岩土工程数据作为勘察设计全生命周期数据集的重要组成部分,整合进 BIM 模型并构建相应的数据库显然是很有必要的。

工程勘察应用 BIM 技术存在潜在优势,基于 BIM 的工程勘察信息模型,可以将建设场地在不同勘察阶段,通过各种勘察方法所获得的测绘、勘察和岩土工程设计有关的数据等信息整合在一起,实现勘察成果三维数字化。基于 BIM 的三维建模技术实现数据可视化,工程勘察人员可以与业主、设计和施工单位进行充分的沟通,从而达到优化设计、施工方案的目的。基于 BIM 信息平台移交工程勘察成果,可以实现工程勘察成果的精细化,也有利于提高勘察专业技术水平和专业地位。

8.1.3　BIM 技术在勘察阶段的探索和应用

目前,国内外已经出现了多种结合不同专业领域需求开发的三维地质建模软件,比较有影响的有 GOCAD、SURPAC、理正地质 GIS 等。当前的工程勘察三维图形软件虽然功能强大,但由于不是基于 BIM 技术理念,未采用统一的数据格式进行研发,无法实现专业间数据信息的无损传递和数据共享,设计、施工人员不能充分地使用三维岩土工程勘察数据信息,存在信息孤岛化的问题。

推广 BIM 技术应用是一个渐进的认知和提升过程,需要一个量变积累的过程。实现 BIM 辅助设计需要具备三个主要基本条件:数据库替代绘图、分布式模型、工具 + 流程的整合。要实现工程勘察成果在 BIM 的应用,必须遵循在同一数据标准上拓展的原则,强调数据的无损流动,才可能实现不同专业间的协同工作,做到建设工程全生命周期各个阶段的数据信息共享。

随着我国建筑工程勘察质量要求的不断提高,以及建筑行业信息化的跨越式发展对地质勘察的可视化、信息化的迫切需求,行业内逐步开展了“建筑信息模型”技术的探索和研究。建筑信息模型技术又叫 Building Information Modeling,它主要是以建筑工程项目的各项相关信息数据作为模型的基础,进行建筑模型的建立,通过数字信息仿真、模拟建筑物所具有的真实信息。在我国铁路工程地质勘察中,BIM 技术可以对地质分析的数据进行采集和回收,它是一种面向勘探对象的 CAD 技术,通过三维数字化技术模型对工程地质勘察的地质状况信息进行合理描述,从而在铁路隧道地质勘察中展开具体实践。BIM 技术的可视化、协调性、模拟性、优化性和可出图性五大特点大致体现如下:

(1)实现信息模型的集成,解决了项目参与方信息沟通不畅和信息断层等问题。

(2)模型参数驱动实现了设计自动化和智能化。

(3)开放的数据网络接口可以实现多种软件的信息互访。

(4)综合协同的多维仿真平台实现了项目参建各方的协同工作。

(5)BIM 是一个三维管理系统 ,即三维实体的生命周期管理系统,它是在开放的工业标准下对设施的物理和功能特性以及相关的生命周期信息进行数字化形式表现,从而在地质勘察中为决策者提供科学的信息。

地质勘察是分阶段实施的系统性工程,多年来形成的二维设计模式不可能立即对接 BIM 平台中的三维可视化、协同、智能的设计模式。因此,应在制定 BIM 技术在工程勘察中应用标准的前提下,逐步改变原有的工作模式,有序地推进 BIM 技术在地质勘察中的应用。三维是 BIM 的基础,也是整个设计要实现BIM设计的前提。对地质勘察而言同样如此,首要解决的就是地质三维模型的建立。现阶段有两种途径实现BIM技术三维模型的建立,第一种途径的应用更为广泛。

1. 第一途径

在原有工作模式的基础上,根据各勘察阶段的成果资料,按制定的BIM标准进行整理,利用BIM软件,将二维成果资料三维化,达到间接实现BIM在地质勘察中的应用效果,如图8-1所示。这种方法并未完全实现BIM技术的应用,并未完全解决在设计中存在的问题,还有待进一步改进和完善。

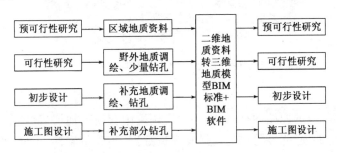

图8-1 BIM在地质勘察中应用的第一途径

根据BIM应用第一途径思路,可以将某铁路隧道浅埋段的平面图、纵断面图及横断面图(图8-2),统一调整为同一比例,根据平纵横的关系来建立地层面,再用地层面做多层切片得到地质体,最终完成浅埋段的三维地质模型的建立,如图8-3所示。

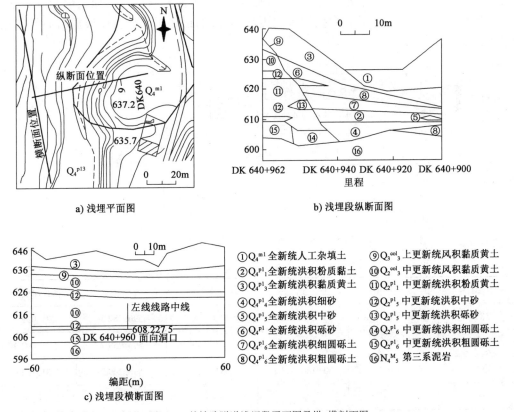

图8-2 某铁路隧道浅埋段平面图及纵、横剖面图

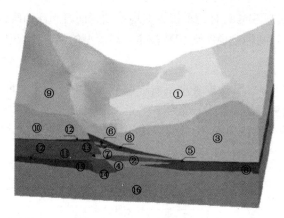

图 8-3 某铁路隧道浅埋段三维地质模型(图中代号同图 8-2)

2. 第二途径

根据每个勘察阶段的原始数据,如野外地质调绘中获得的地层岩性、产状、构造等地层要素,钻探过程中获得的地层分层数据,动探及标贯数据,实验室岩样、土样、水样等样品分析数据,各重点工程或特殊段落的物探数据,将其叠加到上一个勘察阶段形成的 BIM 三维模型上,形成该阶段的 BIM 模型,实现真正意义上的 BIM 技术应用。达到勘察数据的动态调整、实时更新及管理,为设计的优化提供具有高精度、强可视化的地质模型。根据 BIM 应用第二途径思路(图 8-4),将某铁路线某路基段的钻孔数据,如表 8-1、表 8-2 所示,导入到 BIM 软件中,利用钻孔中岩性的分层数据,直接生成岩层的顶底层面,完成路基段的三维地质模型的建立,如图 8-5 所示。若后期有新的钻孔数据加入或更新,岩层的顶底层面会自动根据新的数据完成模型的更新。

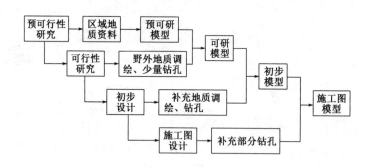

图 8-4 BIM 在地质勘察中应用的第二途径

钻孔数据概况

表 8-1

钻孔编号	类型	东坐标	北坐标	高程(m)	钻孔深度(m)
ZK1	CP	507 200.622 6	3 540 904.805	596.282 3	31.032 4
ZK2	CP	507 193.577 6	3 540 911.902	596.259 7	31.092 3
ZK3	CP	507 186.533 2	3 540 919	596.249 8	31.164 9
……	……	……	……	……	……

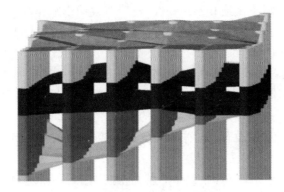

图 8-5 某铁路路基段三维地质模型

钻孔数据分层表　　　　　　　　　　　　　　　　　　　　　表 8-2

钻孔编号	顶面深度(m)	底面深度(m)	岩层代号	图 例	填充符号
ZK1	0	5.6942	〈1-14〉	101	FILL
ZK1	5.6942	10.0324	〈1-26〉	102	MADE
ZK1	10.0324	30.0324	〈5-8〉W2	105	SANDSTONE
ZK1	30.0324	31.0324	bouom	128	SOLID
ZK2	0	5.7061	〈1-14〉	101	FILL
ZK2	5.7061	10.0923	〈1-26〉	102	MADE
……	……	……	……	……	……

8.2 项目运营维护阶段的 BIM 应用

8.2.1 BIM 技术在项目运维阶段的应用

1. BIM 技术在建筑运维阶段的应用

关于建筑物的运营维护管理(运维管理)的含义,目前国内并没有明确的定义,主要是指工程建设完成后将进入到运营维护阶段,在此阶段内,运营管理者将负责项目所有的管理任务,包括经营管理、设备管理、安全管理和能源管理等内容,其最主要的目的是满足人员在建筑空间内的基本使用、安全和舒适需求。当建筑物的使用年限在 50 年以上时,建筑物的造价费和使用阶段内的维护费的比例可高达 1:9。因此,现代化、规范化的运维管理将会给业主和运营商带来极大的经济效益。

(1)传统的运维管理方法

传统的工程项目运维管理模式主要是根据工程项目的性质不同而采取不同的管理模式。目前,运维阶段采取的模式可分为租赁经营、自主经营、委托经营、特许经营四种管理模式。由于建设项目的周期较长,涉及的文件较多,信息资料众多,各个阶段又处于各自为营的状态,导致了整个项目建设全过程中信息难以集成和统一,难以避免会出现信息丢失现象,给业主带来经济损失。传统的运维阶段的管理主要存在以下弊端:

①信息的孤立性。建筑项目在其生命周期内具有不同的工作阶段,各工作阶段内的工作

主体不同,导致各自的信息不流通和不统一性,直接造成的影响是项目建成,但无法满足运营能力的要求,出现了信息孤岛。所以,应该从运维管理的角度出发介入到项目的设计与施工阶段,消除信息的断层,才能为运维阶段的管理工作带来最大的效益。

②缺乏控制性。随着越来越多的超高层建筑的出现,项目建设周期内的信息管理将面对巨大的挑战。传统的运维管理模式不能及时了解最新的运营情况,管理部门不能及时做出准确决策,不能对工程项目的运维情况进行有效的控制。在运营的过程中,在排水、监测、消防等系统发生故障的情况下,如果没有及时采取措施进行控制,将造成经济损失,更甚者将造成人员伤亡。

③管理模式粗放。我国建筑行业大而不强,仍属于粗放式劳动密集型产业,企业规模化程度低,建设项目组织实施方式和生产方式落后,产业现代化程度不高,很多建设项目并不重视运维阶段的管理,导致运营管理不善而失败。因此,形成精细化的运维管理势在必行。

(2)基于BIM工程运维管理的内容

对于建筑运维阶段而言,其管理的主要问题归根结底就在信息效率上,因此,解决建筑运营管理的问题可通过信息化手段。BIM技术作为信息化的管理工具能够将建筑物的结构设施和设备设施等信息整合起来,为管理者提供建筑物的全局信息。通过BIM共享施工过程中的信息,对于工程后期的维护、改造提供了一套终身制的"档案"。当工程项目建设完成以后,建设项目将进行移交。对于物业管理部门而言,他们希望得到的不只是竣工图纸,还希望能得到反映设备状态、材料使用情况以及与运营维护有关的资料。在运维阶段内,BIM还能进行资产管理,与RFID(无线射频识别技术)相结合能够快速准确地知道资产在建筑物的位置及其对应的相关参数。

(3)基于BIM技术的精细化管理模式

①设备设施管理。

传统的设施维护管理的方法主要是通过二维的图形以及纸质资料来保存信息,设施维护过程中,主要依靠人力巡检来完成。当出现问题后,由于二维图纸的局限性,难以对问题进行准确定位和快速处理。BIM技术与智能检测系统相结合,能够在计算机模型上实时获取设施的数据,一旦出现问题,能够准确地对出现问题的设备进行定位,大大减少了在传统维修过程中逐个排查的时间和资源,提高了工作效率。

②空间管理。

对于建筑物而言,空间管理实际指的是对建筑空间、设施空间以及企业空间的管理和利用。BIM的3D可视化能够打破人类对复杂建筑物想象力的局限性,将建筑物直接地反映在模型当中,并且可以在3D可视化模型中对空间的使用进行规划,减少在传统管理模式中在二维图纸中一次性规划对空间资源造成的闲置。

③应急管理。

针对大型的公共建筑而言,必须制定完备的应急预案,保证发生意外事故时安全逃生通道的畅通,传统的应急管理方式多采用的是实际演练。利用BIM技术的建筑运维系统可以主动应对这种突发事件。制定应急预案时,可以通过3D可视化的模型模拟逃生路线。当有意外情况发生时,管理人员可以通过监测系统了解险情发生地点,找到最合适的逃生路线,指导现场管理人员进行有效的疏散,提升应急行动的效率。基于BIM技术的运维阶段的管理,为运维阶段提供了有序的保障作用,能够以3D可视化的形式,形象地展示整个建筑物的空间情况,实时获取设备设施信息。当遇到突发情况时,能够快速地定位设备和构件,并且 BIM 技术与现行的 EMS(能源管理系统)相应用,还能够对建筑物在运营阶段内的能耗情况进行检测和经济性分析,促进了绿色智能建筑在我国的发展。BIM 技术在运维阶段的应用,使建设项目的运维管理从传统的事后控制过渡到基于 BIM 技术的事前控制,增强了安全性能,提高了运维管理水平。

2. BIM 技术在桥梁运维阶段的应用

桥梁建成投入使用后,随着时间的推移,桥梁主体因反复承受车轮的磨损、冲击,遭受暴雨、洪水、风沙、冰雪、日晒、冻融等自然力的侵蚀,以及在设计、施工中留下的某些缺陷,必然造成使用功能的日趋退化。在桥梁结构的运营阶段,如何进行科学的管理、合理制订养护维修计划、实时了解桥梁的运营状态,以提高桥梁的服务水平,保障人民的生命财产安全,已成为目前大型桥梁管理者们面临的最为紧迫的问题。

(1)既有桥梁运维存在的问题

我国桥梁,特别是公路桥梁的养护管理已经积累了相当多的经验,但对桥梁的养护还存在"思想重视、技术手段不足"的现象。存在的主要问题如下:

①管理模式方面。

大型桥梁的生命过程一般包括总体规划、设计施工和运营管理三个阶段。受经济和技术条件的限制,人们往往把主要精力放在设计施工阶段,而对运营管理阶段的桥梁维护重视不足,"重建轻养"的现象较为严重。桥梁管理停留在落后的管理模式和管理手段上,缺少科学的指导思想、系统的检测评价方法。

一些现有的大跨度桥梁管理系统沿袭中小桥梁的基本模式,其主要功能是存储桥梁有关的数据,养护管理的核心是修补危害桥梁结构运营的部分,包括重新涂刷、修补铺装的凹陷以及因交通事故而损坏的一些设施等,其实质是消极的防御型管理。对于大跨度桥梁,仅仅依靠简单的养护措施和技术手段显然是不恰当和不够的。由于缺少对桥梁长期性能变化的科学预测,因此桥梁的养护、维修和管理并未达到理想的效果。

②数据来源方面。

目前桥梁管理的数据大多来源于工程竣工资料,而工程参与方存在只要检查的数据在标准允许误差范围内即可的思维习惯,检查和记录时多采取"大概"、"凑合"、"差不多"的态度,有的在上一个工序检查了数据,到下一个同类工序没有检查,就填上一个大概的检查数据,有的只挑好的数据填上,超出允许偏差范围的数据则不填。这样的资料,杜撰和编造数据,经不起推敲,不能反映工程的真实情况。准确性和真实性是工程竣工资料具有使用价值的生命所在,是工程竣工资料最根本的要求。失去了真实性,工程竣工资料便失去了本来意义,势必给桥梁运营维护带来诸多问题。

③桥梁评估方面。

现有养护管理系统对大跨度桥梁进行评估,主要根据对桥梁状况的定性了解和工程师的经验来进行,即常提到的"传统经验法"。但具有丰富专业知识和评估经验的工程技术人员十分有限,且这种方法所采用的调查手段及判断准则与专家个人的知识水平和经验直接相关,在不同的背景下,不同的专家对同一问题的评估结果也会出现一些偏差。美国桥梁研究机构近期的调查表明,由人工目测检查得出的评估结果有 56% 是不恰当的。为了减少人们评估决策时的主观随意性,国内外许多研究机构已对桥梁评估问题展开研究并取得了不同程度的进展,但这些方法一直没有很好地应用到大跨度桥梁养护管理系统。

④病害分析和维修决策方面。

大跨度桥梁在长期的使用过程中,因人为因素及环境自然因素难免会发生各种各样的病害。然而,大跨度桥梁的病害分析理论与实际研究还很缺乏,只限于表面病害状况,没有在理论上通过桥梁的结构特性对其进行分析。

另外,养护管理系统中对于大跨度桥梁的维修策略仅仅局限于中小桥梁的维修手段,维修决策过程受经验的限制,缺乏对桥梁病害类型及其程度的定量化,经常导致桥梁养护及维修方案的不合理,最终使桥梁总体状况恶化。另一方面,桥梁的养护资金及资源分配方面缺乏客观的评判标准和科学的决策手段,仅凭主观判断分配,桥梁维修经济分析与优化的理论研究尚处于基础性探索阶段。

(2)BIM技术引入对既有桥梁运维管理的意义

BIM技术的引入,将有利于解决既有桥梁运维管理存在的问题。应用BIM技术,对既有桥梁进行三维模型创建,以三维数字化的形式,整合桥梁既有三维模型和数据信息,实现对既有桥梁的直观展示和竣工资料的综合管理。并且,通过进一步采集桥梁运行过程中的动态数据,形成既有桥梁的运维管理数据库,图形可视化展示既有桥梁的运维管理过程及结果,可以为既有桥梁维护策略、健康状态评估提供数据依据。

①运维过程及结果的可视化展示,便捷直观。

大桥结构形式复杂,运维管理难度很大,但是通过应用BIM技术对体型庞大的桥梁可以三维立体形式进行展示查看分析,可以细化到大桥上每一个系统的细节查看。模型对应每个构件编码,方便查看属性信息以及位置分布信息。构件信息关联,可追溯性强,通过信息平台可以关联相应的系统图纸,提高运维管理水平,提升工作绩效。

②结构化工程数据资料,建立完整的桥梁技术档案。

既有桥梁BIM模型的构建过程是在CAD竣工图纸的基础上,结合现场实际情况,利用BIM系列软件分别对桥梁的结构、机电、给排水、消防等专业进行BIM信息构建,针对桥梁的实际管理需求,对子系统进行重分类,并进行结构化梳理,形成健全完整的数据库,便于二次利用,为既有桥梁维护策略、健康状态评估提供数据依据,满足管理单位不同层级和部门的管理需求。

③精确的维保工作量统计,进行维保合同成本评估。

通过既有桥梁BIM模型,可以快速对构件、设备数量、桥面面积进行统计分析,大大减少繁琐的人工操作和潜在错误。通过BIM获得的准确的工程量统计可以用于维护过程中的成本估算,在预算范围内对不同维护方案进行探索或者成本比较,选择符合需求的维保供应商。

④灾害应急模拟,优化应急预案。

利用BIM及相应灾害分析模拟软件,可以在灾害发生前,模拟灾害发生的过程,分析灾害发生的原因,制定避免灾害发生的措施以及应急预案。当灾害发生后,BIM模型可以提供救援人员紧急状况点的完整信息,这将有效提高突发状况应对措施。此外,BIM能及时获取建筑物及设备的完整信息,清晰呈现出桥梁紧急状况的位置,甚至到紧急状况点最合适的路线,救援人员可以由此做出正确的现场处置,提高应急行动的成效。

3.BIM技术在道路运维阶段的应用

在完善的BIM模型基础上,将BIM技术扩展应用至公路隧道项目运维阶段,构建一套数字化、一体化、三维可视化的集成运维管理系统,并以此为平台集成应用信息化手段最新技术成果,整合并有序协调多参与方的资源、数据和业务流程,解决现有公路工程管理过程中信息化程度不足、各项管理相对分散、缺乏沟通协同、没有有效利用既有信息资源等问题。在既有标准和管理规范的基础上,建立了更加精准、智能、高效的信息化管理模式,能有效提升设施运营可靠性和应急处理能力,提升运维管理水平。

相对于单体建筑的运维管理,公路养护具有时效性、经常性和周期性、危险性、广泛性、预防性等特点。公路养护涉及地域广,周边路网关系错综复杂,养护数据量庞大。BIM技术应用于公路管理和养护时,必须融合GIS、GPS以及大数据挖掘分析技术和"互联网+"云计算技术,形成大区域范围内的公路养护大数据,以满足公路整体资产管理、应急响应、位置服务和应急调度、决策分析等管理要求。

BIM应用于公路交通管养时,由于其数据量大、延伸距离长、养护具有及时性以及危险性等独有特点,实现其信息化的管养需要GIS和大数据的支持,BIM模型应用将成为公路管养大数据的重要组成部分。在当前"互联网+"和大数据上升为国家战略的背景下,互联网成为交通运输的重要基础设施,智慧化成为交通运输系统的显著特征。应建立基于BIM和云GIS的公路养护大数据系统,实现精确管理公路资产空间位置分布信息和属性信息,掌握公路资产技术状况现状及发展演变趋势,为公路养护决策分析提供数据支撑,为公路日常养护、生产管理、决策分析等业务提供统一平台。养护系统架构如图8-6所示。

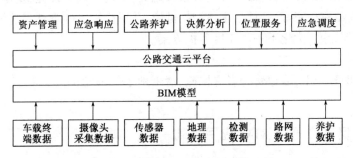

图8-6 基于BIM和云GIS的公路养护大数据系统平台架构

利用基于3DGIS和BIM技术集成的运营管理平台,可以及时准确地定位故障发生的位置,计算维修工作量并建立工作日志,有利于对故障事件的责任划分。在完成维修工作后对关键数据进行统计和分析,确定故障率、故障程度、平均故障修复时间等考核数据,为运营机构各部门以及设备供应商进行考核,可以提高运营水平,降低运营成本。

施工单位将基于3DGIS+BIM技术的三维图纸交付运营单位之后,运营单位就取得了比二维图纸更为准确更为直观的工程地理位置、材料信息等工程信息,BIM技术还能提供时间维度信息,在需要进行检修维护时自动在管理平台上显示,避免人为疏忽造成漏检、错检的情况出现,也提高了检修效率,降低了人工成本。

利用BIM技术与物联网、VR技术的结合可以将检修维保对象的检修规程、维护手册进行可视化处理,检修维保人员通过携带移动端设备或者VR头盔等设备,扫描检修维保对象可以直接显示检修规程和维护手册等信息,同时可以将工作流程数字化处理,使检修维护人员按照指示步骤进行检修维护,大大降低了误操作的概率,也有利于运营事故的权责划分。

4.BIM技术在隧道运维阶段的应用

系统采用B/S架构进行设计,其中BIM模型的展示引擎为Unity3D,在系统中应用推广比较方便,客户端用户只要安装能够接受 Unity3D 插件的网页浏览器即可。除了网络要求,计算机硬件要求为 4G 以上内存来保证模型流畅运行。

主要应用优势如下:

(1)可视化问题发现机制

系统提供了全方位的虚拟巡检功能,不仅提高了巡检效率,而且通过可视化的信息浮现机制,为发现问题提供了便利。例如,管理人员可以通过虚拟巡视全面掌握周边动态,实现快速响应。

(2)隧道隐患的快速捕捉

隧道运维决策系统与实时监控系统无缝连接,随时获取隧道内部的结构健康和设备监测信息以及环境变化信息。一旦发现有异常的监测数据,系统会快速进入预警的流程。管理人员通过查看设备设施的相关图纸、历史巡检记录以及实时监测曲线,实现对设备的在线诊断。

(3)时空融合的病害分析

平台可根据基础隧道的监测和检查数据进行土建结构评估,并利用结构健康档案分析病害记录,了解隧道病害的变化过程,为准确定位病害位置、设计维修方案提供依据。

(4)隧道养护方案的优化

合理的养护方案对隧道的寿命和性能有很大意义,系统提供了设施、设备状态的统计分析功能,计算设备故障率和完好率,评估主体结构健康,并以决策者的管理需求为优化目标,结合隧道年度经费定额标准,优化下一步年度养护方案。

(5)应用效果

在系统的辅助管理下,隧道管理者更快速、清晰地了解隧道的运营状态,获得运营养护的辅助决策建议。

8.2.2　项目运维阶段 BIM 应用基础

目前,BIM 建模方法主要针对在建建筑按照图纸翻模,但是这一建模方法不适用于既有建筑,主要原因是竣工图纸普遍与现况不符,并且资料缺失,这样就导致按照图纸翻模创建的BIM 模型不能满足运维管理的需要,因此既有建筑的建筑信息模型创建技术是既有建筑运维管理 BIM 应用的关键。

1.建筑建模特点

(1)建筑已经建好且投入运营

与在建建筑相比,既有建筑是已经建好并且投入运营的建筑,具有建设过程的整套完整资料,针对建筑的几何及相关属性数据,可以通过现场勘测工具进行现场测量和识别,采集数据。

(2)BIM 技术应用目标明确

既有建筑的 BIM 技术应用,就是应用 BIM 技术为建筑的运维管理、改造及拆除提供技术及数据支持,目标明确,技术路线清晰,为既有建筑 BIM 技术的应用确定了应用方向和技术发展趋势。

2.建筑信息模型重建

既有建筑的建筑信息模型快速重建宜采用三维激光扫描技术得到建筑的几何信息,根据

建筑构件分类,形成建筑构件的点云模型,建立相应的
BIM 模型,赋予相应的参数,组合形成建筑信息模型,如
图 8-7 所示。

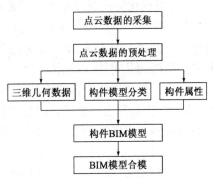

(1)建筑构件分类

按照建模软件构件分类体系,对建筑进行构件分
类,为点云模型分割做好准备。

(2)构件分割

根据单体建筑的构件分类情况,将点云数据分割,
作为构建建筑构件模型的几何数据。

图 8-7 建筑模型重建方法

(3)构件模型建立

将点云构建模型导入建模软件,在建模软件定义构件类型,赋予属性信息,转换成构件
BIM 模型,添加构件名称、材质、颜色等信息。

(4)建筑信息模型

在 BIM 建模软件中,集成构件 BIM 模型进行合模,建立建筑整体 BIM 模型。

8.2.3 项目运维阶段 BIM 应用需求

1. 设备管理成本的需求

设备的管理成本在设施管理成本中占有很大的比重,设备管理成本主要包括购置费用、维
修费用、改造费用以及设备管理的人工成本等。由于当前设备管理技术落后,往往需要大量的
人员来进行设备的巡视和操作,而且只能在设备发生故障后进行维修,这就需要花费更多的成
本。而 BIM 技术在运维阶段的应用,可以减少设备管理的费用。

BIM 技术在运维阶段的应用,可以实现对管理信息集成共享。传统的管理依靠手写记录,
既浪费时间又容易造成错误,且很容易丢失和损坏。BIM 技术将设计阶段和施工阶段的信息
高效、准确地传递到设施管理中并与相关的信息相结合。当管理人员想要查看问题设备的位
置时,可以利用 BIM 技术的可视化功能确定位置及设备周边的情况,因此,在这方面的应用需
求是很大的。

2. 资产管理的应用需求

传统资产信息的整理录入主要是由资料管理人员或录入人员采取纸质的方式进行管理,
这样既不容易保存又不容易查阅,造成工作效率降低和成本提高。BIM 技术在运维阶段的应
用可以使二维的、抽象的、纸质的传统资产信息管理变得鲜活生动。

(1)可视化资产监控、查询、定位管理

资产管理的重要性在于实时监控、实时查询和实时定位,然而在传统的做法中很难实现。
BIM 技术和互联网技术的结合可以完美解决这一问题。

①监视:只要发现资产位置在正常区域之外,由无身份标签的工作人员移动或定位信息等
非正常情况,监控中心的系统就会自动发出警报,并将信息模型的位置自动切换到出现报警的
资产位置。

②查询:该资产的所有信息包括名称、价值和使用时间都可以随时查询。

③定位:随时定位被监视的资产位置和相关状态情况。

（2）可视化资产安保及紧急预案管理

传统的资产管理安保工作无法对被监控资产进行定位，只能够对关键的出入口等进行排查处理。利用 BIM 技术后，可以在互联网资产管理基础上从根本上提高紧急预案的管理能力和资产追踪的及时性、可视性。

一些比较昂贵的设备或物品可能有被盗窃的危险，因此 BIM 信息技术的引入变得至关重要，当贵重物品发出报警后，其对应的 BIM 追踪器随即启动。通过 BIM 三维模型可以清楚地分析出犯罪分子所在的精确位置和可能的逃脱路线。

随着网络的不断发展，BIM 技术的应用逐渐成熟。隧道工程运维阶段在资产管理方面的需求也不断加大，使得资产管理的精细化程度得到很大的提高，确保了资产价值最大化。

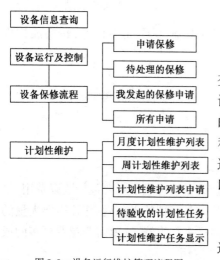

图 8-8　设备运行维护管理流程图

3.设备运行维护管理

（1）设备信息查询

利用 BIM 技术的管理系统可以实现对设备的搜索、查询、定位功能。通过点击 BIM 模型中的设备，可以查询所有设备信息，如图 8-8 所示。管理系统可以对设备的生命周期进行管理，如寿命即将到期设备的及时预警和更换配件。通过在管理系统中输入设备名称，或者描述字段，就可以查询所有相应设备的信息，并且用户可以根据需要打印搜索的结果，或者导出 Excel 列表。

（2）设备的运行和控制

在 BIM 模型中可以直观地显示所有设备是否正常运行，对于每个设备，可以查询其历史运行数据，且可以对设备进行控制。

（3）设备报修流程

在工程设施管理中，设备的维修是最基本的，BIM 技术的管理系统中设备的报修管理功能如表 8-3 所示。

设备报修功能管理图　表 8-3

报修人		报修部门		报修日期	
报修内容				报修人电话	
报修时间		到达时间		派单人	
是否有组件				领料单编号	
维修记录(处理结果)	维修人		验收人		验收评价
回访意见	维修质量				回访人
	维修态度				回访日期

维修人员及时将信息反馈到 BIM 模型中，等相关人员确认维修信息后，将信息录入、保存到 BIM 模型数据库中，方便以后用户和维修人员查看各构件的维修记录。

4.公共安全管理的应用需求

目前的监控管理以摄像视频为主，传统的安保系统相当于有很多双眼睛，而基于 BIM 技术的安全系统可以通过可视化管理对整个现场的监控系统操作。一旦发生突发事件，基于

BIM 的视频安保监控就能与 BIM 模型的其他子系统结合进行突发事件管理。

一旦发现险情,管理人员就可以利用这个系统来指挥安保工作。不仅在消防安全、施工安全方面,凡是在工程中涉及的安全问题都可以通过公共安全管理系统进行监控,从而达到保证施工现场的安全。

8.2.4 基于 BIM 的项目优化运营

对于运营维护单位来说,也包含一些业主方自己运营维护的情况,应用 BIM 技术可以对整个工程进行数据化掌握,将全部的信息经过优化集成于一个数据库。借助网络技术平台的支持,在建设项目的全寿命周期内运用 BIM,对各子项系统进行协同管理,根据在设计阶段和施工阶段建立的三维模型,可以快速查阅所需的各个设备数据资料,实时掌握工程的结构、设备的性能变化以及对设施进行运营管理。

根据项目运维管理的实践需要,以基于 BIM 的技术为重要手段,设计开发基于 BIM 的既有运维管理系统,支持运营维护管理决策、检测维护信息三维可视和运营维护信息共享,实现全生命周期内运营维护的高效识别、判断、处理,提高运营维护效率和效果,降低运营维护管理的资源和成本,提高运营维护的安全性、高效性、可靠性。其功能如下:

1. 整体模型浏览

可进行项目整体浏览,浏览过程中,可以点中某一构件查询,显示通用信息表单。对各系统进行分色处理和系统整合处理,使单一系统成为单一构件,达到突出浏览系统的目的。通过模型和数据库关联,在浏览时可以链接到相应的图纸资料以及技术档案等,也可以通过监测系统点位在模型上显示具体位置。

2. 计划维护管理

整合既有设施模型基础信息、行业管理标准规范、使用手册及企业经验,制订设施强制性周期检测试验,保养计划及小修、中修和大修计划,主要内容有维修设施设备名称、部件、检查内容、周期、具体时间以及要求等。当维修人员完成计划项目时,将检查、测试、试验、保养、修理等情况在系统中完成录入,系统将按制定的周期自动更新维修计划。

3. 检测维护管理

维护人员按照设施维修计划,定期对设施的易损部件进行维修和更换,对于故障报修的设施,通过模型快速定位,调用维修设施相关的技术资料和维修记录,提供到达维修位置的最佳路径。在维修后采集或录入维修信息,记录维修结果,对更换的设施或部件、构件,自动在模型中进行记录和更新,并进行设施维修统计和分析。

4. 结构运行状态检测

通过 BIM 技术,可以对结构运行中的监测数据和设计理论值进行集成,并在 3D 模型上实时地直观可视化输出,便于维护管理人员跟踪分析、指导和控制整个运行过程,确保项目健康运行。在传感系统监测数据的基础上,提取建筑正常运行状态特征值或设定阈值,在异常情况出现时,依据监测数据的变化情况,对异常设施进行定位,为运维管理人员提供预案分析及解决措施。另外,通过将数据信息转化为模型信息,将实时监测数据与三维模型结合,可以实现监测结果在三维模型中的动态显示。

5.故障报修管理

利用建筑 BIM 模型,结合故障范围和情况,快速确定故障位置及故障原因,进而及时处理设施运行故障。完成设施故障维修工单录入、工单任务分配、维修任务的接受确认、维修记录的填写及维修状态情况的确认等,并将故障处理信息与对应的设施信息模型对接。

8.2.5 项目运营、BIM 与物联网

BIM 是指通过数字信息仿真模拟实际物所具有的真实信息。在这里,信息的内涵不仅是几何形状描述的视觉信息,还包含大量的非几何信息,如材料的耐火等级、材料的传热系数、构件的性能参数和造价、采购信息、设备运行状态等。实际上,BIM 就是通过数字化技术,利用大数据库资源,在计算机中模拟一条虚拟隧道。

物联网,利用局部网络或互联网等通信技术把传感器、控制器、机器、人员和物等通过新的方式联系在一起,形成人与物、物与物相联,实现信息化、远程管理控制和智能化的网络。物联网是互联网的延伸,它包括互联网及互联网上所有的资源,兼容互联网所有的应用,但物联网中所有的元素(所有的设备、资源及通信等)都是个性化和私有化的。

BIM 与物联网相结合对运维的价值如下:

1.设备远程监测和控制

把原来独立运行并现场操作的各设备,结合 RFID 等技术汇总到统一的管理平台上进行设备管控。在了解设备的实时运行状态的同时,可以进行远程管控。例如,通过 RFID 技术获取空调运行状态,检测其是否运行异常,远程控制空调的开启、关闭和对合适温度的调节。

2.照明、消防等各系统的设备空间定位

在 BIM 中给予各设备具体的空间位置信息,把传统的编号或者文字表示形式变成可视的三维图形位置,这样不仅便于查找定位,并且查看也更形象直观。例如,通过 RFID 获取值班安保人员位置。当出现消防报警等突发事件时,在 BIM 模型上快速定位事件所在准确位置,并查看周边的疏散通道和消防设施,及时给予远程指示。

3.内部空间设施的可视化

近现代建筑业发展以来,所有的建筑物信息都存在于许多份二维图纸和各种机电设备厂商提供的操作手册上,只有在需要的时候才由专业人员去整个建筑资料中查找单个细部信息、理解信息、做出决策,然后到现场对建筑物执行相关决策。利用 BIM 建立一个直观可视的三维模型,所有数据和信息均可精确地从模型里面快速直接调用。例如,建筑物改造的时候,管线的走向、隐蔽工程的具体位置、可不可拆的墙体、住户的各类信息,这些在 BIM 模型中一目了然。

4.运营维护数据积累与分析

建筑物运营维护数据的积累,对于管理者来说具有很大的价值。不仅可以通过对积累的数据来分析目前存在的问题和隐患,还可以通过已积累的数据来优化和完善现行管理并给予用户合理建议。例如,通过 RFID 获取水表运行状态,并积累形成能耗情况,通过阶段分析数据来指导用户合理利用水源。

因此,BIM 技术与物联网技术对于建筑物的运营维护来说是缺一不可。若没有物联网技

术,运营维护就只停留在目前靠人到现场简单操控的阶段,无法形成统一的高效的远程管理平台。若没有 BIM 技术,运营维护就无法跟建筑物相关联,无法在可视三维空间中准确定位,无法对周边环境和状况进行综合考虑。

基于 BIM 核心的物联网技术应用,不但能为建筑物实现三维可视化的信息模型管理,而且为建筑物的所有组件和设备赋予了感知能力和生命力,从而将建筑物的运行维护提升到智慧建筑的全新高度。BIM 技术与物联网技术是相辅相成的,两者的紧密结合将为建筑物的运营维护带来一次全面的信息革命。

8.3 应用实例

8.3.1 应用实例 1

项目名称:基于 BIM 的宁波市澄浪桥运维管理实例。

1. 工程概况

澄浪桥是宁波市市政重点工程永达路接线工程中跨越奉化江的重要节点工程,为无风撑内倾坦钢拱肋拱桥,拱肋内倾 10°,主桥采用斜桥布置的中承式钢箱拱桥,引桥为预应力混凝土连续箱梁。BIM 技术在澄浪桥设计及施工中应用顺利,为其在澄浪桥运维管理中的应用奠定了基础。

2. 运维模型创建

基于数据集成,导入处理 BIM 竣工交付模型,再集成运维信息,建立 BIM 运维模型,BIM运维模型集成了项目设计施工等各阶段的过程信息,如图 8-9 所示。

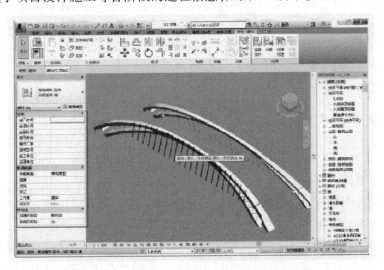

图 8-9 澄浪桥 BIM 运维模型

应用 BIM 运维模型,构建 BIM 运维平台,支持桥梁工程信息管理,实现设备、设施及巡检维修等的可视化、精细化管理,并为工程健康监测提供信息支持。

3. 桥梁线形监控设备布置

大桥的几何变形(梁体的下挠、扭曲、纵向移动)是反映大桥内力状态的重要参数。对于拱桥,主梁是主要承力构件之一,主梁挠度的变化是桥梁适用性评价的直接指标。根据桥梁运维模型,可以得出成桥时的状态,计算分析控制点坐标等参数,利用监测数据对比模型理论值,查看桥梁是否处于安全状态。

主梁整体纵向位移采用位移计进行连续监测,位移测点布置在墩顶,各布置 2 个位移计。主梁挠度监测采用压力变送计(挠度计),主要将在墩顶箱梁、主跨 1/8、1/4、3/8、1/2、5/8、3/4、7/8 点截面桥面钢梁部位各设置 2 个压力变送计,为后期运维状态提供控制位移的实测值。

4. 基于 BIM 的桥梁线形监控流程

(1)BIM 模型

利用 Midas 有限元分析软件建立桥梁分析模型,进行有限元模拟。计算出主梁线形,并将分析结果传输至 BIM 软件中,BIM 将分析结果导入桥梁 BIM 模型,直接将主梁的高程及线形可视化。

(2)全站仪预拱实测值

在桥梁的钢拱肋上表面布置多个监测控制点,高程控制测量采用全站仪,两点间进行对向观测,按附合水准导线线路测量,测量结果取其平均值。通过无线传输技术将采集的预拱实测值反馈到云端和后台服务器,监测流程如图 8-10 所示。

5. 运维管理平台

基于 BIM 运维管理平台在澄浪桥运维阶段的应用,实现了可视化信息交流,提高了设施

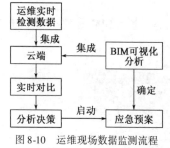

图 8-10　运维现场数据监测流程

维护、应急管理以及运营评估效率。在运维阶段采用基于 BIM 技术的线形监测技术对桥梁运维模型进行拓展应用,使桥梁线形监测工作更加便捷,能准确且快速地提取出变形敏感点和危险点,因而使线形监测人员在第一时间发现桥梁变形的危险点及危险程度,对是否启动应急预案及应急预案的选择帮助极大。同时使线形监测和管理人员从繁杂的翻阅报表工作中解放出来。

8.3.2　应用实例 2

项目名称:基于 BIM 的上海大连路隧道运维管理实例。

1. BIM 模型构建

根据现有设计图纸与施工资料,结合隧道实际情况建立大连路隧道的 BIM 模型,建模深度达到 LOD400,建模范围不仅包括隧道主体结构(明挖段、工作井、圆隧道段、附属结构)和内部的机电设备,还针对隧道沿线保护区的建筑物、道路等市政基础设施以及黄浦江等建立精细模型,最大程度还原大连路隧道及周边环境的原貌。在模型应用上,还开发专用模型的轻量化技术,确保模型能在浏览器上快速加载和交互操作,如图 8-11 ~ 图 8-14 所示。

2. 全寿命周期多元异构信息融合

为最大化体现 BIM 模型的核心价值,将大连路隧道设计、施工以及运维至今的所有数据

(包括报表、图纸、图片、照片等)进行电子化处理,结合隧道规划、设计、建设与运营数据集的特点,研究元数据描述规则,建立22位的编码体系,构建元数据模型及标准体系。通过对隧道全周期数据的类型及特征进行分析,研究隧道全生命周期数据仓库的构建方法及关键模型,提出数据仓库的体系结构,构建多源异构数据仓库。

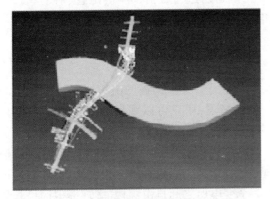

图8-11 隧道整体模型

图8-12 隧道周边环境模型

图8-13 机电设备模型

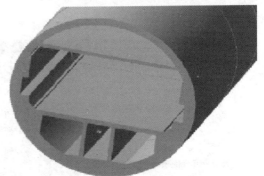

图8-14 隧道结构模型

3. 基于BIM运维辅助决策平台

大连路隧道BIM运维平台围绕"智慧隧道"、"安全隧道"和"绿色隧道"的先进理念展开设计,以隧道设施设备编码规则为基础,建立隧道"健康档案",将设计基础信息、周边环境信息、建设施工信息、运维管理信息、结构与设备的检测及监测信息、设施设备维修记录及隧道BIM模型整合在一起,实现虚拟巡检、故障诊断和报警、病害追溯、危险源提示和养护方案比较等诸多功能,为隧道管理者提供可视化和智能化的辅助决策服务。平台采用Visual Studio,NET 2012编码,Oracle作为数据库软件,Unity引擎进行三维展示,采用R语言进行智能算法编写。平台分为"数据中心""模型中心""监控中心""决策中心"四大功能版块。

4. 数据中心

"数据中心"围绕大连路隧道的全生命周期管理,全方位、多维度进行信息融合。从时间角度看,既包括设计阶段信息、施工阶段信息,又包括运维阶段信息,目前积累数据跨度达十几年,覆盖建设运维全过程。从信息类别看,包括文件信息、照片信息、视频信息、声音信息、图纸和数据库信息等。从信息来源看,有实时监测系统数据、电子版数据,也有纸质数据(扫描件)等。

5. 模型中心

"模型中心"为决策分析提供核心算法、参数方案和运行策略,包括隧道结构安全评估模型、设备故障诊断模型、交通趋势预测模型和火灾预警模型等数学模型用于平台决策支持分析,方便后期系统智能决策能力的提升,平台允许用户自由进行分析模型的配置、启动和任务管理。未来隧道运营管理方可根据分析模型的准确度等性能比较,选取最为适合的模型进行实际工作指导。

6. 监控中心

"监控中心"以可视化交互的方式为隧道运维员工提供身临其境的决策服务。监控中心分为全景监控、隧道实景和变电所 3 个情境。全景情境下,用户可以观察隧道与周边建(构)筑物的相互关系,了解隧道周边活动,实现隧道全面监控。在隧道实景下,运营养护管理人员能细致地监控隧道中每一个结构件的健康状况,监测风机和水泵等主要设备的运行状况,快速发现异常情况,利用内在关联性,通过图表、动画等各种形式为用户提供多角度的讯息,实现可视化决策。变电所情境下,用户可以在浦东浦西 2 个变电所之间自由穿梭,实现虚拟巡检和故障处理,如图 8-15 所示。

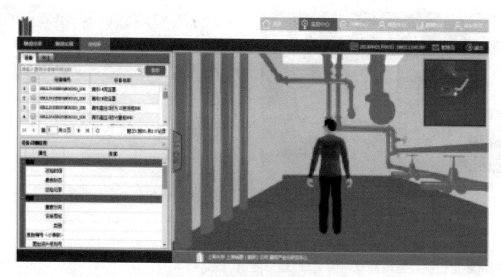

图 8-15　大连路隧道运维平台监控中心

隧道监控中心为信息的追溯与分析提供途径。通过 BIM 模型可快速了解隧道结构健康全貌,对问题区段点击进入后,可以分析其实时监控数据、历史健康档案以及施工期的建造情况。

7. 决策中心

"决策中心"包括运营分析、结构分析、设备分析和综合分析四大功能。运营分析包括交通状况、环境状况和能源状况。交通状况主要对即时交通情况进行判断,对下一时段交通趋势进行判断,对交通事故进行分析,为管理者进行交通诱导和应急措施提供帮助。环境状况主要从温度、湿度、PM2.5、CO、照度和亮度等多个指标对隧道环境进行全面评估,结合其他运营信息,对风机和光控台的控制调整给出建议,确保隧道环境健康和舒适。能源状况主要是监测隧道用电情况,对出现低功率因素给予报警,确保能源的利用率。

结构分析包括对断面收敛、裂缝宽度、联络通道相对位移、纵向沉降和接缝张开多个关键指标项的历史和实时监测数据进行分析,对异常波动或超标现象进行分析,给出建议。结构分析还包括结构评估,在对病害进行细致统计分析和逐一评价的基础上,对劣化的结构段,给出针对性维养建议,提升隧道整体结构健康程度。

设备分析根据射流风机、集排风机和水泵的实时监测数据对设备异常及时报警并根据设备历史故障情况和设备特性,对设备维修和保养给出意见。

综合分析为用户提供全面的隧道监控、运营和安全分析,根据经费预算要求,给出不同策略下的养护方案,从而延长隧道寿命,降低隧道长期维护费用。

8. 后台管理

后台管理不仅提供常规菜单、用户、权限等的定义和管理,而且结合设施养护管理的特殊性,对枚举类型、编码标准、设施标定和颜色标定等进行管理,充分体现平台的可配置、可拓展的特点。

9. 应用效果

(1)满足隧道基础数据查询与信息共享的需要。由于大连路隧道建成通车时间较早,移交给运维管理单位的资料都是传统的纸质图纸,查找相关设计资料非常不方便。此外,长期使用中图纸破损和遗失也是无法回避的问题。将所有图纸扫描后电子化保存,通过BIM模型可以实现快速查询和共享。

(2)实现隧道运维管理海量数据便捷使用与展示的需要。大连路隧道先后完成运营管理系统、设备管理系统(含设备巡检点及维修系统)、隧道结构健康监测系统、隧道运营环境管理系统的建设。这些海量数据,原本需要通过不同的系统查询使用。BIM模型建立后,实现方便便捷的使用和展示,取得良好效果。

(3)提高员工培训的工作效率。作为一个专业的领域,隧道运维管理的新员工往往需要经过长期系统培训才能对工作有足够的了解(尤其是一些机电专业的新员工,并没有掌握土建方面的知识)。传统的跟班学习、现场参观等方式,需要较长的时间。大连路隧道BIM运维决策平台建成后,新员工可以快速通过BIM模型了解隧道的整体情况,便捷查找资料与图纸,为隧道新员工的培训打下良好基础。

可见,基于BIM技术与物联网技术研发的"大连路隧道BIM运维平台",不仅为隧道的运行安全提供保障,而且标志着隧道运营养护已经进入"大数据"和"互联网 +"时代,为城市运行安全拓展新思路。

8.4 项目招投标阶段的 BIM 应用

8.4.1 BIM 技术在招投标领域的应用探索

BIM技术的应用大大减少了人工的工作量,快速、准确地形成工程量清单以及管理高效化成为招投标阶段工作的重点问题。这些关键工作的完成也迫切需要信息化手段来支撑,进一步提高效率,提升准确度。BIM模型可以为招标方提供准确的工程量清单,这样可以避免在计算和管理方面出现的错误和漏洞。同样,BIM 模型可以为投标方获取正确的工程量信息,这样投标方可以制定更好的投标方案。

BIM 技术在招投标领域的早期应用探索主要从以下几个方面介绍:

(1)数据共享。BIM 模型的可视化能够让投标方更加了解招标方提出的条件,保证数据的共享及可追溯性。

(2)削减招投标成本。可实现招投标的跨区域、低成本、高效率、更透明、现代化,在很大程度上减少招投标中的人力成本。

(3)整合招投标文件。将所有的招投标文件综合整理,这样更加方便对比各投标人的总价、综合单价、单价的合理性。

(4)招投标管理。BIM 技术的应用可以有效防治招投标过程中存在的暗箱操作、虚假招标等不公平的现象,有效推动招投标工作的公开化、公正化。

8.4.2 BIM 技术在招投标中的应用

由于 BIM 技术具有算量方便、可视化、参数化等特点,可以对工程进行很准确的工程量计算,可以对设计技术方案进行可视化的三维动态展示,因此 BIM 技术在招投标中的应用极大地促进了招投标的精细化程度和管理水平。BIM 技术的应用可以从以下两个方面讨论:设计技术方案的动态展示和招投标中的控制应用。

(1)招投标阶段的 BIM 工具软件应用

目前,国内招投标阶段的 BIM 软件应用主要包括广联达、鲁班、神机妙算、清华斯维尔等公司的产品,如表 8-4 所示。

国内招投标阶段的常用 BIM 应用软件   表 8-4

序号	名 称	软 件 产 品
1	土建算量	广联达土建算量 GCL,鲁班土建算量 Luban AR,斯维尔三维算量 THS-3DA,神机妙算算量,筑业四维算量等
2	钢筋算量软件	广联达钢筋算量 GGJ,鲁班钢筋算量 Luban ST,斯维尔三维算量 THS-3DA,神机妙算算量钢筋模块,筑业四维算量等
3	安装算量软件	广联达安装算量 GQI,鲁班安装算量 Luban MEP,斯维尔安装算量 THS-3DM,神机妙算安装版等
4	精装算量软件	广联达精装算量 GDQ,筑业四维算量等
5	钢结构算量软件	广联达钢结构算量,鲁班钢结构算量 YC,京蓝钢结构算量等

(2)设计技术方案的动态展示

在 BIM 技术没有应用到招投标中时,技术方案的展示主要通过文字报告和二维的图纸,三维的图纸很少。主要缺点是可视化程度低,对于业主来说不方便了解施工单位所采用的技术手段。而 BIM 技术的应用就很好地解决了这一问题,3D 技术让业主更加直观地了解施工的过程。

设计技术方案的动态展示主要表现在碰撞检查、虚拟施工等方面。利用 BIM 技术可以加快施工进度,避免可能出现的错误,减少损失。首先,运用 BIM 三维可视化功能,进行施工模拟让人感觉通俗易懂;其次,直观反映整个施工过程和虚拟形象进度,让业主更加直观地了解投标单位对投标项目的主要施工方法、施工安排是否均衡,业主可以对投标单位做出更加有效的评估。

(3)招投标中的控制应用

在招投标环节中,准确和全面的工程量清单是核心问题。要求投标方高效、精确地完成工程量计算,这就需要把更多的时间放在投标报价上。运用 BIM 技术可以快速获得工程量清单,BIM 是一个拥有工程信息的数据库,可以提供工程量计算需要的物理和空间信息。利用这些信息可以快速统计出工程量,从而减少人工操作的错误。

总之,BIM 技术在招投标中的应用可以提高工作效率,减少工程错误的发生,使工程量清单的准确度得到更好的保障。

参 考 文 献

[1] 毕湘利.BIM 技术在上海轨道交通工程中的应用[J].交通与运输,2014,30(4):1-3.

[2] 程海根,沈长江.BIM 技术在桥梁工程中的应用研究综述[J].土木建筑工程信息技术,2017,9(5).

[3] 常建军.BIM 技术在地铁隧道工程施工中的应用[J].甘肃科技纵横,2016,45(6):35-42.

[4] 陈丰.BIM 技术在岩土工程大数据中的应用前景[J].山西建筑,2016,42(35):74-75.

[5] 陈红斌.基于 BIM 的公路施工管理信息化研究[J].科技风,2016(18):279.

[6] 陈玮烨.浅析工程监理 BIM 技术应用方法及应用[J].装饰装修天地,2016(16).

[7] 陈永高,单豪良.长江公铁斜拉桥 BIM 模拟与计算分析[J].山东农业大学学报(自然科学版),2016,47(6):894-899.

[8] 重庆市城乡建设委员会.重庆市市政工程信息模型实施指南.2016.

[9] 陈兵,张燕,张莹.BIM 技术在铁路地质勘察中的应用[J].高速铁路技术,2015,6(1):77-80.

[10] 蔡蔚.建筑信息模型(BIM)技术在城市轨道交通项目管理中的应用与探索[J].城市轨道交通研究,2014,17(5):1-4.

[11] 曹天明.城市轨交车站建设 BIM 技术应用研究[J].地下工程与隧道,2014(1):10-13.

[12] 陈晓曦.Auto CAD Civil 3D 三维地质建模方法初探[J].地球.2013,32(3):94-96.

[13] 戴巧.BIM 技术在地质勘查中的应用研究[J].建材与装饰,2017(31):189-190.

[14] 戴林发宝.隧道工程 BIM 应用现状与存在问题综述[J].铁道标准设计,2015,59(10):99-113.

[15] 耿小平,王波,马钧霆,等.基于 BIM 的工程项目施工过程协同管理模型及其应用[J].现代交通技术,2017,14(1):85-90.

[16] 郭高洁.浅析 BIM 在城市道路设计中的应用[J].四川水泥,2016(5):70-70.

[17] 高晶晶,邹俊桢,张金钥.BIM 技术在桥梁施工中的应用[J].西部交通科技,2016(1):57-61.

[18] 高书克.BIM 技术在市政道路设计中的应用[C]//BIM 技术在设计、施工及房地产企业协同工作中的应用国际技术交流会.2014.

[19] 黄廷,陈丽娟,史培新,等.基于 BIM 的公路隧道运维管理系统设计与开发[J].隧道建设,2017,37(1):48-55.

[20] 胡珉,刘攀攀,喻钢,等.基于全生命周期信息和 BIM 的隧道运维决策支持系统[J].隧道建设,2017,37(4):394-400.

[21] 胡北.基于 BIM 核心的物联网技术在运维阶段的应用[J].四川建筑,2016,36(6):89-91.

[22] 侯兆军.BIM 技术在市政道路设计中全过程应用.第二届全国 BIM 学术会议论文集,广州:2016.

[23] 胡振中,彭阳,田佩龙.基于 BIM 的运维管理研究与应用综述[J].图学学报,2015,36(5):802-810.

[24] 贺灵童.BIM 在全球的应用现状[J].工程质量,2013,31(3):18-25.

[25] 黄伟华,刘春雷,闫文凯.BIM 技术在建筑设计方案前期深入探索应用[J].土木建筑工程信息技术,2013,5(4):76-85.

[26] 何波.BIM 建筑性能分析应用价值探讨[J].土木建筑工程信息技术,2011(3):63-71.

[27] 何关培,黄锰钢.十个 BIM 常用名词和术语解释[J].土木建筑工程信息技术,2010,02(2):112-117.

[28] 晋兆丰,李华东,王艳梅.BIM 国外技术标准综述[J].建材与装饰,2017(27).

[29] 蒋宗发,毛强硕,杜峰,等.深圳地铁九号线深化设计中 BIM 的应用及效果探讨[J].隧道建设,2016,36(4):433-438.

[30] 金磊铭,张琳.BIM 技术在建设工程质量监管中的应用研究[J].建筑经济,2016,37(9):28-30.

[31] 金尔仲.BIM 技术在市政道路设计中的应用研究[J].江西建材,2016,42(15):141-142.

[32] 金磊铭,张琳.BIM 技术在建设工程质量监管中的应用研究[J].建筑经济,2016,37(9):28-30.

[33] 江晓云.浅论 BIM 在监理中实现的功能——以兰州西客站铁路站房工程为例[J].建设监理,2015(3):12-17.

[34] 纪博雅,戚振强,金占勇.BIM 技术在建筑运营管理中的应用研究——以北京奥运会奥运村项目为例[J].北京建筑工程学院学报,2014(1):68-72.

[35] 孔祥平.BIM 技术在大型越江隧道工程中的应用实践[J].中国市政工程,2017(1):11-13.

[36] 李伟.BIM 技术在道路设计领域的应用研究与展望[J].公路交通科技(应用技术版),2018(1).

[37] 刘光武.城市轨道交通 BIM 应用研究与实践[M].北京:中国建筑工业出版社,2017.

[38] 刘胜.BIM 技术在市政道路设计中的应用与指导价值[J].工程技术研究,2017(8).

[39] 刘占省.BIM 技术概论[M].北京:中国建筑工业出版社,2016.

[40] 刘辉.基于 BIM 技术的高速公路施工安全管理分析[J].交通世界,2016(20):114-115.

[41] 梁晓飞.BIM 技术在市政道路设计中的运用[J].房地产导刊,2016(7).

[42] 李钢.试论 BIM 在市政道路设计中的应用[J].建材与装饰,2016(41).

[43] 李建成.BIM 应用·导论[M].上海:同济大学出版社,2015.

[44] 李俊卫,黄玮征,王旭峰.BIM 技术在工程勘察设计阶段的应用研究[J].建筑经济,2015,36(9):117-120.

[45] 刘智敏,王英,孙静,等.BIM 技术在桥梁工程设计阶段的应用研究[J].北京交通大学学报,2015,39(6):80-84.

[46] 李学俊,姚德山,刘学荣.基于 BIM 的建筑企业招投标系统研究[J].建筑技术,2014,45(10):946-948.

[47] 李丽,马婷婷,袁竹.BIM 技术在铁路隧道设计中的应用[J].铁道技术创新,2014(5):45-48.

[48] 李云贵,邱奎宁,王永义.我国 BIM 技术研究与应用[J].铁路技术创新,2014(2):36-41.

[49] 刘红勇,何维涛,黄秋爽.普通高等院校 BIM 实践教学路径探索[J].土木建筑工程信息技术,2013,5(5):98-101.

[50] 马程昊,姚磊华.BIM 技术在地铁隧道工程施工中的应用分析[J].建筑技术开发,2017, 44(17):86-87.

[51] 彭靖.BIM 技术在施工现场布置中的应用研究[J].科学技术创新,2017(26):180-181.

[52] 潘永杰,赵欣欣,刘晓光,等.桥梁 BIM 技术应用现状分析与思考[J].中国铁路,2017 (12):72-77.

[53] 卜彩华,张俊,刘光远,等.浅谈项目设计阶段的 BIM 应用概况[J].建筑热能通风空调, 2017,36(9):82-84.

[54] 庞博,侯佳微,郭然,等.国内 BIM5D 施工以及国外 BIM 技术发展现状[J].建筑工程技术与设计,2016(10).

[55] 潘腾.BIM 在城市道路设计中的应用研究[J].四川水泥,2016(9):76.

[56] 裴作君.铁路隧道工程中 BIM 技术的应用[J].中国铁路,2014(11):70-73.

[57] 乔峰.基于 BIM 的地铁设计全流程审查的方法研究[J].工程建设与设计,2017(11): 77-79.

[58] 邱蒙,孙旭,贾莉浩.BIM 在市政道路设计中的应用探索[J].城市道桥与防洪,2017(4): 230-232.

[59] 秦海洋,赖金星,唐亚森,等.BIM 在隧道工程中的应用现状与展望[J].公路,2016(11): 174-178.

[60] 钱枫.桥梁工程 BIM 技术应用研究[J].铁道标准设计,2015(12):50-52.

[61] 清华大学软件学院 BIM 课题组.中国建筑信息模型标准框架研究[J].土木建筑工程信息技术,2010,02(2):1-5.

[62] 施平望.城市轨道交通企业 BIM 技术应用探讨[J].现代城市轨道交通,2017(5):54-57.

[63] 宋爱苹,徐杰伟.基于 BIM 技术的道路信息模型参数化构建研究[J].公路工程,2017,42 (4):337-341.

[64] 宋爱苹.BIM 虚拟施工技术在工程管理中的应用[J].经营管理者,2016(中期): 357-358.

[65] 孙倩.BIM 技术在道路交通建设中的应用[C] // 智慧城市与轨道交通,2016.

[66] 施永泉,胡珉,吴惠明,等.基于 BIM 的上海大连路隧道运维管理[J].中国市政工程, 2016(6):62-64.

[67] 沈亮峰.基于 BIM 技术的三维管线综合设计在地铁车站中的应用[J].工业建筑,2013, 43(6):163-166.

[68] 上海市住房和城乡建设管理委员会.DG/T J08—2204—2016 市政道路桥梁信息模型应用标准[S].

[69] 谭福军,程超宽.BIM 技术在城市轨道交通工程中的应用分析[J].海峡科技与产业, 2017(5):143-144.

[70] 唐强达.工程监理 BIM 技术应用方法和实践[J].建设监理,2016(5):14-16.

[71] 滕丽,刘艳滨,张湄.周家嘴路越江隧道工程 BIM 技术研究应用概述[J].城市道桥与防洪,2016(8):256-259.

[72] 王婷,应宇垦.全国 BIM 技能实操系列教程,Revit2015 初级[M].北京:中国电力出版社,2017.

[73] 王欢,熊峰,张云,等.基于 BIM 的桥梁运维管理系统研究[J].宁波大学学报(理工版),

2017,30(5):71-75.

[74] 王初阳.桥梁设计应用 BIM 的研究[J].城市建设理论研究(电子版),2017(26).

[75] 汪霏,叶晨茂.BIM 技术在建筑运维阶段应用探索[J].重庆建筑,2017,16(8):15-17.

[76] 伍尚前.BIM 技术在铁路隧道工程地质勘察中的运用实践[J].低碳世界,2017(24):194-195.

[77] 吴水明.浅论桥梁施工中 BIM 技术应用[J].低碳世界,2017(29):220-221.

[78] 王浩.BIM 技术在高速铁路隧道设计中的应用[J].铁路技术创新,2016(3):75-79.

[79] 王安璐.BIM 技术在地铁隧道工程中的应用研究[J].建材与装饰,2016(47):218-219.

[80] 王广斌,张雷.综合 BIM 应用[M].北京:中国建筑工业出版社,2016.

[81] 王佩.BIM 技术在市政道路设计中的应用分析[J].建材与装饰,2016(47).

[82] 吴健,刘向阳,郭腾峰,等.道路 BIM 技术在设计领域的研发现状分析与发展策略初探[J].公路,2016(4):7-13.

[83] 王浩.BIM 技术在铁路工程设计应用中的现状及前景分析[J].工程建设与设计,2015(12):94-96.

[84] 王志杰,马安震.BIM 技术在铁路隧道设计中的应用[J].施工技术,2015,44(18):59-63.

[85] 王楠楠,王庆春,王丰,等.施工 BIM 模型建立与应用过程关键技术[J].大连民族大学学报,2015,17(5):495-499.

[86] 王代兵,佟曾.BIM 在商业地产项目运维管理中的应用研究[J].住宅科技,2014(3):58-60.

[87] 王婷,肖莉萍.国内外 BIM 标准综述与探讨[J].建筑经济,2014(5):108-111.

[88] 汪再军.BIM 技术在建筑运维管理中的应用[J].建筑经济,2013(9):94-97.

[89] 王秋明,胡瑞华.基于 CATIA 的三维地质建模关键技术研究[J].人民长江.2011,42(22):76-78.

[90] 徐立凯,裒益晟.BIM 技术在桥梁设计中的应用浅述[J].城市建设理论研究(电子版),2017(35).

[91] 熊元杨,李星波.BIM 技术在施工中的应用前景和展望[J].建材与装饰,2017(39).

[92] 向敏,刘占省.BIM 应用与项目管理[M].北京:中国建筑工业出版社,2016.

[93] 向功兴.隧道工程三维设计技术中 BIM 的应用[J].珠江水运,2016(13):84-85.

[94] 余萌.BIM 技术在市政道路设计中的应用研究[J].四川建材,2016,42(2):149-151.

[95] 许强强,韩春华,董俊杰.浅谈 BIM 技术在高原山区道路设计中的应用[J].价值工程,2016,35(25).

[96] 肖梦琪,莫世聪,熊峰,等.基于 BIM 的清单式施工质量控制方法[J].项目管理技术,2014,12(7):63-67.

[97] 喻佳.铁路隧道设计中 BIM 技术的应用研究[J].建设科技,2017(1):102-103.

[98] 杨登锋.BIM 技术在路桥设计阶段的应用——以山西省朔州市顺义路桥桥梁工程为例[J].中国科技信息,2017(8):43-46.

[99] 叶超.干线公路桥梁 BIM 综合应用研究[J].江西建材,2017(22):157-157.

[100] 闫鹏.BIM 与物联网技术融合应用探讨[J].铁道技术创新,2015(6):45-47.

[101] 张夏.基于 BIM 技术的桥梁工程设计[J].科学技术创新,2018(06):135-136.

[102] 张春丽.BIM技术在轨道交通工程造价上的应用[J].建设科技,2017,3(11):46-48.

[103] 赵定娥,黄伟.城市轨道交通项目工程造价管理中BIM技术的应用[J].低碳经济,2017(14):247-248.

[104] 张巍.BIM技术在造价咨询服务中的应用研究 – 以上海中心大厦项目为例[J].建筑经济,2017,38(5):56-58.

[105] 张秀梅.BIM技术在桥梁施工中的应用[J].建材与装饰,2017,(47):250.

[106] 张观树,梁才.公路交通BIM应用差异及解决方案[J].公路交通科技(应用技术版),2017(2).

[107] 张江波.轨道交通BIM技术应用与发展[J].河南科技,2016(3):120-123.

[108] 张桂芳.BIM技术在城市轨道交通工程中的应用[J].建材与装饰,2016(18):260-261.

[109] 朱伟南.BIM技术在城市隧道工程中的应用[J].土木建筑工程信息技术,2016,8(5):71-77.

[110] 赵璐,翟世鸿,陈富强,等.BIM技术在铁路项目隧道工程中的应用研究[J].施工技术,2016,45(18):10-14.

[111] 翟世鸿,姬付全,王潇潇,等.铁路矿山法隧道BIM建模标准研究[J].铁道标准设计,2016,60(1):107-110.

[112] 郑楠,陈沉.BIM技术在大型城市隧道工程——紫之隧道中的应用初探[J].土木建筑工程信息技术,2016,8(5):65-70.

[113] 张世军.BIM在市政道路设计中的推广应用[J].住宅与房地产,2016(12).

[114] 张欢欢,蔡宁,蒋宇一,等.面向异构资源环境的BIM道路施工进度优化方法[J].计算机工程与设计,2016,37(4):1042-1050.

[115] 张成彬.浅谈BIM技术在市政道路设计中的应用[J].建材与装饰,2016(43).

[116] 朱宗凯,曾诗雅.BIM在市政道路设计中的应用[J].重庆建筑,2016,14(6):22-24.

[117] 张璐薇,关瑞明.BIM技术发展及其建筑设计应用[J].华中建筑,2016(11):52-57.

[118] 周红波,汪再军.BIM技术在既有桥梁运维管理中的应用[J].建筑经济,2016,37(12):45-48.

[119] 周豪.BIM在城市道路设计中的应用研究[D].南京林业大学,2015.

[120] 张为和.基于BIM的夜郎河双线特大桥施工应用方案研究[J].铁道标准设计,2015(3):82-86.

[121] 张明.基于BIM的高速公路施工管理信息化研究[J].市政技术,2015,33(4):190-194.

[122] 詹健.BIM在市政道路设计中的应用[J].江西建材,2015(24):219-219.

[123] 赵雯雯.重庆国际马戏城——基于Revit平台的复杂建筑BIM应用[J].工程质量,2013,31(3):2-7.

[124] 张晟,莫俊文,吕俊超.铁路隧道防灾性能化设计分析[J].兰州交通大学学报,2011,30(4):43-48.

[125] 朱江.BIM在铁路设计中的应用初探[J].铁道工程学报.2010,26(10):104-108.

[126] 赵红红,李建成.信息化建筑设计[M].北京:中国建筑工业出版社,2005.

[127] 中华人民共和国住房和城乡建设部.GB/T 51212—2016 建模信息模型应用统一标准[S].北京:中国建筑工业出版社,2016.